环境伦理学教程

主　编　李永峰　潘欣语　张永娟
主　审　黄民生

哈爾濱工業大學出版社

内容提要

本书主要阐明了环境伦理学的基本理论及其在中国的发展，西方环境伦理学派的发展简况，环境道德与环境教育的关系，可持续发展和环境立法中的环境伦理，环境伦理的实践(实践部分主要包括环境伦理与管理政策、人口、科学技术等)、环境意识中的平等观等方面的内容。本着简明扼要的宗旨，本书重点阐述环境伦理学的基本知识和基本理论。

本书可作为高等学校环境科学、环境工程和其他相关专业的本科生教学用书及研究生与博士生的参考书，也可作为大众的环境教育用书。

图书在版编目(CIP)数据

环境伦理学教程/李永峰等编
——哈尔滨：哈尔滨工业大学出版社，2011.1
(市政与环境工程系列丛书)
ISBN 978-7-5603-3171-3

Ⅰ.①环… Ⅱ.①李… Ⅲ.①环境伦理学
Ⅳ.①B82-058

中国版本图书馆 CIP 数据核字(2010)第 229282 号

策划编辑 王桂芝 贾学斌
责任编辑 王桂芝 刘 威
出版发行 哈尔滨工业大学出版社
社 址 哈尔滨市南岗区复华四道街 10 号 邮编 150006
传 真 0451-86414749
网 址 http://hitpress.hit.edu.cn
印 刷 哈尔滨工业大学印刷厂
开 本 787mm×1092mm 1/16 印张 14.5 字数 380 千字
版 次 2011 年 3 月第 1 版 2011 年 3 月第 1 次印刷
书 号 ISBN 978-7-5603-3171-3
定 价 30.00 元

前　言

随着人口增长和经济的发展，人与自然之间的矛盾冲突越来越尖锐化。如何在保持经济发展、维持人口正常生活的前提下，保持环境的可持续发展成为目前人们讨论越来越频繁的话题。环境伦理学主张立足道德和价值的高度，强调环境教育的重要性，力求推进环境、经济、政治等领域的可持续发展。

本书基于国内外已有的理论成果，在继承和创新思想的指导下，阐述了环境伦理学的基本理论及其发展、环境伦理学与环境道德、环境立法的联系，以及环境伦理学的实践等内容，适合作为高校本科生的教学用书、研究生及博士生的研究资料，以及相关环境工作人员的参考用书。

本书共分 15 章：第 1、2 章、第 10 章由潘欣语编写；第 3 章由刘琨编写；第 4 章由李永峰、刘琨编写；第 5 章由杨建宇编写；第 6 章由李永峰、杨建宇编写；第 7 章由王占青编写；第 8 章由李永峰、王占青编写；第 9 章由张永娟编写；第 11、13 章由潘欣语、宋玉珍、应杉编写；第 12 章由李永峰、魏利编写；第 14 章由张永娟、魏利编写；第 15 章由李永峰、张永娟编写。本书由李永峰、潘欣语、张永娟任主编并统稿，魏利、宋玉珍和应杉任副主编，黄民生教授任主审。

本书的出版得到上海工程技术大学主持的“上海市科委重点科技攻关项目（071605122）”和东北林业大学主持的“溪水林场生态公园的生态规划与建设技术和成果项目”的支持，特此感谢！采用本教材作为教学用书的学校和老师可以与李永峰教授（mr_lyf@163.com）联系，免费提供电子课件。

由于编者水平有限，本书难免存在疏漏和不足，真诚希望有关专家及读者指正。

编　者

2010.11

目　录

第1章 绪　论

伦理学是一门相当古老的学科。一部西方伦理思想史从古希腊写起，至今已近三千年，而一部中国伦理思想史从西周写起，至今则三千多年了。然而，长期以来，几乎所有的伦理学都是指人际伦理学。

环境伦理学就不同了，它主要研究人类与自然之间的道德关系，或主要研究人与自然关系的伦理评价和伦理规范。为此，我们将环境伦理学界定为关于人类与自然道德关系的学说。然而，这并不意味着环境伦理学与研究人类社会内部人与人关系、研究人与人关系伦理评价和伦理规范的伦理学的割裂。因为人与自然的关系之所以具有道德意义，归根到底是因为对这一关系的处理最终会对人的社会现实生活产生影响，触及人的利益。

1.1 环境与当代人类生境系统

1.1.1 环境系统

任何事物的生存和发展，都离不开环境，人类的生存发展当然也不例外。但是环境是什么？这似乎是一个不言自明的概念。但在不少关于环境的科学著作中，对此概念的定义并不那么统一和明晰，各有各的说法。甚至连《大美百科全书》这样的权威大典，竟然没有关于"环境"这么一个词条。原因之一就是因为环境是一个内涵和外延都非常丰富的概念。从具体表现形式来说，世界上的环境概念甚至可以说是无限的，例如人们常说的就有物质环境、精神环境、宇宙环境、地球环境、宏观环境、微观环境、战争环境、和平环境、生存环境等等，很难一言以蔽之。但从哲学的高度上来看，环境只是任何一个中心事物周围与此事物密切相关的客观存在。用唯物辩证的眼光来看，任何事物都不是孤立存在的，当某个事物被当成中心事物时，与它相联系的有关事物就变成了该事物的环境。因为可以作为中心的事物是无限的，所以环境也就具有多样和无限简单的具体定义。

环境除了类型的多样性和无限性外，还存在着时空差异性。相同的环境在不同时间范畴内，对于中心事物(也称主体)的意义和作用是不同的。如家庭对于个人来说是必需的环境条件之一，但在幼年、青年、中年和老年阶段，家庭环境对个人的意义就有着重大的差异。环境还有着空间差异，例如就个人来说，宏观的有世界和国家的存在，中观的有省、市、县、社区的存在，家庭、学校、工作单位则属于微观环境范畴，它们对于个人的关系都有着极不相同的意义，存在着不同层次的影响和制约关系。

环境还有一个重要特征，就是它和中心事物间存在着一种相互依赖、相互影响，和相互转化的作用和功能。例如人类和自然环境的关系既是密切的、不可分离的，又是统一的，并且可以相互转化的。人类必须依赖于自然环境而存在，没有环境便没有人类。但是，如果没有了人类，也就没有了"人类生存环境"这一特定事物的存在，也没有了今天我们忧心忡忡地来探讨的环境伦理道德问题。

此外,需要特别指出的是,与任何中心事物有关的环境要素与中心事物的关系,都不是单独地存在着并和中心事物发生简单的机械性关系的。所有相关要素必定是密切地构成一个有机的环境系统后,才和中心事物发生一个无比复杂的结构性关系。因此,凡是提到与某中心事物有关的"环境"时,一定是指一个与此中心事物有关的"环境系统",而不是单指某一个单独的环境要素。

环境的存在和划分是由中心事物决定的。因为中心事物的无限性,环境系统的结构和运动特征,及其与中心事物的关系等也就具有了无限的多样性。以人类生存发展为中心的人类生存环境系统,因为人类自身所具有的自然与社会双重属性,也就具有了自然和社会的(广义的)双重属性。除与人类生存有关的林林总总的各种因子,可以直接单独构成独立的局部环境外,总的还可以划分为自然环境系统与社会环境系统两大类。

1. 自然环境系统

所谓自然环境系统,是指与人类生存发展相关的地球表层各个自然因子的总和,即人们通常所泛指的自然界。它是人类赖以生存发展最根本的条件。目前环境科学及自然哲学所涉及的环境问题,研究对象主要就是指自然环境系统,及其各组成要素和人类行为之间的相互作用关系及其表现形式。环境伦理学虽然视角不尽相同,但也非常关注着对这种作用关系的研究和认定。因此,我们首先要对自然环境系统有一个科学的认识和界定。当前环境科学及环境伦理学界很多理论与实践分歧,主要就是由于对环境概念的科学内涵认识分歧引起的。

广义的自然界即先于人类而存在的地表环境。地球的存在已有46亿年历史,地表的形成大约为38亿年左右,人类在地球上的出现大约只有200万年左右的时间。因此,自然环境的运行机制不以人类的意志为转移,便成了铁定的客观规律。人类和环境的关系,很明显是只可能有没有人类存在的自然环境,而不可能有没有自然环境的人类存在。自然环境是人类的母亲,人类保护自然环境就是保护自身的继续生存和发展,意义是十分清楚和明白的。今天人类所面临的许多环境问题,关键就在于人类无视或颠倒了这种关系。甚至从环境虚无主义出发,无视甚至否定了自然环境对于人类生存发展的决定性意义,从而引发了今天人类所面临的诸多环境问题。

自然环境系统特征首先是它的时空无限性。在中国古代哲学中早就注意到这一点,中国古代哲学家们把我们身外的一切物质存在(自然环境)称为"元"、"气"或"无",这是非常确切的。自然环境的最大特征就是无始无终,无边无际。自然环境的第二个特征就是构成要素及其表现形式的无限多样和复杂性。"二气交感,化生万物,万物生生,而变化无穷焉。"(《太极图说》)自然环境的构成要素及其组合形式特别是其运动特征,在很多领域,人类还是茫然的。自然环境的第三个特征就是它的动态性和变异的不可逆性。自然环境是从无到有发展到今天的,但今天的环境也仅仅是一种无限发展过程的短暂停留。自然环境还要向存在形式的无限性演变,而且这种变化和发展是绝对不可逆的。"人类不能第二次进入同一条河流"。我们平常认为的"同一",只是一种三维空间的二维切面的片断。自然环境的第四个特征是其不以人们意志为转移的客观性。在表面无序的运动中,自然界每一变化其实都在受到一个"看不见的手"——热力学第一、第二定律,特别是热力学第二定律——熵定律的作用,人类只能自觉协调与自然环境的共生关系,减缓熵流的速度,而不能阻止或消灭熵流。人们只能争取在无限长时间内和自然环境一起向宇宙环境过渡,不要人为加速破坏环境,增加熵流,导致自毁立足之地,成为地球生命世界的匆匆过客。

自然环境系统是一个复杂的有机的开放性系统。主要由大气、水体、岩石、土壤、生物5大因子组成。按构成因子还可以划分为大气环境、水环境、土壤环境、生物环境等;按结构形态特征分则可以划分为高纬度、中纬度和低纬度环境,或山地环境、平原环境、湿地环境等;按生态类型则可划分为陆生环境、水生环境,或森林环境、草原环境等;根据自然环境和人类的相互作用关系,还可以把自然环境划分为原生自然环境、次生自然环境、人化自然环境或称人工自然环境等。不同的环境概念一是主客体的差异不同,二是主客体之间的相互关系和作用特征的巨大差异。

根据系统的观点和理论,上述任何一个环境系统还可以继续进行次级甚至多级的系统划分。如大气环境系统,就可以分为对流层环境系统、平流层环境系统;水环境系统又可分为海水环境系统、淡水环境系统等。

自然环境与人类生存发展的相关程度用密切两字还不足以概括,因为二者已经完全融合成一个有机的统一体。没有无自然环境的人类,当然也没有无人类的自然环境。没有了人类,假如地球还继续存在的话,那时的地球环境像没有人类以前一样,已经不属于人类的生存环境,而进入了星际环境的范畴,和人类的生存发展已经没有了任何关系。下面介绍自然环境中与人类生存发展直接有关的几大要素的构成及其运动特征,和对人类生存发展的作用和意义。

2. 自然环境系统的构成及其运动特征

(1)大气环境系统

大气环境是地球表面上以气态物质为主构成的一个连续圈层,是地球表面上一层软性气膜,大家都简称它为大气圈。

大气圈的主要构成物质是N_2。按容积计算,N_2占了全部大气的78.09%的极大比重。大气中占第二位的是O_2,占20.95%。其他成分所占比重就很小了,占第三位的是Ar气,占0.93%,占第四位的是CO_2,占0.03%,此外还有不足百万分之一的O_3及少量的水汽、冰晶和固体微尘等存在于与地表接近的大气圈底部。N_2是大气中的主要成分。一方面,它是组成有机生命物质的重要成分之一,另一方面,它是一种化学性质比较稳定的气体,不易与其他元素起化学作用,才长期保持了大气总量的相对稳定,形成保护地表生命物质的独特气态圈层。O_2虽然在大气中只占第二位,总量不到N_2的1/3。但因为O_2是一种化学亲和力极强的元素,它不仅是构成生命物质的主要成分,而且时刻与其他元素化合组成众多的化合物质,改变着地表的物质结构和形态。O元素不仅在人体的全部元素组成中占了65%以上的极大比重,而且对于维系生物呼吸循环系统来说,更是须臾不能或离的。因此,没有O_2便没有人类及一切有机生命物质,这是一点也不过分的。Ar气是一种惰性气体,与有机生命物质关系不大。但只占0.03%的极少CO_2,却在人类的生存发展中占有极重要的地位。因为直接来自太阳的短波辐射能量,一般不能为生物体直接吸收和利用,是通过地表吸收转化为地表长波辐射热能后,才供给和哺育万物生长的。CO_2的巨大作用就是在10 km左右高空范围内拦截和保护了地表长波能流的逃逸和损失,才维持了地表有机和无机物质变化源源不断的能量来源,否则任由太阳短波辐射能流自由进出,地球将变成一个没有外界(宇宙)能源补充的寂静冰凉的星球,也就没有了人类今天的存在。此外,CO_2也是植物通过光合作用,从大气中直接吸收凝聚形成有机体的主要来源,从而间接地维系了地表整个动植物界和人类的存在。

值得着重指出的还有只占全部大气百万分之一的O_3的存在。太阳热能向地球辐射,90%以上是以可见光线(0.4 ~0.7 μm)和红外线(>0.7 μm)的形式出现的,其中紫外线(<0.4 μm)

虽然所载能量极少，只有7%左右，但对地表有机生命物质影响极大，过量的紫外线辐射会伤害人体的皮肤和角膜，严重的会使皮肤坏死，转成皮肤癌或诱发白内障，导致失明。O_3 的最大作用就是能吸收绝大部分太阳投向地表的紫外线辐射，对地面生物产生保护作用，保护人体及其他生物不受紫外线的伤害。

作为宏观环境存在的大气圈在地表的厚度大约在2 000～3 000 km之间，与人类生存直接发生密切联系的是从地表0～10 km范围内的大气底层。这部分大气厚度不到整个大气圈厚度的1%，但它却占了全部大气质量的75%以上。使人类祖先迷蒙了千万年的风雨雷电现象及冰雪严寒和烈日酷暑就是发生在这个被人们称为对流层的大气圈范围内。对流层的最大特征就是其中的大气在太阳辐射能流作用下发生的上下对流运动。人类所面临的一切气象现象，都是大气对流现象的一种表现形式。大气环境产生对流运动的动力因素，是地表长波辐射首先加热与地表直接接触的底层大气，使之膨胀上升以后产生循环运动的结果。正是大气这一对流运动，最充分地诱发了地球表面的生命现象。

大气除了因对流引起的垂直运动外，还有一种因纬度不同，获得太阳辐射能量不同导致的水平运动形式。大气的水平运动，是大气由于在不同纬度地带受热不均，在高、中、低纬度地区产生了气压梯度差异才形成的。大气在高、中、低纬度地区间形成几近闭合的大气环流圈层，在地表形成了所谓的行星风系。行星风系对于人类及一切生物的重要意义就是因此带动了水汽在海陆之间的大循环。并因此为生命的发生、发展和存在提供了决定性的环境条件。

(2)水环境

水在地球表层，通过循环运动，也基本上形成了一个圈层，通常也被人们称为水圈。水在水圈中的存在具有物质存在的三种形态。气态的水主要存在于大气圈中，其中90%的水汽又集中分布在地表5 km范围的大气圈下层。在高山和极地，水以固态的冰雪形式出现，液态的水则广泛分布在大洋和陆地的江河湖沼及地下水中，组成一个基本连续的圈层，成为人类生存发展的重要环境条件之一。大洋水体占了地球总水量的96.5%，有13.9亿km^3。陆地冰川占1.7%。能供人类和所有陆生生物直接利用的陆地淡水不到3亿km^3，实属弥足珍贵。今天人类面临的种种环境问题，深层次的原因即在于淡水资源的稀缺，但却常常被人们忽视。

水体在地表运动的最大特征就是从蒸发到降水的循环。从大洋到陆地的循环过程是借助大气环流和季候风进行的，因此也称为大气降水。从陆地到海洋的循环则通过地表径流和地下潜流完成。水循环的另一个特征则是大气降水时空分布的严重不均衡性。这一方面造成地表生态环境的区域差异，产生了地表动植物群落生存和分布的多样性，另一方面也造成了某些地区环境的恶劣和人类的不适宜居住性，成为社会环境区域差异的重要原因之一。到目前为止，比较贫穷的国家和民族，基本上是分布在地表降水稀少的干旱和半干旱地区，这是一个人类无奈面对而很难改变的现实。中国西部地区经济发展滞后，与当地的干旱和半干旱环境条件存在着明显的正相关关系。

水是生命之本，地球上生命的原生物质最初就是从水中诞生的。从原生物质演变成高等动植物大约经过了30亿年漫长的地质年代。人类诞生到现在不过只有200万年左右时间。因此从发生学的角度来看，人类保护水环境完全是为了保护自己生存发展。据目前已知，水不仅是生物生存的基础和条件，而且还是构成生物体的主要成分。例如，人体组织就有79%是由水组成的，血液中的成分80%是水。某些动物如水母及蔬菜和细菌，水分占到90%以上。21世纪，水将有可能是导致人类纷争的最直接原因之一。

(3)岩石环境

岩石,是组成地球表层最主要的物质。除了露在地表的五种地貌形态外,大洋底部也是由岩石构成的。从而在地表形成了一个平均厚度约为33 km的固体圈层,即通常人称的岩石圈。

岩石圈的厚度各处并不一致,在大陆部分平均厚度约35 km左右,大洋底部平均厚度5~10 km不等。最厚的地方在我国的青藏高原,厚达50~70 km左右,最薄处在太平洋底,只有4~7 km左右。相对于整个地球来说,岩石圈对于地球只像水果皮一样薄薄的一层,体积只有整个地球的1%,质量只有整个地球0.4%左右。

坚硬的岩石是由化学元素组成的,其中以O、Si、Al、Fe、Ca、Na、K、Mg、Hg等元素为最多,占了整个地壳重量的98%以上。O和Si又常常结合在一起,以SiO_2的形态出现。岩石圈中各种化学元素对人类的生存意义从人体的元素构成中可以看到,据医学界和生物学界的专家研究发现,人体的元素组成和地壳中的元素平均含量具有惊人的一致性。这绝不是一个无关紧要的偶然现象,而是说明人体构造最深厚的生物学原因来自地球本身。人是地表自然界衍生的,是地表自然元素结构的一种特殊表现形式,和地球本身是完全同一的。人类发生的很多疾病,特别是地方病,往往就是因为体内元素结构失衡,某些元素过多或过少造成的。

岩石圈的运动与人类的关系,主要是第四纪以来的大地构造运动和第四纪沉积。第三纪晚期和第四纪初期,全球的自然环境和今天已基本接近。第四纪岩石圈的活动主要表现为环太平洋地区的构造运动和火山活动,和局部地区的地壳升降运动。如我国的西藏地区和喜马拉雅山地区在第三纪晚期以来,上升了几千米。北美的科罗拉多高原从第三纪晚期开始上升了1 500 m,阿巴拉契亚山脉抬升了近1 000 m。此外还有一个显著的特征便是冰川活动。第四纪更新世时期的大陆冰川覆盖面积相当于现代冰川的3倍多,面积达到4 000多万km^2,在大陆中、高纬度地区留下了极丰富的冰川遗迹。

宏观的大地构造运动一般是一个缓慢变化的地质作用过程,历时以千百万年计,对人类生存发展的影响目前还没有纳入人们的视角范围。但某些被称为地质环境变化的中观和微观的当代突发性地质作用过程,与人类的生存发展关系极大。如火山爆发、沙化、石化等所谓地质灾害造成的后果都是十分严重的。

岩石环境和人类生存发展关系的另一个重要表现是构造运动形成的地下矿产资源的贮存状况。人类已经发现的可利用矿物有3 000多种,达到开采利用水平的有150多种,其中绝大部分在中国都有贮存。特别是W、Sn、Cu、Sb、Ti等的探明储量,中国均居世界第一位。作为非金属能源矿产资源的煤,中国在世界上也占有重要地位。

(4)土壤环境

土壤,作为地表的固体物质形态之一,在宏观环境划分中属于岩石环境中的一个组成部分,但根据它的发生学特征及对人类生存的重大意义,人们也常常把它作为一个独立圈层加以研究和对待。

土壤,是指陆地表面具有一定肥力且能生长植物的疏松的表层。在自然界中,它是处于大气圈、水圈、岩石圈和生物圈之间的过渡地带,是联系无机界和有机界的中心环节,是地表人类生存环境系统构成的重要纽带。

土壤是由矿物质、有机质、活的生命体、水分、空气5种主要成分组成的有机的综合体。最大特征就是为植物及部分爬行动物和低等动物提供立足之地和生命物质。作为人类生存环境的重大意义是通过依赖土壤条件繁衍生息的动、植物而间接实现的。主要体现的是为人类的生存发展提供了动、植物形态的衣食之源。另外，是为人类提供了生存活动的空间场所，日本称为“立地条件”。到今天为止，人类活动的舞台基本上还是建立在有土壤覆盖的地球表层，在缺乏土壤覆盖的岩漠、石漠、沙漠或冰盖上建立活动舞台的还不多见（除科学考察目的的科学实验基地以外）。

土壤从发生学角度来划分还有自然土壤和人工土壤，也称耕作土壤——耕地的区别，有些结构不好的自然土壤除作人类的活动场所外，是不易开垦或不宜开垦为耕地的。良好的耕作土壤，即耕地，是人类世代投入了大量劳动的结晶。当前和人类生存发展密切相关的主要是指土壤环境中有关耕地的部分。耕地，在地球表面上应该被看成是有限性资源，不是人类可以任意掠夺或创造的，据《世界资源报告（1996～1997）》资料，世界耕地总面积为14.47亿 hm^2，人均0.26 hm^2；其中最多的为澳大利亚，人均2.64 hm^2，其次为哈萨克斯坦，人均2.05 hm^2；第三为加拿大，人均1.58 hm^2；此外耕地较多的还有俄罗斯，人均0.73 hm^2，和乌克兰，人均0.67 hm^2等。中国属于世界上耕地贫乏的国家之一，人均只有0.08 hm^2，只有世界平均占有量的1/3，形势十分严峻。

耕地的运动特征主要是肥力的递降、增加或保持的问题。作为自然土壤，由于天然植被形成的腐殖质的积累，具有天然递增的特性。但一经开垦，由于每年收获作物所带走的养分，如得不到合理的补充，耕作土壤都具有肥力递降的特征。近代科学虽然能制造并给土壤补充大量无机盐类营养物质，但有机质的损耗全世界几乎形成了一个共性。另外，由于人类活动空间的扩展需要，耕地也正面临着总量日益减少的窘境，已成为重要的环境问题之一。

（5）生物环境

人类赖以生存和发展的生存环境，通常也被人们总称为生物圈。这是地表一个非常特殊的圈层，人类本身就是这个圈层的一个重要组成部分。但因为人类比任何生物体均具有无可比拟的智慧和思维能力，最后进化成独立主体，把其他生物当成了自己生存发展的环境条件。

作为人类生存发展外在条件之一的生物圈的最大特点，就是其构造是由有机的生命物质组成的。这些生命物质的存在，也必须像人类一样，共同地依赖于其他自然圈层的物质。因此，一方面生物圈作为物质转化的纽带，把其他圈层联系成为一个有机的大环境系统，另外它又是人类利用其他环境条件的重要中介，成了人类生存发展最重要的环境条件之一。例如人类是不能直接吸收和利用太阳能的，人们的生命能源主要来自动植物构成的食物。首先是由绿色植物吸收并富集了太阳辐射能量后才直接和间接地供给人类食用和利用。人们食用动物，最终也是利用了由动物转化的植物所富集的太阳能量。因此，生物圈的存在和运动状况如何，与人类的生存发展已密切到了完全同一的程度，特别是取决于其中绿色植物的存在状况。所以说，绿色就是生命的原色，没有了绿色也就没有了生命。

现在地球上已被发现和经鉴别的生物有200万种，其中动物约为150万种，植物为50万种。所有这些动植物属种，都是从地球表层原始无机环境中渐渐衍生进化来的。换句话说，生物本身就是环境的产物。但是由于生物在进化过程中具有选择、适应环境的能力，才逐渐形成为独立于无机环境之外的生命系统。具有独立思维能力的人类最后从生物界中独立出来，把除了自己之外的整个生物圈，作为了自己生存发展的环境条件而加以充分利用。

生物界的运动特征有三，一是生物间的关系是通过食物链的形式而构成和相互依存的；二是人类以外所有生物物种的形成和变化是被动适应生存环境的结果。这点就是由赫文首先发现、认定、提出，并得到了后世赞同的所谓“自然选择”现象和理论依据，即通称的达尔文进化论。但今天看来,似乎把进化看得过于简单绝对化了,因为任何事物的存在和发展都不是单向的。例如,干旱不利于生物的生存和发展,但如有某先锋植物属种能在某干旱地区立下足跟,最后就有可能发展衍变为改变干旱环境的植被覆盖,人们正是利用了这一点,才有了改造沙漠等带碱性的改造环境活动。如果认为"自然选择"是单向的,人类面对今天环境的日益恶化,便将会产生无所作为的宿命论思想和行为。近年来,科学界也有人认为,生物进化是自身基因进化的结果,并不是完全由外在生存环境决定的。根据"内因是进化的根据"的哲学逻辑,这种情况是完全可能的;三是生物圈是以其物种多样性形成相对独立系统后才和人类发生互动关系,并成为人类生存发展的必要环境。通过自然选择和进化而形成的生物多样性是一个有机的整体,其中有一些生物学特征和人类的关系,人们至今还没有完全认识,例如有一些低等动植物细菌、微生物,目前看来是对人体有害的,但随着科学技术的发展,说不定有一天它们将成为促成人们食物快速生长的助手,或者是医疗治病的重要生物能源。人类必须自觉保护生物的多样性。

3. 社会环境系统

社会环境系统是指由人类自身能动行为作用外化而成的人类生存发展条件的总和。社会环境系统也是一个有机的开放性巨系统,属于广义的精神环境范畴。社会环境系统与人类生存发展的关系及作用机制,比自然环境系统还要复杂得多。一是社会环境系统的易变性——动态性特征比自然环境更加鲜明。在人类不同生存发展时期,具有完全不同的特点。动态性也可称为历史性。社会环境系统的外在表现形式和内在实质,都具有鲜明的历史烙印。二是社会环境系统也具有明显区域差异。有时在不大的地域空间范围内就可以发生很大的变异及差别。这种差别往往是无序的人类行为的结果,不像自然环境系统的差异常常具有鲜明的有序的规划性特征。例如地表热量分布的差异,就受严格的纬度地带性和垂直地带性的制约;但在狭小地域空间上人类的贫富差异,就是一种复杂的无序现象。三是社会环境系统的变迁常常带有很大的随机性,不仅是无序,往往还表现为突发性。四是社会环境系统还具有物质和非物质区别。这两种性质有时可以同时存在于一种环境事物中,有时还可以互相转化。如城市和乡村是一种物质环境,但同时又分别具有喧闹和恬静的非物质性,这种性质的国家体制,对人类的生存发展却具有巨大的物质制约力量。

过去的环境科学和自然哲学虽然也对社会环境进行过研究,但注意力只着重对人类精神智慧和劳动外化的物质性环境方面,如对城市、工厂、道路、矿山等方面,把它们通称为人工环境作为研究对象。人工环境也可以称为人工自然环境,因为它们可以部分地替代人类赖以生存发展的自然环境条件,如照明、温度、湿度,及克服地表可居住面积不足的高层建筑等。对此进行研究是十分必要的。但环境伦理学则更加重视对社会环境中非物质部分,即精神环境部分的研究,包括对人类的人生观、价值观、道德观及人与人之间和人与环境(广义的)之间的相互关系的研究。

社会环境系统的结构及它们之间的关系比自然环境系统复杂得多、精细得多,也微妙得多。社会环境对人类生存发展的作用,在未来世纪中起的作用将会越来越大。因为自然环境中对人类生存发展的不利方面,随着科学技术的发展,人类已经具有越来越自觉的主动性,可以朝着有利于人类的方向定向改造,在很多方面用人工环境去替代自然环境的研究,已经可以做到短时间内可以实现的地步。但是对受人类自然属性和社会属性双重作用左右的人类精神现象——社会环境的改造,人类不是显得过分无能就是显得十分无奈。例如由于人类贪欲本性引发的掠夺、战争、贫富不均、两极分化等等，虽然经过漫漫数千年人类文明史的浸染，牺牲了无数企图为改变这种现象而努力奋斗的志士仁人，但这种现象看起来还将如影随形地伴随人类进入21世纪，甚至走得更远。作为介于环境科学与伦理学之间的新兴的环境伦理学，将把对此加以着重研究作为自己的义不容辞的任务，并因此具有特别重要的意义。因为21世纪，人类与环境的关系问题，将可能是人类面临的最突出的问题之一。

社会环境系统还可以细分为物化社会环境（人工环境）和精神社会环境两大部分。精神社会环境过去常常被人们笼统地称为社会文化环境，事实上文化只是人类精神现象的表现形式之一，而不是全部。也有把人工环境通通合并称为文化环境，而不考虑它们之间的差别，社会环境系统的二级划分才有了经济环境、政治环境及文化环境等区别。

4. 社会环境系统的构成及其运动特征

人类具有物质和精神的双重属性，这是人类区别于其他生物界的最本质的特征。人类社会的物质生产活动是这种双重属性最鲜明的表现，也是这两种属性共存的桥梁和纽带。因为物质生产过程是由属于精神范畴的人类社会经济关系决定的。从本质上来说，人类的物质生产行为是人类自觉的能动的精神行为物化的表现。人类社会的物质属性不仅和精神属性紧密联系，甚至是同一的。从哲学意义上说，人类行为构成的社会环境，均属于人类精神环境的范畴。但在表现形式上因其物化程度不同，还存在着人们通常所说的软环境和硬环境的差别。

（1）社会物质生产环境

马克思和恩格斯说过，人类的第一历史活动就是生产活动。因为人们为了生存，就必须通过劳动，生产人类衣、食、住、行及其所需要的生活物质和扩大再生产的生产资料。人类社会群体劳动生产过程的劳动载体（成果和结晶），就构成了社会的物质环境。它包括了一切生活消费物品的品种数量和总量，及作为扩大再生产需要的生产资料和不动产：城市、乡村聚落、工厂、矿山、道路、桥梁、机器和车辆等。有人则把这些笼统地称为人工环境。其实它们是有区别的。其中构成社会物质生产环境的，即马克思所说的"生产资料"部分。

人类从拿起树枝或木棍延长自己四肢开始，发展到今天的机械化、自动化的大工业生产，已经经历了一个漫长的历史过程。按其所使用动力来分，起码经历了畜力、水力、火力、电力几个阶段。电力是二次能源，从其所使用的一次能源来说，还可以划分为水力、风力、燃煤、燃油、原子能、太阳能等多种形式。这些能源所具有的能量和威力，具有越来越巨大的特征。

引起社会环境变迁更重要的原因是生产工具的改进。从木棍、石块开始的人类自然肢体延伸的劳动，发展到今天威力巨大的机械化和自动化生产，人类劳动能力已远远地超越了人类自身自然功能的局限，完全变成了一种在人类精神智慧诱引下的自觉的社会行为。行为的结果又反过来构成了人类生存发展的社会物质环境。随着21世纪电脑在生产过程中的广泛运用，人类的生产将进一步摆脱对自然界的依赖，劳动生产形式将进一步多样化，今天的庞大工厂有一部分将转向小型化甚至家庭化生产。作为社会环境和人类个体的关系，将有可能出现很大的变异。人类生产过程中的结构关系，将有可能出现松散化、小型化和多元化。

但不管如何变化，人类物质生产过程中的生产力部分基本上是一个阶段一个阶段地累进发展的，因此才具有社会生产能力越来越大的历史性特征。因此人们必须重视对旧生产能力的继承和发展，不要割断历史，进行盲目的跨越。否则，将欲速而不达。

由于生产能力的提高和发展主要靠劳动经验、劳动技术和劳动工具的改进，这三者都具有鲜明的继承性和累积性特征，因此人类的物质生产环境便具有了加速发展的趋势。这主要表现在社会物质生产的技术革命和生产能力的发展上。人们早就发现,从20世纪50~70年代的30年,其发展等于其以前的300年,而近代的300年,又等于其过去的3 000年。而这3 000年的发展和进步,又大大超过了其以前3万年累积的进步。

20世纪80年代到现在的30年,由科学技术进步引起的社会生产环境的变化,更是大大地超出了一般人的想象。由于微电脑技术的应用和航天技术的进步,人类的物质生产活动不仅动辄可以波及整个人类世界(地球表面),而且进入了地球的外层空间——太空育种和空间实验及人工合成。

物质生产环境一方面受到自然环境的制约,因为它是建立在自然环境要素基础上的,人类精神活动外化的物质表现形式,是在特定的自然环境条件下展开的。自然环境资源的贫瘠或丰腴,为人们的生产劳动提供了极不相同甚至相反的基础作用。但另一方面,人类物质生产是一种文化传承的表现形式之一,一个地区文化智慧的积累及其特征,主要是价值取向和科技水平。它对物质生产发展的速度、规模、模式都有着深刻的影响和作用。而这些条件,或称前提,在地球表面存在的差异是很大的。因此物质生产的过程及其结果——物质财富的存量就存在着巨大的空间差异。这些也就构成了某一特定地域内(国家或地区)进行物质生产时的起点或环境条件。

物质生产环境的差异首先表现为生产能力的差异,其次为生产结构和生产规模的差异,再次是经济基础的差异。生产能力的差异通过产品的差异可以间接反映出来。例如我国独立研制生产的最优秀的运七200A飞机,只能装载几十个人,而每次运输400人以上的巨型运输机型,国外已不止美国一个国家能够制造。法国还计划在21世纪生产出能装载800人的巨型飞机。生产结构和生产规模还可以从就业结构和企业规模中看到,经济基础的差异可以从人均国民生产总值和综合国力的比较中看到。这些方面的空间差异也是十分巨大的。

人类自觉营造的物质生产环境,从宏观上看也是一个开放性的系统。维持系统生存发展的能量流和物质流一般是人类主动向大自然索取的结果。随着人类科学技术的进步,向自然环境系统的索取能力不断加强,在很多地方已经引起自然环境系统各因子的初始平衡及千万年形成的系统动态平衡的破坏。这是人类对财富的贪欲所造成的对自然环境系统的盲目掠夺的结果。前印度总理甘地夫人曾说过,“世界资源足以满足每个人的需求,但不足以满足每个人的贪婪”。

人类营造的物质生产环境与自然环境的对立既是绝对的也是相对的,重要原因就是科学技术纽带所具有的双刃剑作用,也即中国古话所说,“成亦萧何,败也萧何”。人类不依靠科学技术不可能大规模地对自然环境施加不良影响。但最终协调人类物质生产环境与自然环境的关系,还得在很大程度上依靠科学技术的进步来解决。总的来说,当前在绝大多数国家和地区,生产环境和自然环境的关系还是处在对立大于统一的情况中。人们随时随地可以见到自然环境运行机制被人为破坏甚至接近断裂临界度的危险境地。

(2)社会经济环境系统

人类社会经济环境形成的决定性原因是人类物质生产的群体性,即社会性。从远古开始,人类祖先进行谋生时便很少是以个体形式出现的。人类的物质生产过程是一种群体的有组织行为,这正是人类与社会生物学所揭示的动物社会性行为根本不同的地方。当然,人类为自己营造的经济环境又不是在真空中进行的,它与其他环境相联系时,起码具有以下几个特征,并因此对人类的生存发展具有重要意义。

具体物质生产环境既是物质的,又是精神的,严格意义上说,它是人类自主谋生思想从低级到高级发展的物质外化表现形式,是人类谋生精神智慧表达的一种手段。因此随着人类智慧的累积增效作用,变化发展具有一种加速度行进的趋势,一天也不愿意停留在一个水平上。但是经济环境则不一样了,它主要是以权威或权属精神力量形式而出现的,因此具有很强的精神属性。一旦形成,往往便具有较长时期的稳定性甚至超稳定性。

按照马克思主义的传统观念,经济环境,即人们在物质生产过程中的经济关系,主要表现在以下三个方面,即生产资料所有制、产品交换和劳动成果的分配。这在今天看来,大的方面还是正确的。尽管近年来有人主张少谈点所有制问题,但那是针对我国当前更重要的是努力提高和加速发展我国已经大大落后于世界水平的生产力,不要因讨论所有制问题影响发展生产力这个大局说的,并不是说所有制问题不重要。绕开了所有制,生产、交换和分配问题就无法说清,这正是我国经济环境中当前存在很多割不断、理还乱问题的重要原因之一。

经济环境一旦形成便具有较强的稳定性。例如以生产资料所有制划分的社会形态几千年来也就只经历过那么有限的几次大的变革。以资产阶级所有制为核心的资本主义社会已存在数百年历史,至今仍看不到其根本改变的迹象。1949 年以前,中国以地主阶级封建所有制为核心的农业社会,存在了 2 000 年以上历史。中国的物质生产,就是在那种封建主义的经济环境条件下进行着缓慢发展的。

经济环境是以生产资料所有制为核心的,内容非常丰富的一个独立系统形式,除所有制外,还包括了交换、分配、流通、市场、金融、投资、股市、信贷、租赁、期货、内外贸易等经济现象。在所有这些事项中,生产资料归谁所有是决定性的。在市场经济特别发达的情况下,生产资料往往以资本的形式出现。拥有大量资本的个人和集团,即马克思所说的资产阶级。30 多年前,在我国,主要的土地、工厂、矿山、设备和资本,都是以国有资产的形式掌握在代表全民利益的国家手中,现在正处在逐渐发生多元化的重大变革过程中。

马克思主义认为生产关系要适合生产力发展水平,但在现实中,生产关系的性质在很大程度上反过来制约生产力的发展,这是一个不以人们意志为转移的客观事实。这是生产关系稳定性给人们开了一个天大的玩笑。20 世纪 50 ~ 70 年代生产力发展的缓慢,和当时僵化的生产资料一元化所有制有很大关系。但最近 30 年逐步演变的多元化改革,又正在引发不少新的社会问题,很值得研究。

经济环境的构成复杂多样,如计划经济体制、市场经济体制、政府金融体制、股市金融体制、货币政策和价格稳定度、经济结构、经济法律、关税、就业状况、外贸,甚至市场经营管理方式等,都是经济运行不能缺少的必要因素。但这些因素的构成和表现,在世界上的表现是非常复杂和多样的。它们存在和发展的决定性力量来自权力阶层人士或主要投资者阶层的精神状态和思想方式,不像生产环境那样,受自然环境要素的影响和一定程度的制约,和自然环境没有绝对和必然的联系。经济环境的变异和改善,主要从人类自身的思想行为上找原因。例如几年前出现的东南亚金融风暴,主要就是由国际金融游资人为炒作造成的。

经济全球化现象的形成和发展,直接原因是交通运输技术和信息技术革命,信息传输的国际网络化。现在除发达国家外,包括不少发展中国家的主要经济活动——产品的设计、生产、销售都用上了电脑。瞬间的远程信息传输技术,使企业间生产及经营管理都打破了地域限制,因此导致了全球化经营的实现。从而节省了大量的中层管理人员,大大降低了管理费用。

经济全球化的另一个表现是跨国公司的巨无霸形式的兼并和扩大,即所谓并购活动。过去的公司兼并往往是为了扩大规模经济的边际效益,进行市场垄断,今天这种兼并是为了实行生产和管理的高度专门化和自动化,减少劳动投入,增加知识蓄量,以提高生产率和降低成本,提高质量,并依靠后者争夺世界市场。

经济全球化还有一个重要表现就是几乎以资本输出代替了商品输出,各大跨国公司主要是以境外投资形式,在投资所在国设厂生产,以占领当地市场。这在客观上给资本输入国带来了某些高新技术和就业机会,比单纯输出产品,较容易得到所在国的欢迎和接受。据联合国1998年11月10日公布的《1998年世界投资报告》指出,1997年的全球对外直接投资流动额比上年增长19%,达4 000亿美元,比1990年增加了一倍,比1980年增加了六倍。这些现象,均有利于促进世界各国宏观经济环境的改善,如确保价格稳定,影响资本货币政策及财政政策、汇率政策的改善等,均有利于经济全球化的实现。欧共体单一货币——欧元的发行就是一个典型事例。据联合国贸易和发展会议《2005年世界投资报告》,2004年,全球外国直接投资为6 480亿美元,比上一年增加2%。其中吸引投资最多的前三名分别是美国960亿元,英国780亿美元,中国是606亿美元。

(3)社会政治环境系统

经济是基础,政治是上层建筑,但政治环境一旦形成,它就会反过来严重制约经济环境的运动和发展,有时甚至达到了窒息经济环境,使社会经济发展达到崩溃的地步。20世纪60年代中国"文化大革命"期间的政治环境,就差点导致中国经济环境出现这种局面。

在实行计划经济的国家中,这点表现得尤其突出。经济是基础,政治是上层建筑。政治是为经济服务的,但事实上,任何政治环境一经形成,必定会用法律和强制手段,迫使经济环境与其代表的阶级、阶层、政党、集团等的利益指向相适应。因为政治的属性及其组成要素——国家、军队等所具有的权威性,客观上便具有了经济环境运行机制的强制性力量属性,人类个体或非执政的群体是无法改变这种状况的。

政治环境各组成要素之间的关系是由金字塔式自上而下等级运行机制确定的,由下往上运行时一般不能越级进行。各因素之间的横向联系相反却比较薄弱。也就是通常所说的各自为政的现象。这种现象往往就形成了政治环境系统比较保守的特征和难以改变的社会现象,对人类的生存发展往往产生极大的制约作用。

最典型的例子就是国内的动乱和国家间的战争。由于上述第二个特点的制约,当上下级序列运行机制不畅时,也即通常说的上下情不能互达,或因集团间,甚至国家间的利益冲突不能解决时,矛盾往往会以战争的形式表现出来,对原有社会秩序和经济基础等造成剧烈的破坏。20世纪内两次世界大战的发生,在人类记忆中留下的深刻印象就是证明。

追求自由、平等,和平共处、共同发展,是人类对政治环境长久的理想和梦幻。人类需要有一个自由、平等的政治环境,人们之间的政治关系不能建立在强权的基础上,这就牵涉到了政治关系的经济基础。在一个财富分配不均的社会里,要做到政治上人际关系的平等是不可能的,因为政治总是代表强势集团的利益的。这是几千年阶级社会存在的客观现象和规律。因此才有了百年前马克思和恩格斯等共产主义者和共产主义学说的出现,并引导了一部分先知先觉者为实现这种理想而不怕牺牲,努力奋斗,现在还在继续奋斗着。

至于和平共处和共同发展是就宏观政治环境,即国家关系说的,由于全球经济一体化的逐渐深化和发展,经济发展水平相近的国家正逐渐在国际政治环境中采取协调共济的措施,以谋求获得经济的持续发展。例如经济最发达的七国集团、欧共体、东南亚联盟、经合组织等国际组织就正在向这个方向发展和努力着。在21世纪知识经济和信息经济进一步发展时,人类或者可能看到这种长久梦幻和理想的曙光。

(4)社会文化环境系统

广义的社会文化环境系统包括了上述物质生产环境、经济环境及政治环境的全部内容,还包括了教育、科技、宗教、艺术、风尚、习俗、道德、婚姻、家庭等一切非自然产生和存在的人类精神活动现象,及其物化的种种人工产品和人工环境。广义文化环境系统是人类生存环境的社会构成部分,是和自然环境相对立统一而存在的,其表现和运动特征深深打上了人类精神思维活动的烙印。广义的文化环境系统除了前述几种已经物化和半物化的环境外,其余基本上属于纯精神现象的教育、科技、艺术、道德等范畴,即是现在我们研究的文化环境,也称狭义的文化环境现象。这些现象一般具有以下几个特征。

人们常把社会文化环境系统称为软环境。说它软是因为它不像自然环境和经济、政治环境那样,可以直接左右和影响人们的生存和发展活动。有影响的话,也表现了一种间接性和长期性或迟发性特征。例如不良教育环境对人类的影响,往往要经过10年左右的时间或更长的时间才能表现出来。中国"文化大革命"期间取消高等教育,造成知识分子今天的年龄结构断层,是经历20年以上时间后才真正显现出来的。当前大量过剩劳动人口的失业(下岗)现象,与20世纪70年代初期的无计划生育所增殖的大量人口不无关系。因此人们对文化环境系统的运动发展规律一定要有预见和预警观念,不能因其具有软性而等闲视之。

例如一个高尚文雅的社会环境和一个粗野卑俗的社会环境对人的影响,是很难马上用经济尺度或什么尺度衡量出来的。和谐的家庭与破碎家庭对后代的影响也是不一样的。社会文化环境系统在这个领域内的表现内容特别丰富,特别值得深入研究。

例如人们的环境意识、公共卫生习惯,对贪污腐败、坑蒙拐骗、重亲情轻法制、讲假话、不守时、不以礼待人等文化环境现象,要想用强制手段在短时间改变或树立新风都是很难达到目的的。我国最近20年来曾一度大力树立的"五讲四美"新风尚,甚至包括推广人类初级礼仪交际用语:"您好、谢谢、对不起、没关系",虽花了不少时间和精力,似乎到目前为止仍然收效甚微。

例如中国人的乡土观念、勤劳俭朴的美德、忠孝仁义礼智信等儒家伦理道德观念,虽历经历史变迁,但仍绵延不绝,并能跨时空再现。特别是以孔子为代表的儒家思想和伦理道德观念,自"五四"时代以来就曾受到过猛烈的批判,在国内曾一度变成过街老鼠,但在新加坡及我国的香港和台湾地区,甚至韩国和日本,都受到推崇和在社会生活实践中得到广泛的应用,甚至起到了推动社会发展和进步的作用。中国传统文化中缺乏个人意识的"唯上"思想,封建迷信陋习等消极的负面因素,在人类已经进入以知识经济和信息经济为表征的21世纪时,由于某种原因,近年来在中国竟然沉渣泛起,就是一个很好的证明。所以要真正改善人类生存发展的文化环境条件,是人类在前进发展过程中一个十分艰巨的任务。

1.1.2　人类生境系统及其特征

1. 人类生境系统的定义及其分类

人类生境系统，是人类生存发展环境系统的简称，这是一个以人类生存发展为中心的环境系统概念。作为个体，人类自身是一个复杂的有机的生命系统。但正如前面所说，任何系统都只是客观存在的环境巨系统的一个组成部分，没有没有中心事物的环境，但也没有没有环境的中心事物。作为生物，人类必须与外界环境系统提供的物质和能量进行交换，即进行传统观点所说的有机生命体的新陈代谢活动。而这些能量和资源，100%都是来自外界自然环境系统中各有关因子。人类和自然环境系统统一体中相对独立的成分，和自然环境系统组成了现代环境科学和生态科学所研究的科学对象。

但是人类的生存发展和自然环境系统的关系，严格说来，和其他生物与自然环境的关系是有着本质的差别的，人类具有异于任何生物的能动的精神和智慧力量，人类系统与自然系统的关系就不是一种简单的被动的单向的因果性适应关系，而是一种主动的选择性的多向反馈行为。人类不仅依赖于自然界而存在，甚至可以为了自己的存在，有目的地改变自然环境系统的结构和功能，使之符合人类的需要。自然创造了人类，人类也在创造自然。还有第二个原因，人类对自然环境的这种有目的的选择性行为或称主动适应，不是以人类的个体行为形式出现，而是以社会群体行为出现的，而这种群体行为又不是杂乱无章的随机性行为，一般来说是一种有目的的有序行为，在行为发生前就构成了一个有严密组织的群体——社会。也就是说，人类在和自然发生作用之前，首先就要按系统的结构功能，生活在社会系统某个特定层次之中。社会系统既是人类的生存环境之一，又是人和自然系统发生联系和相互作用的中介。在自然环境系统面前，根本没有人类个体独立存在的可能条件，自然环境系统对人类的反馈，一般也是通过对整个社会系统的中介作用实现的。综上所述，人类生境系统，就是以人类生存发展为中心的社会环境系统和自然环境系统的总和。社会环境系统和自然环境系统又通过人的主动行为，使两者发生了密不可分的联系，共同组成为人类生存发展必要的环境系统——人类生境系统。

系统无处不在，万物皆成系统。但每个系统又不是孤立存在的，每个系统都要受到更大系统的制约。因此系统要素的区分是相对的。每个要素往往还是一个相对独立的系统。因此对于每个系统来说，便成了其上一级系统的环境，与其他系统发生相互作用。在众多客观存在的系统中，人类生境系统是一个特别复杂的系统，由几个各有着独立运行规律支配的子系统构成。

(1)无机生命系统

这即人们通常所说的自然环境系统，它由大气环境系统、水环境系统和岩石环境系统等几个次级环境系统组成。岩石系统中还包括有一个相对独立的土壤系统。这些系统从物质构成来说，除了土壤中包含有少数有机生命物质外，大气系统和水系统中也包含有极少量的低等生命形态——细菌和有机蛋白物质。但因为这些物质的存在，不影响几个系统主体的无机运动——物理运动形式，因此就总体来说它们是无机的。为什么说它们是有生命的，这是因为它们之间的相互作用关系，存在着非常严格的相互制约机制，常常达到牵一发动全身的程度。虽然它们的运动形式主要是在重力作用下发生的加速度运动、机械搬运、推移和堆积运动，但因其对人类生存发展产生着巨大的制约作用，人们应赋予它们以生命体的概念，善待它们。

今天人类所面临的一切自然环境恶化现象，说到底，都是人们无视了自然界无机运动形态赋存的内在生命意义，破坏了自然系统天然合理性的生命状态以后，引发无机物质运动规律失衡（大自然惩罚和报复说的哲学根据）的反映。

（2）有机生命系统

第一，有机生命系统是一个十分复杂的系统，它的构成物质要素具有无限多样性，级别层次也具有无比的复杂性。试想想，从有机分子到蛋白质、核酸等大分子，然后由大分子构成细胞器和细胞。然后又由细胞组成动植物生命的基本单元，才又形成生理器官，到生理系统，到动植物个体，最后又由低等动植物个体进化和分化成无比复杂的高等动植物不同科、属、种、类。这是一条多么绵长和精细的生命发生、发展、进化的链条。

第二，在这个生命链条每一个环节上的有机生命体，特别是链条末端的高等动植物科、属，又和特定的无机自然界及其他生物群体构成一个具有一定的组织调控功能的所谓生态系统，共同构成人类生存发展的环境条件。

有机生命系统要比无机生命系统脆弱得多。在人类的盲目作用下，生命物质构成链条——动植物属、种很容易中断，造成生物多样性的缺失，即动植物属、种的灭绝。人类生存所需要的能量和生命物质，主要直接来自动植物。动植物的缺失一方面将降低人们的生活质量，在未来的基因工程发展过程中，将造成大量基因的缺失，将对人类发展转基因工程，满足人们的食物需要及克服和改变致病细菌基因，带来不利的影响。

（3）社会物化系统

社会物化系统基本上就是人们根据经济关系和政治关系所建立的各种形态的人类社会及其各级各类组织。人类社会是由人类自觉行为组成的有机群体组织。对群体组织及其运行机制起决定作用的，是人们相互间的经济关系。根据每个人的经济地位，每个人被纳入了不同等级的群体系统中，从而形成一个在政治上具有严格等级差异的社会系统，并外化成了人类自身生存发展的外在客观条件。

根据形式、规模及其在社会大系统中所起功能和作用的不同，社会还可以划分为多个不同层次的子系统，如从小到大划分的家庭、社会团体、国家、国际联盟、世界等。这些都是人类在生存发展过程中一刻也不能缺少的必要的社会环境条件。

社会系统中还有一个特殊系统类型，即我们前面提到过的所谓人工环境系统。人工环境系统其实不能离开自然环境系统而独立存在。它是人类精神、智慧和脑力、体力劳动和自然环境资源结合的产物。因此也可以说人工环境就是社会环境系统和自然环境系统相互联系相互作用的重要纽带和中介。人工环境也是一个独立而完整的系统，其组成要素之间也存在着功能性的联系，联系中断或失衡，也会对人类的生存发展带来严重的制约和影响。例如在洪水面前人们构筑堤坝束缚行洪，与用分洪手段降低河道水位，就是一个有机的辩证关系。孰优孰劣，不能一概而论。人工环境构筑和发展变化的程度，是人类社会系统发展与进步程度的重要指示器。一个国家或社会的发展水平，从人工环境发育程度可以清楚看到，但又不能绝对化。

（4）精神文化系统

广义的文化是人类精神和智慧外化的载体。它包括了自然界中原来没有的一切人类社会通过物质手段创造的事物。特别是上面提到的人工环境系统所有的一切结果和成就。从严格意义上说，凡属人工创造的事物，包括社会制度、经济制度及一切政治、经济活动都是人类精神和智慧的产物，应属于精神文化现象。但约定俗成，长期以来，人们均把人类的政治和经济活动看作物质领域的活动,只把一些不能通过物质或无需通过物质形式表示的纯理性的人类行为看作精神文化现象。如思维、语言、宗教、科学知识、教育、艺术、民俗、道德,包括最现代的计算机语言、信息等。

主要以人类的精神思维及其各方面的表现为主要要素构成的精神文化环境系统及其联系方式,往往具有隐性特征和恒久性。如人们的贪欲本性,有时具有很大的隐秘性。没有诱发条件时,对一个人来说,甚至可以隐藏终生而不暴露。但只要具备相当条件,几十年后还可以爆发。如近年来一些人晚节不保和"名人落马"就是最好的证明。精神文化系统各因子的联系形式十分多样,如不少大科学家同时又是虔诚的宗教信徒就是一例。

2. 人类生境系统的特征

(1)整体性功能特征

"整体大于部分之和。"这是系统有机整体功能的最大特征。人类生境系统构成因素无比复杂多样,既有自然的又有社会的,既有物质的又有精神的,而这些因素又不是杂乱无章的机械相加组合,而是彼此间存在着无比紧密联系的一个有机整体。如我国单从国土面积来看,人均还不是最少的,但由于水热分布不均,难利用土地面积过大,耕地面积便大大缩小了。加上人口众多这个因子,人均耕地在世界上便居于相当落后的地位。社会因子中的劳动力数量居于世界绝对领先地位,但因人口素质较低,加上经济基础薄弱,投资受到严重制约,生产规模不能无限扩大,劳动力的充分就业就成了十分突出的问题。当前中国众多的普通劳动力不仅不是中国的优势,而且变成了社会发展的严重制约因素和包袱。

整体功能的改变,主要依赖于对环境系统因素结构的改造。当前主要要改变构成因素的比例关系,这是改变结构最容易着力的地方。首先是经济制度和政治体制的改革,以此作为解放生产力和发展生产力的突破口,推动我国经济发展速度和发展水平的提高。另外就是改变我国的人口构成,包括总量的调控和总体人口素质的提高。此外,为了整体利益,有时还不得不牺牲局部利益。如为了加速东南沿海的发展,迅速提高综合国力,不得不适当放慢西部某些区域经济的发展,让部分地区的改革先行一步。但这里面有一个"度"的问题需要注意。否则为了少数人的利益,人为扩大区域差异,又会走到事物的反面。

(2)相关性功能特征

相关性功能是和整体性互为表里的,也可看成是一个问题的两个方面。首先生境系统是一个整体,然后才是各个环境要素是密不可分的,彼此间存在着相互关系。两方面的因果关系也可以倒过来说。正因为各个环境因子的关系是正相关的,所以才导致产生出环境效应的整体功能。因为环境要素存在着密不可分的关系,所以当人类改变某个因子的成分结构或比例关系时,就会引起整个环境系统功能的紊乱而给人类生存发展带来不利的影响。最突出的就是地表绿色植被破坏后引起的沙化石化、干旱、水土流失等一系列环境的变异。此外,工业生产废弃物排放所造成的环境污染问题,也主要是改变了自然环境中物质构成比例关系的缘故。如 CO_2 的排放,增加了大气对流层和平流层之间的 CO_2 比例,因此使地球发生长波辐射能量积累诱发温室效应。同样,由于 CFC 的排放导致高空 O_3 层形成空洞,致使紫外线辐射增加,给人类生存发展带来了威胁。

相关性功能还有一种表现形式就是环境各因素变动的同步性变化特征。例如社会经济环境中市场经济制度的改变,要求我国的政治体制,管理体制、投资体制等都要作相应的改变,才能使市场经济健康发展。现在有关市场经济的配套措施大大落后于社会现实,这是市场经济所不喜欢看到的。国有企业改革不成功的原因,也是由于没有考虑到经济系统的相关性功能中同步(或称协同)性结构变化原则,很多相关因素没有得到同步改革造成的,从而引发了大量工人下岗和国有资产流失。

(3)动态性功能特征

动态性功能的表现有两重意思。一是表示生境系统各组成要素不是固定不变的,会随着时间的发展不断发生运动甚至变异。第二层意思是各要素在相关性或整体性功能的作用下,能通过反馈自动调节自身的运行轨迹,与其他要素间保持一定的比例结构关系,以不至于引起整体功能的失调而导致系统的崩溃。因此也有不少人称动态性功能为自组织调控。系统内某个因素由外在客观条件引起变异时,只要不超过一定的容许度(临界度),任何环境因素都会自动调节相互关系,以求得系统的稳定。但人们不能任意地夸大生存环境系统的自组织调控功能,否则就会导致环境系统运行机制的失衡和破坏。如人们盲目地把生产废料倾倒入河流或海洋中,幻想通过河流或海洋的自组织调控功能——自净,达到自己排污的目的就是一个例子。当前人类对环境因素的局部破坏已达到了使生存环境系统功能衰竭到发生不可逆转变异的程度。

(4)开放性功能特征

人类生存环境系统是一个开放性巨系统。一方面,作为独立存在的系统,作为一个星体,它时时刻刻接受着来自超巨系统——太阳系(主要是太阳)的能流输入和输出,才维持了自己有机生命系统的存在。例如由于降水过程时空分配导致的地表植被类型及其功能的空间差异,几乎成了地表人类生存空间差异的最重要原因之一。但降水过程产生的决定性的动因还是来自太阳辐射的能量,如果没有了太阳的辐射能流,地表将不复有有机体和人类的存在。

另一方面,作为人类的生存环境系统,在总能量不变的情况下,很多因子的结构和比例关系,常常受人类行为的作用,发生着功能性的剧烈变动,从而对人类的生存发展产生巨大的反作用。人类一般不能直接利用太阳辐射能。人类为了维系生存环境运行的各种能流主要是以改变地表集聚能的形式——矿产资源而实现的。这种改变在能量总量上没有增减变化,但在表现形式上改变了各因子的结构比例,使环境发生了不利于人类生存发展的变化。最突出的就是人类改变矿物能源煤炭的存在形式,生成 CO_2 和 SO_2 的过程。这个过程改变了高空大气中的 CO_2 和 SO_2 含量,带来了环境的变化,对人类生存发展产生威胁。

1.1.3 熵

当今世界,人类正经历着有史以来最伟大的变革和震荡。微电脑技术的发展,使绝大多数人最终摆脱脑力劳动的时刻已为时不远。按照过去某些哲学家的说法,似乎人类正在大踏步地从必然王国向自由王国过渡,最终实现做自然界主人的美梦。面对先进的科学技术和巨大的生产能力,人们产生这种遐想是可以理解的。但正是这种错误认识,导致了人类与生存环境系统关系的恶化,并在很大程度上制约和限制了人类社会生产进一步发展,甚至达到了威胁人类继续生存繁衍的地步。其中深层次的原因在哪里?熵学说、热力学第二定律给了我们很好的说明:人类生境的不断恶化,这是一个不以人们意志为转移的客观规律。人们能做到的,只是怎样延缓这个过程的进行,给人类提供更长久的生存发展机会,去迎接未来地球"热寂"对人类的挑战。

近300年来工业社会的确立和进步,与牛顿所揭示的热力学第一定律是密不可分的。热力学第一定律告诉我们,宇宙中的物质与能量是永恒的,它们既不能创造也不能消灭。它们只有形式的改变而没有本质的变化。几百年来,人类社会的发展,其终极内容也就是人们热衷于以各种科学技术手段来改变各种能量载体的存在形式,以满足人类不断增长的对物质利益和物质欲望的追求。和300年前相比,地球表面已被人们改变得面目全非。人工环境的缔造,不仅使人们摆脱了对自然环境的依赖,而且满足了人们对各种物质欲望的追求。人们自认为已极大地提高了自己的生活质量。

但正当人们沾沾自喜,满足于自己对自然界的胜利,成为自然界的主人的时候,同亚当·斯密指出经济领域有一只"看不见的手"在作用一样,在地表自然物质环境改变过程中,也存在着一只巨大的"看不见的手"在主宰着人类,甚至主宰着整个地球的最后命运,这就是1868年由德国物理学家克劳修斯所揭示的热力学第二定律。

热力学第二定律也称熵学说原理,它告诉我们,物质和能量虽然是守恒的,但在表现形态上它只能"沿着一个方向转换,即从可利用到不可利用,从有效到无效,从有序到无序。""无论在地球上还是在宇宙或任何地方建立起任何秩序,都必须以周围环境里的更大混乱为代价。"因为"宇宙的能量总和是个常数,总的熵是不断增加的"。熵是最后不能再被转化做功的无效能量的总和。这种情况在封闭系统中表现得最为明显,当熵达到最大值时,则表示一切有效能量均消耗殆尽。当有效能量和无效能量完全相等时,则意味着系统已进入了全面崩溃,或称"热寂"的阶段。

热力学第二定律,即熵学说原理自被发现以来,人们对它的应用和研究,只是局限在物理学能量转变的研究领域范围内,很少为其他科学家及人民大众熟悉和重视。这种情况一直持续到1981年,美国杰里米·里夫金和特德·霍华德两人发表《熵:一种新的世界观》一书之后,才开始引起了几乎所有科学界及大众的重视。

人类发现掌握并在实践中运用热力学第一定律,是人类文明与理性的历史性进步,和其他科学定律一起,导引了近代以来人类社会一次又一次工业革命,既改变地表的面貌,也改变了人类生活内容的运动轨迹——极大地丰富了人们物质文明和精神文明生活。但是从20世纪中叶以来,工业文明的孪生兄弟——环境污染开始大踏步地登上人类社会生活的舞台。局部性和区域性的严重环境污染事件不断爆发,给人类的生命财产造成了巨大的损失和破坏。20世纪70年代中期并因此引发了世界性的关于人类社会经济发展能否继续增长的争论。其中最有代表性的就是《增长的极限》和《没有极限的增长》两书作者的争论。这两种对立观点,表面上争论得很激烈,但其世界观和出发点都是同一的,都是把立足点和眼光定位在人与自然界物质资源的绝对数量关系上。两者结论的差别产生于对科学技术能否从根本上解决人类与自然资源的开发及转化关系上,都没有接触到宇宙能量转化最根本的热力学第二定律,因此彼此都缺乏最终说服对方的理论力度。

热力学第二定律告诉我们,宇宙的能量总和是个常数(它既不能创造也不能消灭),但是总的熵是不断增大的,即能量可以从一种形式转化为另一种形式,从有效能量转化为无效能量,并直到实现熵的最大值——热差为零为止。这时,任何能量载体,从星体到任何有机和无机物质都将走向完全的无序、分解和溃散。

地球本身所蕴藏的能量是一个常数,它虽然能从太阳辐射获得能量,但一是数量微乎其微,二是不能为人类直接吸收利用,人们只能利用地表的可再生资源和不可再生资源,即地球以能量物化载体,去为自己的生存发展服务。这些资源一旦受到利用,便产生熵流,便从有效能量转化为无效能量,这个过程绝对是不可逆的。

这里需要指出两点:一是太阳直接辐射给地球的能量微乎其微,而且太阳本身的能量也是每时每刻在递减着。不过在自然哲学概念里,太阳比地球寿命更加绵长得多;第二是地球上所谓可再生资源,它的再生是以耗散更多的地球所具有的其他形式的能量作为基础的。转化得越快,越高级,耗费的能量就越多,就更快地增加地球的熵的总量的积累,促使地球能量更快地耗散殆尽。

因此,总的来说,"地表上一切物质形态、结构和运动都不过是能量的不同聚集及转化形式的具体表现而已"。这包括了一切人造环境、工农业产品,甚至人类个体的增长,其最后结果,都是以熵的增加为终结的。今天人类所面对的种种污染,都只是熵,即有效能量所转化的无效能量积累的一种表现形式。对污染的治理,在理论上只是以更大的新能量投入,去改变无效能量积聚对人们生存发展不利的表现形式。这种新的能量投入,最终又必然会以新的更大的熵流形式出现,从另一个角度去制约人类的生存和发展。因此,人类为了减少和避免环境的污染,唯一的最终途径就是减少有效能量转化的总量,减少熵流。这样,热力学定律便"最终控制着政治制度的兴盛与衰亡,国家的自由与奴役,商务与实业的命脉,贫困与富裕的起源,以及人类总的物质福利"。

怎样才能延缓熵流的积聚?唯一有效的途径就是提高人们对热力学第二定律的认识,自觉地把人与环境的关系,提高到环境道德高度去把握与协调,以尽量减少有效能量的转化速度,以求得尽可能长久的人类与环境的同时可持续性发展的机会。如果片面强调市场经济的"看不见的手"的作用,剔除道德的作用,过分沉溺于追求物质财富的积累和物质欲望的满足,人类最终将受到热力学第二定律的惩罚,使熵流加速发展,迅速导致有效能量的枯竭和人类的灭亡。

人类从诞生到今天已经历了几百万年,但其作为生物的体征及生理结构变化并不是很大的。人类的进化主要体现在大脑思维能力,即精神和智慧发展的过程和结果,主要是通过人类和生存环境系统关系的变动表现出来的。特别是人工环境的缔造,包括工农业生产的产品种类和数量、居住地的构筑、空间移动的范围和方式等,无不发生了深刻的变化。其中还包括了人类个体数量的增殖。现在回过头去看,这一切进化和增殖,不仅气势恢弘,而且气象万千,无比壮观。但我们把视野扩大一点,就可以看到这种变化和进步背后同时出现的,地表形态的改变、矿物资源的减少、植被和生物物种多样性的损失等一系列所谓环境恶化现象。根据热力学第二定律,这种恶化就是所谓的熵流增加。换句话说,人类的进步和文明的发展,是以扩大熵流为前提的。

举目所及,我们所看到地表的一切非自然产物,都是人类通过各种手段进行的一种物质能量转化活动的结果。在这个转化过程中,按照热力学第一定律,可以肯定地说是做了不少有用功,按照第二定律,则是使大量有效能量转变成了无效能量,增加了地表熵的积聚。今天地表人类生存环境中一切所谓污染现象,都是这些无效能量对人类行为的一种规律性反馈的表现。

随着时代的进步,人类转化能量的技术手段和能力越来越强,从正面去看,结果将是使人们的生活越来越好,越能满足人们生存和发展的需要。但从反面去看,则是人们促使地表人类生存环境系统中的有效能量更快地向无效能量转化,使人类生存环境的无序性进一步加剧。当最后有效能量转化殆尽时,无效能量——熵达到最大值时,地表人类生存环境系统条件将不复存在。那时,作为星球的地球并不一定就崩溃和瓦解,但对人类来说,已经不能生存,这将是可以肯定的前景。具体表现就是淡水已经使用殆尽或者转化成不能饮用的污水,矿物资源已经采用完毕,大气已不能再被人们呼吸利用,强烈的紫外线辐射,不仅直接侵害人的机体,也杀死大量供人们利用的动植物种类。在那种对人们来说是无效能量充斥的物质环境条件下,将可能萌生出新的对人类生存造成威胁的另类细菌或微生物,甚至经过基因变异后,能把无效能量(对人类来说)视为"有效能量"利用并生存的动植物。

到那个时候,人类有两种前途,一是因无效能量的积聚,地球虽然未达到热寂和灭亡,但环境已完全不适合人类的生存,人类将像地质史上的恐龙一样,从地表上消失;另一种可能则是视当时无效能量充斥的环境为"有效",在今天看来完全不适合人类生存的环境条件下,通过局部肢体或官能的变异,以新的种类形式出现,并沿着不同的路径继续生存和发展。至于现在有些人预言的搬到其他星球上居住,进行星际移民,或在月球上设立生产基地进行生产,以维系人类的现代生活方式,都是完全不现实的。根据热力学第二定律,在月球上从事生产,那只是说在失重条件下有利于生产或合成某些在地球表面上不易生产和合成的物质,构成新的种源。如果从事大量生产,基础还是地表物质。要克服地球引力发送一定质量的物质到月球上,所需能量不知要比在月球上生产的物质能量大多少倍。产品制造成功,要送回地球,月球上根本无此动力能源。有人想象,可以利用太阳能。他们不知道,太阳能是不能直接被利用,也不能生产任何物质的。要利用太阳能也需要地球上人类生存环境中的原有物质做基础和载体加以转化。最终还是扩大了地表人类生存环境熵流的总量,导致人类生存环境系统的更大无序和加速熵化。

但需要说明的是,上述理论强调的只是作为熵流的增加和积聚的过程,不是强调其最终结果。目前这个结果离我们还比较遥远。但如果我们不自觉承认并尊重这个最终主宰宇宙和人类命运的热力学第二定律,人们便不自觉地加速了地表最大熵值到达的速度。因此可持续发展观念最重要的理论核心,就是尊重热力学第二定律,自觉降低熵值。

当前人类面临生境恶化的态势已是不争的事实。最深层的原因是人们忽视或无视热力学第二定律的结果。更有甚者是不少人力图通过科学技术手段,去"改善"甚至"改变"目前人类所面临的尴尬现实。但人们不知自身的一切进步或革命,都是以增加熵流,致使地表人类生存系统从有序更快地走向无序,使有效能流更快转化为无效能流的局面。地球离整体"热寂"时间尚远,但由于当代科学技术的高速发展,人类转化能量的手段和机制日益加强和健全,地表局部地区和个别种类有效能量载体——有机和无机物质资源已几乎达到全部被转化成熵流,并接近了熵所允许的最大临界度。

人是地表人类生存环境系统中能量转化行为的主体,是使人类生存环境系统出现无效能流最主要的动因。多一个人便多一分使有效能量转化成无效能量的机器和动力。世界到底能养活多少人口,换句话说,世界有多少有效能量可供人们转化利用?这是一个众人长期争论不休的问题,也就是关于地表人类生境中的适度人口问题。

适度人口规模很难确定,因为这牵涉到对可利用有效能源数量界定的不同认识。据大多数专家学者的意见,世界人口到21世纪中叶最高不应该超过70亿~80亿,中国则不能超过16亿~18亿。世界人口最好降低并稳定在30亿~40亿左右,中国则在7亿~10亿之间。但也有十分乐观者认为在21世纪开始的前20年,人类可以继续增长至150亿~200亿之间,认为未来世界的能源将可能从有穷发展到无尽,认为"世界不必担心未来的能源短缺或能源奇昂。"最后还可以实现"太阳系的殖民化"。

对适度人口数量认识的巨大分歧，原因出在只把视点片面定位在有效能源开发利用的绝对量上。犯了一个共同错误，忽视了热力学第二定律的作用。作为生命有机体的人类，每一个个体的生存，都是要通过食物链去把大量有效能量转化为无效能量来维系的。因此每增加一个个体，就是增加了一部造熵的机器。因为熵流是不可逆的，人口总量增加对增加人类生存系统的混乱便成了无可争辩的事实。因此，地表人类生存系统到底可能容纳多少人口目前并不重要，关键是要承认人是人类生存环境系统中最主要的熵制造者这一事实，在有效物质能量资料一定的封闭系统中减少人口是人类目前能做到的、延缓熵的最终容许值出现时间的最好方法。

"温室效应"指的是地球大气层吸收红外线辐射或热能的现象，从热力学第二定律角度去看，实质是星体在运动过程中熵流积聚和增加的一种必然过程。人类人口总量增加和其生存活动能力的加强，只是扩大和加速了这个运动变化过程而已。

引起温室效应的天然化合物有水蒸气、CO_2、甲烷和 N_2O 等。这些物质本来是生物生存所必需的，但因人类在活动过程中使其不可抑制的增加，结果引起了大气结构和功能的严重失衡。其中最突出的就是 CO_2 排放量的不断增加。据《世界资源报告(1996～1997)》资料，1992年，人类直接活动排放的 CO_2 有 264 亿 t，其中 84%（223 亿 t）是来自工业活动。这个数字比20 年前上升 38%。按体积计算，在工业化以前是 280 ppm，目前已升到 360 ppm，如翻番到560 ppm时，全球温度将增加 1.5～4℃。但据政府间气候变化专业委员会预测，目前全球 CO_2 排放率每年平均增加 0.4%，即增加 1.5 ppm，如不能稳定和抑制，到 2100 年，CO_2 浓度将达到700 ppm。按照目前大多数发展中国家仍在追求经济发展的情况下，这个增长速度还将迅速上升。

CO_2 排放总量增加除了人所共知的大气增温，使世界气候变暖外，其引起的危害是多方面的。一是地温和海水温度升高，并引起洋流变化，海平面上升，冰盖融化及厄尔尼诺现象。从地热或矿物勘探的钻孔所得的地球温度剖面图反映，地球表面温度正在以每年 1 m 的速率向地表以下扩散。海水温度在过去 42 年中，在 100 m 水柱的上部温度上升了 0.8℃，使海平面每年上升 1～3 cm。如果温室气体排放趋势得不到控制，在 500 年内仅海洋热膨胀就可以使海平面上升约 2 m。这还未考虑到冰层的融化。而事实上世界上绝大多数冰川在 20 世纪开始，已经逐渐退缩。其中热带地区的冰川和冰帽对气候变化特别敏感。非洲肯尼亚山上的冰川从 1963～1987 年已缩减了 40%，平均厚度减少了 14.5 m。西太平洋变暖导致的厄尔尼诺现象，近年来已经直接威胁到人类的可持续良性存在。

第二是引起生物多样性的减少。生物多样性的减少一方面是由于人类作为直接生活物质能源对动植物的滥捕滥伐，另一方面 CO_2 的增长也会造成生物多样性的缺失。因为 CO_2 增加和较高气温及降水结合后，可以使某些适生植物大量向高纬度转移，如温带和沼泽地区的植物生长量的增加，这就会引起区域植物群落的大规模改组，造成生物多样性的减少，这对人类生存的影响后果还很难预料。气温和水温增高，与沿海发生赤潮也有很大关系。赤潮也会造成海洋生物的大量减少甚至生物目属的灭亡，即生物多样性的损失。

清洁空气和清洁水的减少，也是人类活动造成人类生存系统熵值增加，使人生存运作机制更快走向无序，并可能导致人类灭亡的最典型的表现。理论上空气是取之不尽的有效能量资源，它一般参与人类或生物生命过程运动到生命结束，经尸体分解又会返回大气圈。现在的问题是人类生存活动所产生的熵值的表现形式：CO_2、SO_2、矿物漂尘、氮氧化物等的增加，改变了近地空气层的物理成分结构,因此降低了空气的可利用性能和价值。特别在城市环境条件下,这个问题显得更为突出。

据《世界资源报告(1995~1996)》资料,1988年有6亿多人居住在SO_2水平超过世界卫生组织规定指标的城市地区。有12.5亿以上的人居住在悬浮颗粒物不可接受水平的城市中。这些空气污染物主要来自工厂和汽车尾气。在全世界20个超级城市中,中国北京是属于受严重污染城市。这种情况在90年代以来继续加剧。

城市空气中熵值增加还有两个重要途径就是空调机和电冰箱的使用,在部分空气制冷过程中发散的"废气"所含熵值是非常巨大的,不仅制冷过程需要花费大量电能,而且因此产生的废气对人类呼吸已变成有害的气体物质。例如美国人在夏天3个月内的空调机用电量,就等于中国全年的用电量,所产生的熵流可想而知。

同样,人类生境中的淡水问题也不单是总量问题,而是被人类赋予了大量的无效能量——污染物质,使大量淡水发生理化性质变异,再不能供人们直接利用。有些地区,淡水受到有毒化学品及重金属污染,造成疾病的传播,每年有数百万人死亡和10多亿人得病。世界有限淡水无效化已使人类的生存逐渐逼进了死胡同。而这一切,也是由于人类盲目扩大有效能量的开发利用扩大熵值的结果。

矿产资源和土地资源都是地表人类生存环境中地质时期太阳能量积累的载体。和其他环境要素最大的区别就是不可再生性和有限性。人类为了自身生存发展需要的开发利用是不可逆的,即利用一点就会减少一点。而且在开发利用过程中,需要投入大量附加能量才有可能。从热力学第二定律角度出发去判别,人们为获得某种特定能量载体,例如钢铁,从勘探、设计到矿山建设、开采、运输、冶炼、加工到最终成品销售和利用过程中,人们投入的其他形式的能量到底有多大,难精确计算出来。也就是说,人们所得到特定钢铁形态包含的有效能量,和生产过程中所生成的熵值——无效能量到底谁大,是很难简单计算的。在开采、冶炼、加工技术——能量转化技术落后的情况下,往往是得不偿失的,我国很多重化工业生产的长期亏损就是证明。亏损,这里面包含有复杂的社会经济原因,不一定能简单说明熵流问题。但无论如何,在开采利用过程中所产值和预定产品间存在着正相关关系应该是一个不言自明的事实。

无论动物或植物,都是人类生境中重要的构成成分。它们在人类生境中作为除人类以外的生命形态,对于人类的生存发展具有特殊的重要意义。首先,它们是人类为了生存利用太阳能的中介——食物链的主要构成成分。

食物链中低一级成分——低等的动植物被高一级成分——高等动植物利用,是以耗散低等动植物所积累的太阳能和地表物质资源能量,如肥力和土壤及微生物等为特征的。另外,动植物生长发育过程中利用太阳能和其他能源的方式是最节约的。完成有机生命周期重新回归大自然时,不仅不增加熵值,甚至形成负熵——有机腐殖质肥沃了土壤。现在人们终止了大量动植物个体的生命过程,用无机人工合成物替代毛、皮、木料等有机物,一方面在合成生产过程中需要耗散大量能源,另一方面合成产品结束使用周期回归大自然时,变成了不能再生的无效能量,又一次增加了环境中的熵值。进一步降低了环境对人类生存发展的使用价值。

特别严重的是人为造成的动植物种类的灭绝——生物多样性的损失。作为种或类的动植物的存在或发展,除外在环境条件外,主要决定于其内在的生命遗传密码——高度个性化的遗传基因。在人类发展的现阶段,任何物种的灭绝,遗传基因链条的中断,人们尚无可能复制。例如中国的华南虎,目前还剩50余只,但因过度近亲繁殖,遗传基因性能已严重弱化,在不长时间内人类将眼看着最后一只华南虎在地球上消失。此外当动植物以群落方式被集体毁灭时,里面更包括了无数我们尚未认识的物种基因的损失,断绝了动植物在生存过程中积聚太阳能,减缓人类生存环境系统过快恶化的良好机会。

人类自进入工业社会以来,在热力学第一定律的理论基础上,由科学技术引发的巨大社会生产能力,带来了大量社会财富。人类面前似乎出现了一条铺满鲜花而且没有止境的道路。物质(能量)不灭,只要我们索取便能得到。人类的贪欲本能被刺激上升到了疯狂的程度,因此"××大王"和"××王国"也纷纷涌现,人类生活的奢靡达到无以复加的程度。

进入20世纪60年代以来,人们开始发现情况并不如人们幻想的那么美好,资源缺乏,环境污染,新传染疾病流行,社会凶杀、吸毒、卖淫,局部战争连绵不断。世界怎么了?这时部分人才开始重新发现1868年克劳修斯就揭示出来的热力学第二定律在冥冥中的作用。人类生存环境系统一切变动的运行机制最终是受到热力学第二定律制约的:一切物质资料(有效能量)的利用,最终都要转变成为无效能量——熵,赋存在地球表面,形成制约人类生存发展的消极环境因素之一。

熵与人类的关系是一种"割不断,理还乱"的关系。根据热力学第一定律,它在人类生存环境中的数量只能越积越多,而是不能消失和发生逆行转化的。因此人类生存环境的无序性也越来越强。目前熵在很多领域都逐渐达到了临界度,与人类所企盼的社会与环境的可持续发展产生了尖锐的矛盾。怎样缓和这个矛盾,达到保证人类能够继续生存与发展,按照里夫金的意见,就是要建立一个低熵社会。从各个领域全面降低甚至抑制有效能量转化的总量和发生的速度,尽可能减少无效能量——熵的积累以致造成人类的过快灭亡。

按照里夫金的理论和设想,低熵社会建立的理论基础就是遵循热力学第二定律——控制和减少熵的积累,根据熵模式的一般原则,全面改革我们现在面临熵流急剧增加的高熵社会。这是一个巨大的社会改革系统工程,牵涉到了社会环境系统工程中政治、经济、文化、思想意识、宗教、伦理道德等一切方面。

首先低熵社会的建立就是要改革人们的生活目的,或说是世界观。改变高熵社会中人活着就是要利用高能流去创造物质财富,去满足人们不断增长的各种欲望,把人类解放等同于聚敛财富。根据熵学说原理,人类今天转化环境资源获得的财富,是以牺牲和减少我们下一代获得有效能源为条件的。为了使我们的子孙后代获得可持续发展的可能性,我们要自觉地进入和建设一个低熵化社会。

低熵社会的人类生存目的是为了维持人类健康和体面的"自发的朴素"生活,高消费不再被看做人类生存的目的。为了减少熵流,人们的生产和消费越少越好,生产和消费重新恢复到它最初的生物职能。这样工农业生产就不是为了追求高消费,去寻找扩大转化有效能源的手段——尽量促进科学技术的发展。任何科学技术进步的最终表现,都是造成转化能量功率的提高,加速熵值的积聚,增加人类生境的无序和混乱。

在低熵社会里,城市和交通运输系统也将发生根本变化。城市越巨大,产生的熵流越巨大。巨大城市在管理和运作上所耗费的能量也大大高于等量人口的中小城市。在未来城市发展过程中,"小即美"原则也将会得到体现。在交通运输方面,大量的人流和远距离物流位移到底有否必要?在中小城市发展日益完善、远距离通信瞬息化和发展公共交通,运输能耗也将会有望得到降低。

特别是在低熵社会里,人们将自觉遵守热力学第二定律,自觉降低出生率,减少人类个体的增加。因为每一个人类个体,都是一部需要耗费巨大能量维持的能量转化器。如果这个问题不解决,任由人口自由增长,熵的最大值的出现将会在200～300年间出现。所以为了子孙后代的持续发展,人类必须以熵定律为指针,从根本上改变对财富及私有财产的观念。对于人们除了占有适度消费品和劳务外,不再把土地、可再生和不可再生资源(生产资料——马克思)视为私有财产,社会将会最大程度地减少犯罪和纷争。因此集中的经济和政治组织将变成没有必要,人类将会摆脱政治家和强势集团操纵强权政治的束缚,获得更多的民主、自由与平等生存的机会。

在低熵社会里,人们十分重视自身与生存环境的关系,人们把一切人类行为视为与生存环境系统相互协调的过程,视为可持续发展的人类生存环境系统运作的一部分。自然和人不再是操纵与被操纵,制约与被制约的关系,而实现了地表层星体运动的和谐统一。

人类要实现从高熵社会向低熵社会的过渡,实现人类与生存环境系统同时可持续发展,实现上述种种变革,归根到底是要在人类与人类生存环境系统——自然环境系统和社会环境系统之间,建立起全新的、视人与环境为"同一"的伦理道德体系,也就是下面所要着重研究的环境伦理道德关系。

1.2　环境伦理学

1.2.1　环境伦理学的研究对象与学科性质

环境伦理学,是一门介于伦理学与环境科学之间新兴的综合性科学。它的诞生,是在人类生存发展活动和生存环境系统发生尖锐对立时,为协调人和生存环境系统的关系,求得人类和生存环境系统共同持续发展的社会需要的产物。

环境伦理学是一门运用多种学科知识,综合研究与自然环境系统之间、人类个体和社会环境系统之间及社会环境系统之间伦理道德关系的科学,包括研究环境伦理学的产生,环境伦理的道德行为规范、准则、评价、教育和个人环境道德修养等环境为主体和客体相互作用关系的学说。

环境伦理学的研究内容首先是作为道德行为主体的环境意识、环境道德观念、环境道德情感、环境道德信念,环境道德原则、环境道德规范等一系列人类主观内省性的环境伦理学理论性内容。第二部分内容则包括了作为人类环境伦理是非标准的环境道德评价,环境道德教育,及环境道德行为计量性控制指标体系——环境政策、法规等的环境道德基础研究。此外,还要掌握自然环境系统运动规律和一定的自然科学知识,否则就无法正确理解、把握和预测人、社会、自然三者间环境伦理道德关系变化所导致的结局。

从表面上看,环境伦理学似乎只是将传统伦理学的研究视野从人际领域扩展到了种际领域,但本质上它不是一个简单的扩展道德关怀对象的问题。当人与自然关系成为相对独立的领域后,人与自然关系和人与人关系之间虽然是交互作用的,但这两对并不能简单地相互包含或相互替代,适于人与人关系的伦理原则和道德规范不能简单地运用于人与自然的关系。这表明环境伦理学是一门有别于传统伦理学的新伦理学,而不仅仅是伦理学扩展。

环境伦理学不仅把对非人类存在物的义务纳入了伦理学关注的视野,而且还把传统伦理学关注的人际义务扩展到了代际之间。由此可见,作为一种正在兴起的新道德观和新价值取向的理论表现形态,环境伦理学不是对现有的伦理学原则的简单应用,而是对传统伦理学的综合创新。

1.2.2 环境伦理学的任务和方法

1. 环境伦理学的任务

(1)对环境伦理学认知的任务

任何科学都是人类为了自己更好地生存和发展建立起来,对主客观世界运动规律进行认识、掌握和运用的知识部门。毫不例外,环境伦理学的第一个任务就是对环境伦理学研究对象的运动规律、运动范畴、运动结果的认知。换句话说,就是对环境伦理道德行为现象及其本质的把握和认识,包括对环境道德意识、环境道德信念、环境道德准则、环境道德行为、环境道德评价、环境道德教育、环境道德修养等内容。

(2)对社会的教育任务

只有在环境伦理道德教育深入人心,使全民族的环境道德水平普遍提高,把善待环境的行为变成自律性的道德行为后才有可能实现。因此,环境道德教育就成了环境伦理学的艰巨任务之一。

2. 环境伦理学的研究方法

(1)归纳法

归纳法是由个别到一般,由事实到概括的推理方法。在科学发展早期,是最常被人们使用的方法之一。人们应用归纳法研究人类与自然及社会环境间的道德行为关系,形成了环境伦理学,但由于这种关系的表现特别复杂。关系越复杂,矛盾越尖锐,相互作用表现的现象便越纷繁,事物越容易为人们所认识,就越需要人们去认真归纳、概括,才能发现其现象规律,环境伦理学面对的就是这样一种现象。所以归纳法不仅在形成环境伦理学过程中发挥过重大作用,在未来继续完善和发展环境伦理学的过程中也成为掌握和运用的重要方法。

(2)演绎法

演绎法是由一般到个别,由一般原理到个别结论的推理方法。演绎法和归纳法是相对立而存在的。过去由于传统伦理学没有着重研究过人与环境(自然和社会)的道德关系及行为准则等内容,现在这一切都必须由环境伦理学去完成。所以演绎法就成了环境伦理学研究的重要方法之一。

(3)定性与定量相结合分析法

从定性到定量地认识客观现象和物质,是人类认识方法的一个飞跃。环境论理学所研究的道德现象,因为客体一方是非理性的外在客观环境,它对人类行为的反馈和作用程序往往具有十分严格的量的规定性。所以环境伦理学的研究,必须引进一定的数学方法,运用数学手段,对环境道德现象进行定性分析与定量分析相结合的研究,对环境伦理道德行为有一个量的判定。

(4)系统论、信息论、控制论方法的运用

人类与环境间的环境伦理现象是一种复杂的系统现象。它的构成要素包括了人、社会和自然三种成分,因此环境伦理学对环境伦理现象必须借助系统论作整体性研究,否则就会发生只见树木不见森林的片面性。同时,环境伦理学还有一个量的规定性问题研究,需要借助信息论和信息手段去解决。

人、社会、自然三者构成的人类生存系统是一个开放性巨系统,各种输出、输入的物质流和能量流对人类的伦理道德行为均有着巨大正负相关关系。为了这个系统的稳定,就必须根据外界信息的变化及多次反馈,人为地对其正负相关关系施加影响,使它向最适宜于人类生存发展的方向转化,这样环境伦理学就离不开对控制论理论和方法的运用。

1.2.3 环境伦理学的研究意义

学习环境伦理学的根本目的就是要把环境伦理学的立场、观点和方法运用于我们实际的生活之中,使之能成为我们生活的信念和行动的原则。具体地说,学习环境伦理学的意义在于:

当代严重的生态与环境问题表明人类只考虑自己的利己主义观念和行为已经造成了恶劣的后果,大自然已经向我们提出了转变思维方式的要求。环境伦理学正是在这个意义上强调了超越狭隘的人类中心主义视野的必然性,它把人类的道德视野扩展到了自然的领域,从而能够用更宽广的视角重新确认人类生活的价值与意义。

认清我们对自然的责任和义务,这种思维方式的转变有助于我们认清自己在自然界的位置,能够以道德的方式生活。我们对自然所负有的责任和义务就是要最大限度地去维护地球生态系统的稳定、和谐与美丽。道理非常的明白,地球生态环境命运与人类的命运紧密相关,维护地球生态系统的稳定、和谐与美丽,无论对于地球生态系统还是对于我们自身都是有利的,我们都是受益者!所以,尊重生命、尊重自然和保护生态环境是作为一个有道德的人必须履行的义务。

当今地球生态系统的异常特征反映了地球生态过程的异常变化,这种异常变化的持续可能危及人类和地球生命。因此,我们需要有一种危机意识。这种危机意识能够唤起我们的生态良知,从而激发潜藏于我们内心的生态意识。

环境伦理学不只是要揭示人与自然关系中的伦理关系,更重要的是要通过对这种关系的阐释建立起一种行动的原则,而能否将行动的原则付诸实施则需要我们每一个人的努力。

1.3 环境伦理学的起源和发展

1.3.1 环境道德的产生

在人类社会早期,能较早地认识到“天人相分”,意识到人与天(自然)的区别,这对于调动人的主观能动性,摆脱对自然界的依赖,克服在大自然淫威下无所作为的思想束缚,能动地处理协调好人和自然界的关系,这比“天人合一”观念更有利于促进人类群体的发展和进步。但因为“天人相分”理论核心所具有的朴素唯物主义性质,与占统治地位的唯心论的矛盾,及汉以后封建统治者受董仲舒“天不变,道也不变”思想蛊惑所采取的“罢黜百家”的专制政策的影响而受到了不应有的排斥和压制。

15世纪的地理大发现,扩大了人们对地球表面物质世界认识的视野,对人们自然世界观的形成起了很大的促进作用。特别是17世纪中叶,人类社会开始从封建主义农业社会向资本主义工业社会过渡以来,给人们正确认识自然环境提供了丰富的物质技术条件,及迫不及待的社会需要。对于人与自然关系问题,现代地理学曾有过激烈的争论,并产生了人地相关论等正确认识,但起决定作用的还是由大哲学家们所左右,沿着唯心主义和唯物主义两条并行不悖道路发展着的自然哲学争论。但遗憾的是,在环境保护国际呼声日益高涨的情况下,世界的环境受污染和被破坏情况不仅得不到相应的控制和治理,在不少国家和地区还有愈演愈烈的趋势。

传统道德,即人类群体社会中人与人之间行为关系的伦理规范,它是与人类社会群体的形成同日月,共长久的,已经经历了漫漫数千年的历程。但是,人类社会发展到今天,单纯依靠传统社会道德来维系社会的和谐发展已经变成完全不可能。回过头去看,在人类伦理道德观念形成发展的过程中,在传统道德占主导地位的情况下,环境道德也不全是一片空白,在人类全部文化发展的灿烂星空,偶尔也会看到环境道德观念理论光辉的闪烁。

在21世纪,为了实现人类与生存环境的和谐共存,除了克服人类的功利主义意识,降低人类社会盲目性,强化人类的自然本性,主动把人与生存环境的关系纳入环境道德范畴外,已别无它途。人类传统道德发展道路上质的飞跃,实质就是人类在高科技时代的自然回归。

1.3.2　环境道德与环境伦理学

过去,在传统伦理学著作中,不少人是把伦理和道德两个概念作为近义词,甚至作为同义词相互混用。其实,伦理和道德这两个概念的内涵是有很大差异的。“伦理最初就是指人与人之间的微妙复杂而又和谐有序的辈分关系;后来进一步发展演变,泛指人与人之间以道德手段调节的,和谐有序的关系。”而道德,“是指人们根据人际关系的内在要求,制定一系列的道德规范,以此来调节各自的行为和彼此的关系,从而表现出良好的道德品质,形成良好的道德风尚”。但因为二者研究的客体,都是人与人之间或人与群体间的互动关系,目的都是为了协调人们建立在不同的利益基础上的社会关系,达到社会和谐发展的目的,因此在比较多的场合,不少人便把它们混用了,有时则并列使用,合称为伦理道德。

环境伦理道德的第一个作用就是维护人类与环境的共生关系,人类一定要自觉维持自然界原有的物质平衡(生态平衡)关系。人与自然环境系统对人类的最终价值,不是在于一时一地的质和量的扩张,而是在时间上保证人与自然界的共生,求得人类的延续,这就是人与环境的伦理道德关系的第一个“应该”,也是代替自然环境利益作出的必需的道德行为选择之一。

其次人类要尊重自然界客观存在的权利。除承认自然环境是人类生存的基础以外,还要看到生存环境系统要比人类更久远。存在是一种权利。承认自然界一切生物物种及生命物质都有继续存在的权利。其认识论基础是建立在承认自然环境是人类生存的基础,人类只是自然界中普通一员的观念上的。“自然界的权利”,在人类出现以前是一种自然属性。任何一种生物的存在既是利己的,又是利他的。

另外,人类还要尊重环境客观存在的价值。自然界先于人类而存在,因此对于人类来说,自然界的存在便具有双重的意义。首先,自然界是人类生存的基础,没有自然界便没有人类,因此自然界一切有生命和非生命物质对人类的存在都是具有最基本的使用和依靠价值的。但是,在未有人类以前,自然界一切客观存在还是没有使用价值含义的。自然界的价值和使用价值是因为有了人对自然存在物的开发利用后才体现出来的。换句话说,自然存在物的价值是一种社会属性。自然界还有很多未被人类认识和开发利用的存在物,对人类的生存发展来说,它们都具有一种潜在价值。

最后环境伦理道德要求人类遵循社会良性运行和协调发展机制。不管任何形态的社会,当它一旦形成后,便要外化成为每个社会成员生存和发展的外在环境条件。像人不能离开自然界一样,人也是不能离开社会环境而独立存在的。因此人与社会之间,也像和自然环境之间一样,发生了道德行为关系,理论上这就称为社会环境伦理关系。因此在这个关系中的每一位成员都必须遵循社会良性运行和协调发展机制,才可以实现持续发展。

1.3.3 环境伦理学产生

在伦理学的历史中,人与自然关系的伦理学,即我们通常所说的环境哲学或环境伦理学,常常是哲学家或伦理学家们忽视的领域。直到20世纪70年代后期才产生了环境伦理学。有趣的是,环境伦理学产生的动力不是来自伦理学内部的推动,而是社会对现代生态环境问题深层反思的结果。20世纪80年代以后,西方环境伦理学研究在以下几个方面展开:

第一,重新反思了西方文明对待大自然的态度,在对待人的问题上,提出把人的概念延伸到了未来的世代,认为道德不仅要关怀现在的人,也应关怀尚未出生的人。在处理人与自然的关系问题上,现代的人类中心主义也作为某种弱化。

第二,把道德关怀的对象从人扩展到了动物,把道德关怀的对象延伸到有感觉能力的高等动物是动物解放论和动物权利论的基本要求。从道德扩展的角度看,动物福利论是伦理学向非人类中心主义转变的第一步。

第三,系统地阐述了人对所有生命所负有的义务,如生物中心论。美国环境伦理学家泰勒把阿尔贝特·史怀泽的思想作了严格的理论论证,使生物中心论伦理学能够立足在一个坚实的理论基础上。他所建构的一套完整的生物中心论伦理学体系被称为“尊重自然”的伦理学。

第四,系统阐述了人在自然界中的位置以及人对物种及生态系统所负有的义务。对这些问题的阐释直接导致了生态整体论的出现。由此可见,对上述四类问题的研究构成了环境伦理学由浅层向深层发展的过程。我们通常所说的非人类中心主义便是这后三种观点相对于第一种观点的总称。

第2章 环境伦理学的研究内容及其意义

2.1 环境伦理学研究的主要内容

环境伦理学,是一门介于伦理学与环境科学之间的新兴的综合性科学。它的诞生,是在人类生存发展活动和生存环境系统发生尖锐对立时,为满足协调人和生存环境系统的关系,求得人类和生存环境系统共同持续发展的社会需要的产物,是关于人与自然关系的伦理信念、道德态度和行为规范的理论体系,是一门尊重自然的价值和权利的新的伦理学。人类和生存环境系统之间的矛盾——环境污染、破坏和恶化等问题,说到底,是人类行为的结果,是一个社会问题。对于这个问题的最终解决,必须提到行为主体——人类环境伦理道德高度去认识和对待时才有可能。环境伦理学根据现代科学所揭示的人与自然相互作用的规律性,以道德为手段从整体上协调人与自然的关系。它不是传统伦理学向自然领域的简单扩展,而是在人类反思生态环境问题的基础上产生的一门新兴学科。

2.1.1 环境伦理学的研究对象

环境伦理学是研究人类在生存发展过程中,人类个体与自然环境系统和社会环境(人类群体)系统,及社会环境系统与自然环境系统之间的伦理道德行为关系的科学。这里"环境"的科学意义,是指"人类生存环境系统"的意思,和人们常说的生态环境的"环境"定义有很大的差别。

伦理学经历了三个历史阶段,第一阶段的伦理学,其研究对象局限于人与人之间的关系;第二阶段的伦理学,其研究对象拓展到人与社会之间的关系;在第三阶段,伦理学的研究对象,已拓展到人与自然之间的关系。环境伦理学正是伦理学发展到第三阶段的产物,它以研究人与自然关系中的伦理意识和伦理实践为己任。

人类与自然环境系统的关系,迥然不同于其他生物属种的最大特征,就是人类对自然环境系统的作用,基本上是一种后天获得的理性行为。从蒙昧时代开始,人类便有了应该做什么,不应该做什么的主体意识。因此,人类对自然环境的一切作用就脱出了动物群体那种基本上是在自然条件制约范围内的本能行为的窠臼。

人类这种作用于自然环境系统的主动行为与动物本能还有一个根本性的差别,就是人类对自然界的索取不是依靠自己的自然肢体进行的,而是利用自己制造的自然界所没有的工具进行的。在自然环境系统面前获得了更大的主动性和独立生存能力。另外,由于人类世代相传的后天获得的知识和本领具有一种积累和滚动发展的特性,这就为人类的发展和进步提供了一种永无止境及逐渐加速发展的可能性。

环境伦理学的建立,扩大了伦理学研究对象的内涵和外延。从内涵上来看,伦理关系不仅包括人与人、人与社会的关系,还拓展为包括人与自然的关系,在人与自然关系中除了人与自然的直接关系外,还应当包括自然环境与人造环境之间的关系。

环境伦理学认为,人类在分享大自然所赐予的环境利益方面,同代之间和代际之间存在一种平等的权利,背离这种平等观念,任何向大自然索取利益的行为都应受到舆论的谴责。环境伦理学还认为,人类为追求幸福向大自然索取财富不应破坏大自然本身的平衡,人类对自然的利用要限制在大自然再生和自净能力范围之内。环境伦理学在强调人与自然的关系时,以善待自然作为"善"的内容。

环境伦理学在处理人与自然关系问题时善恶取舍和价值选择的出发点。从外延上来分析,伦理学除了要研究个人与个人、个人与社会、个人与集体、集体与集体的伦理关系外,还应当研究国家社会与环境及国家与国家之间由于环境问题而产生的伦理关系;除了要研究现代社会的各种伦理关系,还要研究代际之间的各种伦理关系。

2.1.2 环境伦理学的特点

环境伦理学是一门新兴的伦理科学,和其他伦理学比较,具有自己鲜明的个性和特征,即它的研究对象所具有的综合性、多层次性和实践性。

环境伦理学对人与自然、人与社会及社会与自然之间三层关系的认识和研究不是独立地进行的,而是把它们作为一个整体或系统的组成部分而进行认识和研究的,最终着眼点还要放在三者的有机的综合作用和关系上。所以,环境伦理学具有鲜明的综合性与整体性特点。

环境伦理学还具有多层次性。环境伦理学既要研究人类个体行为与自然环境系统之间的伦理关系,又要研究人类个体行为与外化了的人类群体——社会环境系统之间的伦理关系,同时还要研究社会环境系统与自然环境系统之间的伦理关系。这样,环境伦理学的研究对象便具有人与自然、人与社会及社会与自然三个层次。由于三个关系的层次不同,所以在环境伦理学中的地位、研究目的有所不同。

环境伦理学对人、社会、环境三者间的伦理道德关系研究,还具有很强的现实性和实践性特征。目前由于科技发展引发的,人类社会作用于自然环境系统力量的加强,除了造成臭氧层破坏,温室效应,给人类社会发展蒙上阴影外,国家(人类群体)间拥有的核武器的威力及生化武器的杀伤力,都已达到了足可以破坏整个赖以生存的地球表层环境系统的程度,这样就使人们对环境伦理学的研究具有了非常紧迫的现实意义和实践意义特征。

环境伦理学还具有很强的可判断性和可操作性。由于现代计算机科学软硬件的发达,主要是电脑技术的应用,环境及人、社会、自然环境系统间的道德行为关系,如"三废"排放标准、能力的容许度、人类对被污染环境反馈的承受能力(受伤害的临界度)可以进行量化研究。

2.1.3 环境伦理学的研究内容

环境伦理学既然是研究发生于人、社会、自然三者之间相互作用关系的科学,而人、社会、自然三者各自的内部运动规律又是不尽相同的,因此环境伦理学研究的内容具有复杂性和广泛性。

环境伦理学研究的主要内容,是人类对自然环境的伦理责任。它的学科性质决定了它必然包含对三大主题的研究,即自然的价值和权利的研究、人对自然道德原则的确立与道德行为规范的研究、现实生活领域中环境伦理问题的研究。

概括的来讲,环境伦理学的研究内容首先是作为道德行为主体的环境意识、环境道德观念、环境道德情感、环境道德信念、环境道德原则、环境道德规范等一系列人类主观内省性的环境伦理学理论性内容。第二部分内容则包括了作为人类环境伦理是非标准的环境道德评价、环境道德教育,及环境道德行为计量性控制指标体系——环境政策、法规等的环境道德基础研究。此外,还要掌握自然环境系统运动规律和一定的自然科学知识,否则就无法正确理解、把握和预测人、社会、自然三者间环境伦理道德关系变化所导致的结局。

环境伦理学中的理论各有差异,但它们都倾向于把传统伦理学的正当行为概念扩大到尊重所有生命和自然界,把道德权利概念扩大到自然界实体和过程,这就必然要求用新的道德原则和道德规范来约束人的行为。环境伦理学的道德原则和道德规范,正是指导和评价人类在对待自然上的行为价值取向的标准。

在道德规范体系中,道德原则和道德规范在本质上是一致的。道德原则是道德规范体系中的最高层次,道德规范则是道德原则的具体演绎,有什么样的道德原则就必然有什么样的道德规范。因此,环境伦理学应首先确立环境伦理的基本原则。

2.2 环境伦理学产生的理论和现实基础

环境伦理学的产生既是20世纪自然科学与人文科学发展的必然,又是现时代人类生态环境实践的要求。因此,它的产生既有理论上的准备,又是社会需求的结果。

“环境”范畴包含“天然的和经过人工改造的”自然因素,即未受人类活动干预的自然环境和受人类活动某种干预后的自然环境。前者,通常被称为原生环境,或第一环境,后者通常被称之为次生环境,或第二环境。

人类走过了数十万年的漫长岁月,在这期间人类不断地认识自然,改造自然,脱离了蒙昧和野蛮的时代,创造了灿烂的农业文明和工业文明,又亲手摧毁了这些文明。就在现代科技创造了前所未有的生产力的同时,也创造了置人于死地的大规模的杀伤武器,破坏了人类赖以生存的自然环境;发展中国家的人口爆炸引起的人口、生态环境和贫困间的互为因果的恶性循环;发达国家利用先进的科技,在其发展过程中造成了大量的环境问题和资源、能源的枯竭。这些问题已经造成人类生存的危机,已经严重影响了人类的生存与发展,成为全球问题。由于人口增长过快、能源短缺、环境污染、资源枯竭、核战争威胁等问题严重地影响着世界各国人民和各民族的利益,这些全球问题已成为制约人类的生存与发展的问题,这些问题是决定人类共同命运的问题,并且是只有靠全人类共同努力才能解决的问题。这里所说的环境问题,主要着眼于人类的环境问题,而且不仅立足于当今,更主要的是面向人类环境的未来。

环境问题是指因自然变化或人类活动而引起的环境破坏和环境质量变化,以及由此给人类的生存和发展带来的不利影响。从人类开始诞生就存在着人与环境的对立统一关系,从古至今随着人类社会的发展,环境问题也在发展变化。

环境问题的产生虽然是多种因素综合作用的结果,人类对环境的基本认识和态度却不能不说是其中的一个重要因素。可以说,环境问题的产生与发展是与人类环境观紧密相连的。

人类的环境观随着生产力的发展和科学技术的进步而不断变化、发展。迄今为止,人类的环境观大致经历了三个历史阶段和三种观念形态。首先是人类畏惧自然、崇拜自然的阶段。这种崇拜主要表现在两个方面:一是对动物的崇拜;二是对天象的崇拜。把人看作自然的奴隶,要求人对自然的绝对服从。第二阶段是人类无视自然、主宰自然的阶段。在近代,人类一方面为战胜自然的辉煌胜利而感到自豪;另一方面又由于对自然的盲目征服,遭到自然的严重报复而感到震惊。人类在这种自己为自己造成的恶果面前，盲目地转变为无视自然的观念。最后则是在现代重视自然，与自然和睦相处、协调发展的阶段。这是人类环境价值观念的一次具有历史意义的转变。由于生产力水平的进一步提高和新科技革命的兴起，为我们正确认识人类与自然的关系提供了科学的方法论和必要的技术手段，使人们抛弃了盲目崇拜自然和完全无视自然的陈旧观念，确立了重视自然、与自然协调发展的思想。

2.2.1　环境伦理学产生的生态学基础以及现实要求

1. 生态学基础

生态学所揭示出来的生态系统中各要素的相互依赖性、系统的平衡性、有机性和整体性都提示了一幅与传统的机械论自然观迥然不同的图景。不仅如此，生态系统所表现出的整体性还孕育了一种强调互补、平等、关系和均衡的价值观。生态学所蕴含的哲学含义使环境伦理学家看到了所有生命形式之间的相似和动植物之间的密切联系，以及整个生物世界对光合作用等基本生态过程的依赖。

环境伦理学的产生是生态学发展到现代水平的必然结果。生态学的发展为环境伦理学的产生奠定了科学基础，并提供了新的思维方式。生态学对我们现代社会的价值与伦理具有的"颠覆性"就在于，它是以一种整体的系统的思维方式，向我们描述了生命在地球上的存在状态；它向我们提供了全面、完整的地球生物圈的知识；它揭示了地球上人、生物和自然环境相互作用的基本规律；它不断地向我们传达着和谐、秩序、多样性、适应这样一些观念，这些观念正在进入社会的价值和伦理体系，并且逐渐积淀下来，成为我们社会文化中的基本概念。

2. 环境伦理学的产生是伦理进化的必然

在现代社会的大多数人看来，伦理关系是人类社会内部成员特有的，将这种伦理关系扩大到人以外的自然界，是缺乏合理性甚至是荒谬的。从传统伦理学角度看，这种认识没有问题，但它缺乏历史的眼光。因为道德与伦理范畴并非固定不变，而是处在不断进化的过程中。事实上，人类的道德与伦理经历了从最初的血缘关系扩展到亲缘关系再扩大到种族、国家及全体人类的历史发展过程。

今天，我们的道德对象已经扩展到了所有人以及一部分生物。随着自然、社会、观念的进化，伦理对象也将从社会范畴向自然范畴扩展。巨大的生态危机使得人与自然关系的重要性被突出出来，使得人对自然的伦理关怀这个从前一直被认为是虚假的义务能够变成一种实实在在的责任。把道德对象的范围从人类社会扩展到非人类的自然界这是一场伦理学的革命。人与自然伦理关系的确定有助于结束人与自然数百年来的敌对状态。

3. 环境伦理学产生的现实要求

众所周知，自人类进入工业文明以来，人与自然的关系就被确立为主客体关系。在这种关系支配下，人类"征服自然"、"改造自然"的意愿日益强烈，向自然无止境地掠夺。虽然经济的繁荣带来了丰裕的物质生活，但却遭受着工业社会造成的种种环境恶果。全球气候变化、生物多样性锐减、臭氧层耗竭等全球性生态环境问题的不断加剧，正在把人类推向危险的"生存困境"。

从今天我们面临的巨大的生态危机来看，人与自然之间的伦理关系不仅可能而且也是必然存在。人类需要建立起一种人与自然的伦理关系。因为人与其他生物不同，生物只是简单地适应环境，而人类不仅能主动地适应环境，并且已经大大地改变和重建了其生存的环境。但是，从根本上讲，人与自然是同一的。人不过是自然之子，是作为自然整体的一个部分，或者说是自然实体的样式之一，因此，人类本身就是一种自然存在。人能够能动地改变自然，却永远不能脱离自然。

人与自然的关系，是人类所面临的又必须解决好的最基本问题。今天，随着人类所赖以生存的生态系统遭到越来越严重的破坏和环境危机的日益加深，人们已越来越清醒地认识到，环境污染和生态失衡问题的解决，不能仅仅依赖于经济和法律的手段，还必须同时诉诸伦理信念。只有从价值观上摆正了大自然的位置，并在人与自然之间建立了一种新型的伦理关系，人们才能明确地认识到人对大自然的责任和义务，把尊重和爱护大自然意识融化到自己的行动中，生态环境问题才有可能从根本上得到解决。

2.2.2 环境伦理学的发展——超越的环境伦理观

展望未来，一种具有生命力的环境伦理学，只能是一种能同时接纳和包容人类中心论、动物解放/权利论、生物中心论和生态中心论的雍容大度的开放的环境伦理学。

当前人们倡导环境保护，治理污染，保持生态平衡也都是从人类的角度，从关心和爱护人类生存的前提来谈论这个问题的，是以人的利益为出发点的，一言以蔽之，都是以人类为中心的，离开了人的利益也就无所谓环境保护问题。但是问题在于，人们的一切要求，包括保护环境，保护人类生存的唯一家园——地球，虽然都是要达到为人类服务的效果，但是这并不等于我们只能从人类中心主义的立场来考虑问题，正如不能认为因为我们在为人民服务的过程中实现了个人价值，达到了个人目的，于是就说利己主义是正确的。我们提倡保护自然界、爱护环境、保持生态平衡达到了保护人类自身的目的，并不等于我们只能从人的利益出发，出发点与结果不能直接画等号。

超越人类中心主义是环境问题对人类提出的客观要求。随着环境问题的进一步发展，对建立普遍伦理的要求必将越来越迫切。正是在这样的社会、历史背景下，人类中心论、动物解放/权利论、生物中心论和生态中心论之间取得了共识：

第一，人是地球上唯一的道德代理人，能够从道德的角度来考虑问题，并用道德来约束自己的行为。第二，环境危机的实质是文化和价值问题，而非技术和经济问题。环境问题的实质是价值取向问题，是目标和意义的选择问题。第三，后代对地球拥有的权利和我们拥有的同样多，我们有道德义务留给后代一个适宜于他们生存的自然空间。第四，对人和非人类存在物要区别对待。非人类中心论只主张非人类存在物有权获得道德关心，并不要求毫无区别地对待人与非人类存在物。第五，人与非人类存在物是一个密不可分的整体。人的生存离不开一个稳定的生态环境，离不开生物的多样性。这些共识也可视为西方环境伦理学的普遍性因素。这些普遍性因素为我们超越并整合环境伦理学提供了一个可靠的基础。

源于全球性的环境危机，由于人类对环境问题认识不断深化，可持续发展理论被提出。"可持续发展"这一概念一经提出，即在世界范围内逐步得到认同，并成为大众媒介使用频率最高的词汇之一，这反映了人类对自身以前走过的发展道路的怀疑和抛弃，也反映了人类对今后选择的发展道路和发展目标的憧憬和向往。

从伦理学上看，可持续发展观的核心是公平与和谐。公平包括代际公平以及不同地域、不同人群之间的代内公平；和谐则是指全球范围的人与自然的和谐。人与自然和谐的原则是可持续发展的根本原则,代际公平的目标必须通过这一原则来落实。因此,建立可持续发展的环境伦理观,就是要为人与自然和谐的原则寻求价值论的依据,并提出相应的道德规范。要完成这项工作,首先必须在人和自然的关系上采取一种整体主义的立场,把人与自然看作一个相互依存、相互支持的整体,即共同体。持续发展的环境伦理观的实践意义就在于:它可以在当代和未来世界中,借助一定的社会结构,对既有的环境道德产生抵消作用,进而推动人类发展行为模式的根本转变。

2.3　环境伦理学与相关科学的关系

2.3.1　环境伦理学与伦理学的联系与差异

一般地说,伦理学是以道德现象作为自己的研究客体的科学。伦理学是从总体上和联系上考察各类道德现象,并从世界观和方法论上说明道德的本质、功能和各方面规律的理论科学。这段话不仅回答了伦理学是研究什么的科学,并且指出了伦理学是从世界观角度出发研究道德现象的,因此确立了伦理学是一门具有世界观性质的理论性很强的人文科学的性质与地位。这些对传统伦理学来说无疑是十分正确的。因为传统伦理学着力研究的只是人类社会中人类个体间的道德行为关系,对这种关系的研究,目的只有一个,就是为了磨合人际间的道德行为关系,以解决人们相互间怎样生活得更协调,生活得更和谐的问题。而环境伦理学个体和群体最终能否和自然环境一起共同存在和继续发展的根本性问题就没有发展。但如果没有了人类适生的环境条件,也就没有了人类,没有了任何伦理学。因此,环境伦理学从道德行为角度去研究人、社会、自然三者具有十分重大的意义。

环境伦理学与伦理学的关系,笼统地说可以认为环境伦理学是伦理学的一个分支学科,具体一点,则应该认为是伦理学对客观存在的人、社会环境、自然环境三者间道德现象进行重新认定的一门新兴的规范伦理学。环境伦理学的研究对象比传统伦理学广泛得多。但环境伦理学的基本理论、概念、准则、方针等又都直接来源于规范伦理学,因此可以说,环境伦理学就是规范伦理学在新的社会经发展起来的新的分支科学。但由于环境伦理学研究对象比伦理学有了较大改变,研究的内容、目的、方法、手段等方面也和伦理学有着很大的差异。

2.3.2　环境伦理学与环境科学的联系与区别

国内较早的环境科学的定义是以“人与环境这对矛盾为对象,研究其对立统一关系的发生、发展和控制,以及利用和改造的关系”。研究目的在于“探讨在人类活动影响下环境质量发生的变化规律及其对人类产生的后果,从而为改善环境和创造新环境提供科学依据”。但诸多环境科学研究对象的定义都只是突出了人类外在行为与生存环境的关系,即对适应性的研究上,缺乏对人类行为主体自律性的主观内在道德行为与环境关系的研究。其中关伯仁先生和《环境科学大辞典》提出的关于环境科学研究目的和环境伦理学的研究目的已基本相同,这是科学研究目的的殊途同归现象,是完全合理的。

因此当前国内外的环境科学研究,主要就在以下三个方面展开:第一是进行警示性的研究及宣传普及教育,即着重介绍和反映当前国内外因人类经济活动和生产行为失当造成的环境污染、破坏和面临的资源缺乏情况,给人们不断敲响环境恶化的警钟;第二是对环境污染和破坏的防治工程技术措施及手段进行研究，主要还是希望继续依赖科学技术手段以防治由于科学技术发达所引起的环境问题，有以子之矛攻子之盾的味道；第三是对防治污染的政策法规研究和宣传教育。企图用法律、法令等部分人制约部分人的他律性措施去解决人类面临的、日益加剧的环境问题。

环境伦理学是一门介于环境学与伦理学之间的综合性科学。它既是规范伦理学的一个分支，也是环境科学的一个重要组成部分，研究是从伦理学立场出发用提高人们的环境道德意识的方法，以达到协调人类与环境的关系，达到人类与环境系统共同获得可持续发展的目的，是属于应用伦理学和应用环境科学之间的一门新兴科学。

环境伦理学与环境科学的差异在于环境伦理学所认定的环境是指与人类生存发展直接有关的生存环境系统，而不是指笼统的自然环境，它包括了自然环境系统、人工环境系统、社会环境系统三个层次。另外，环境科学只重视了人类与自然环境系统间具体物理和化学方面的物质关系研究，而环境伦理学却把重点放在了人们与社会及自然环境系统关系中常常具有隐性特征的道德意识和行为的研究上。这个问题不解决，传统环境科学三个方面的研究将不能最终达到协调人类与环境的良性共存的目的。

2.3.3　环境伦理学与生态学的联系与差异

生态学是研究物体同外部环境之间关系的全部科学，是研究生物和人与环境之间的相互关系，研究自然生态系统和人类系统生态的结构和功能的一门科学。根据研究重点的不同，生态学还可以区分为理论生态学和应用生态学两大类。理论生态学研究和阐述生态学的一般原理与方法，通常还可分为个体生态学、种群生态学、群落生态学和生态系统学四个研究层次。应用生态学则包括生态学、野生动物管理学、人类生态学、经济生态学、城市生态学等和人文科学交叉的综合性科学部门。

生态学无论就它的对象和目的来说，和环境伦理学均有着极密切的关系。但是生态学一般更着重研究的是作为整体的有机生命体和无机自然环境间的关系，没有把人从其他生命体中独立出来进行特别研究，这一方面降低了人的独特生命体意义，第二方面，在生物与环境的关系中因为不突出人类的主观能动行为作用，对其他生物也只着重研究其与生态环境（自然环境）的适应性问题，过分强调对环境（原生自然环境）的保护问题。

环境伦理学一方面把人、社会、自然当成一个有机的整体看待，又严格区分了人的主体地位，把其他生物看成了人类的生存环境条件之一，不陷入“万物有灵论”的客观唯心主义泥潭。而且环境伦理学把人与环境的关系研究，提高到了人的自律性道德行为高度上去认识和研究，这就有利于确认并发挥人类行为的主动协调作用，更有利于解决人和社会及自然的道德行为矛盾，达到人和社会及自然环境很好地、和谐地长期共存和继续发展的目的。

2.3.4　环境伦理学与社会学的联系和差异

环境伦理学是一门介于社会科学和自然科学之间的综合性科学。伦理学是一门具有社会科学和自然科学双重特性的综合性科学，它和纯性质的社会学有很大差别。但是因为环境伦理学研究对象的主体是人，和群体的人与自然环境系统的道德行为有关系，这和研究人类群体组织——人类社会发展运动规律的社会学在对象上便发生了碰撞和交叉，因此发生了密切关系。但二者研究局部相同的对象时，因为出发点和视角不同，它们之间又存在着很大差别。

社会学是一门具体、综合地研究社会的科学，是一门通过社会关系研究社会生活、社会矛盾、社会管理、社会发展及其规律性的科学。这里说的社会关系，按传统的马克思主义理论，指的是人们在社会中的生产关系和经济关系，一般不包括人们相互间的伦理道德关系，对最后一种关系的研究，就进入了传统伦理学的范畴。社会学通常着重研究社会秩序问题、城乡关系问题、劳动就业问题、婚姻家庭问题，除了研究视角不同以外，其研究目的和伦理学几乎就是一致的，都是为了“正确处理人民内部矛盾”，使人们在同一群体中怎样共生共存得更好的问题。

在某种程度上，环境伦理学也可以定义为研究社会良性运行和协调发展的科学。但环境学研究“关于社会良性运行和协调发展”时，把着眼点放在对人与社会环境及自然环境的道德行为关系和机制上，而不是像社会学把着眼点放在社会条件和社会机制上，这就形成了二者的区别。

另外，社会学对社会现象的研究，立足点是放在生产关系和经济的协调上，最终研究目标被定格在社会经济发展和人们的具体物质利益关系上。这种关系往往可以外化为看得见、摸得着的物质财货，而环境伦理学则不同，它所研究的人与社会及自然三者之间的道德行为有关系，一般不直接外化为具体的物质财货，而表现为个人道德品质的高低和品格的高贵与卑下，这些品质或品格的获得或表现，通常又是以在个人的理性支配下的自律内省方式表现出来的，因此就更不易引起人们的重视。

2.4　学习环境伦理学的意义

环境伦理学不是抽象的理论探讨，而是有着明确的价值取向。它来源于对现实环境问题的思考，目的是为环境保护实践提供道德的理论支撑。它以人类与大自然的高度统一性作为出发点，要求人们认清人在自然界的位置，认清人对自然的依赖性，明确自己对自然的责任和义务，这是人类在寻求摆脱环境危机过程中的理性思考的结果。把道德关怀和道义的力量纳入人与自然关系的调整中，这本身就是时代的根本要求。今天，环境伦理学正在成为环境保护强有力的思想武器，它唤醒人们的生态良知，要求人们诉诸切身的行动，共同投入拯救地球、开创未来的伟大事业中去。学习环境伦理学的根本目的就是要把环境伦理学的立场、观点和方法运用于我们实际的生活之中，使之能成为我们生活的信念行动的原则。

环境伦理学在当代严重的生态与环境问题急需我们转变思维方法的意义上强调了超越狭隘的人类中心主义视野的必然性，它把人类的道德视野扩展到了自然的领域，从而能够用更宽广的视角重新确认人类生活的价值与意义。在这样一个层面上，我们可以重新审视和评价近代以来人类文明的发展模式，彻底反省现代的政治理念与经济结构。其结果必然会要求我们的思维方式有一个根本性变革，即从对自然的征服者转变成为地球生态共同体中的普通一员。

明确我们对自然的责任和义务，这种思维方式的转变有助于我们认清自己在自然界的位置，能够以道德的方式生活。在人类出现以前，地球自然系统通过植物生产者、动物消费者和微生物分解者的三角关系实现了精妙的无废物的循环，人类的出现打破了这种最经济的循环方式。人类力量的增强使自然系统增加了新的角色，即人类充当调控者的角色，这是自然赋予人类最重要的责任。然而，迄今为止，人类的所作所为已经证明我们是一个不称职的调控者，我们滥用了自然赋予的权力。作为地球上最后出现的物种，我们是年轻的，也是幼稚的，我们需要成熟，需要反省自己的错误。在这个意义上，环境伦理学为我们在处理人与自然关系上的行为是否恰当提供了基本判断的道德依据,因而能够引导我们并使我们认识到,我们的责任不是最大限度地按照人的意志去改变自然,而是学会最大限度地适应自然。我们对自然所负有的责任和义务就是要最大限度去维护地球生态系统的稳定、和谐与美丽。道理非常的明白,地球生态环境命运与人类的命运紧密相关,维护地球生态系统的稳定、和谐与美丽,无论对于全球生态系统还是对于我们自身都是有利的,我们都是受益者!

环境伦理学告诉我们,地球是人类的家园,地球的完整性表明了地球变化与地球生命变化相互依存,协同进化。当今地球生态系统的异常特征反映了地球生态过程的异常变化,这种异常变化的持续可能危及到人类和地球生命。因此,我们需要有一种危机意识。这种危机意识能够唤起我们的生态良知,从而激发潜藏于我们内心的生态意识。当我们拥有了这种生态意识,我们就能把这种意识升华为个人的品格和道德情操。生态意识是本来就潜藏于人的内心的东西,是从一种狭隘的自我观念在心理上不断扩展的结果。个人狭隘的自我观念可以通过与家人、朋友、他人、全人类的认同,最终演变成为一种与生态系统和生物圈认同和相互渗透的自我意识,这是生态意识由浅入深的发展过程。

环境伦理学不只是要揭示人与自然关系中的伦理关系,更重要的是要通过对这种关系的阐释建立起一种行动的原则,而能否将行动的原则付诸实施则需要我们每一个人的努力了。

第3章 环境伦理学在中国的发展

3.1 环境道德的起源和发展

3.1.1 环境道德的概念

环境道德,是属于主观范畴的人们的主体意识的体现,而任何主观意识都是客观存在在人们头脑中的反映。

3.1.2 古代环境道德的萌芽与发展

原始先民,由于刚脱离动物界不久,只靠自己的自然肢体和最简单的劳动工具和大自然发生索取生命物质的联系,主观能动性比较有限,对自然界还存在着巨大的依赖,对种种自然现象——风雨雷电、山崩地裂,无法做出科学的解释,更多的是敬畏和猜想。在史前时期,原始先民们对自己与自然环境间这种双重关系的认识,是通过中外不同地域和不同民族的神话传说反映出来的。

神话,是上古先民们在特定自然(地理)环境条件下形成的意识形态。先民们主要是用这种意识形态来解释各种自然现象、人际关系、人与自然的关系,并且解释人类自身的来源和历史的。

"万物有灵"观念,是原始人群中最早流行的抽象思维结晶,是原始先民还处在孺弱阶段时,对人与环境关系的第一个认识,是人们把大自然形象化、拟人化,即把自然环境在观念上加以"人化"的结果。人们把万物看成了神,并在它们面前表现出虔诚的膜拜——自然崇拜。在自然崇拜中,最重要的是对太阳的崇拜。在古希腊、古巴比伦及古印度都有典型的太阳崇拜的文物及记载流传。

先人们的自然崇拜还有另外一个特征,就是多神崇拜——全面调整一切与自身生存有关系的自然现象和自然物体的关系。在多神崇拜中,有一位最主要的神祉就是土地。无论是在古巴比伦、古希腊及古代中国神话中,都有人是由某天神(超自然的世界起源第一力量)用泥土捏成的传说。这反映了古代先民对土地的重要性已有所感觉:即土地不仅可以给人们提供衣食之源,而且直接就是人类的母亲,人是大地之子,人和土地有着亲缘关系,这是古代先民们对人与自然环境关系的重大认识。

在经过了漫长的缺乏主体意识的以自然崇拜为核心的多神崇拜以后,由于生产力水平及生活欲望的逐渐提高,原始先民开始产生了主体意识。在残酷的自然威力面前,相对独立的直系血亲群体开始向氏族群体过渡。氏族成员对部落首领不仅充满了敬畏的心情,甚至把他"拟神化",在他死后或牺牲后,把他作为祖宗神来崇拜。为了保持祖宗神的稳定和继承,最后把不断更迭的首领神物化成了与自己氏族集团关系最密切的自然物,"通过想象把不同态的自然界与人类社会结构建立起一种同态关系,把自然生物界与人类世界之间视为一种逻辑上的等价关系”,形成了图腾崇拜现象。

图腾崇拜也是中外古代先民历史发展过程中的共有现象,在现代非洲的少数民族中还广泛存在着。把图腾视为自己的祖先,这无疑是原始人对自身来源的一种解释。这也是原始人类希望通过外界自然力或自然物以加强自身力量,协调人类与自然环境的关系,是人类早期环境意识的重要表现形式之一。

总之,在远古时代,由于生产力的极端落后,人们生活还处在完全依赖自然存在物的时候,先民们对自己与环境关系的认识是从本能出发的,对自然的某些认同,也仍处在主客不分的阶段。人与自然环境的矛盾,是以人们的退让、崇拜和敬畏为特征的。人对自然环境的作用也只停留在自然环境有序运转的规律作用范围内,对自然环境的某种侵害和破坏,自然环境能够在短时间内进行自我组织调控修复,人和自然环境的关系还是和谐的。中国在古代流传下来的,大量充满了诗情画意的描述人和自然环境的诗歌,就是当时人和自然环境关系表现的生动证明。古代先民和环境(主要是自然环境)间的关系是一种自然道德关系,还没有形成为理性的环境道德意识。

3.1.3　古代西方自然哲学家及宗教经典对人与自然环境关系的认识

1. 古希腊自然哲学家对人与自然环境关系的认识

在公元前6世纪,古希腊出现了不少思考万物本源的伟大的自然哲学家,如泰勒斯、阿那克西米尼、毕达哥拉斯、赫拉克利特、德谟克利达和伊壁鸠鲁等人。

泰勒斯认为万物的本源是水,阿那克西米尼认为是空气,阿那克西曼德则认为是无穷无尽的,没有固定形态的物质——“无极”。赫拉克利特则认为是火,是永恒的“活火”,并提出了“一切皆流,人不能两次走进同一条河流”的著名论断。

在古希腊自然哲学家中,对万物本源曾进行过深层次思考研究的还有毕达哥拉斯、德谟克利特和伊壁鸠鲁等人。毕达哥拉斯认为,数是万物的基础,是万物的原型,宇宙的秩序是以数为核心的,运动只是数的“和谐”的变化,是对立面的“协和”与“和解”,“数”具有物质的属性。德谟克利特则提出了著名的原子论,认为原子和虚空是万物之源,世界万物是原子在虚空中运动变化产生的。“世界不是由神所创造,而是按照必然性规律自然地产生和消灭的”。在一个世纪以后,另一位古希腊时代杰出的唯物主义哲学家伊壁鸠鲁进一步发展了德谟克利特的原子学说,认为“万物都是原子的运动和冲击的结果”。

2. 古代西方宗教教义中的人与自然关系观

公元2世纪前后,作为世界三大宗教之一的基督教《圣经》基本定型。随着基督教在西方世界的发展,《圣经》中的“上帝创世说”成了西方占统治地位的“万物本源论”。《圣经·旧约》指出:“起初,神创造天地”。第一天到第五天是创造日月星辰及天地万物,第六天的最后才“按照我们的形象造人,使他们管理海里的鱼、空中的鸟、地上的牲畜和地上所爬的一切昆虫”。《圣经》确定了人和自然环境(万物)的主从关系,甚至是对立关系,认为人类始祖被造出来是为了“管理大地万物”的。因此导致了西方近两千年来,以人类为中心的思想行为的产生,对自然环境进行积极的探索和开发。这一方面有利于扩大再生产,推动社会物质文明的发展和进步,但其中人和万物的主从关系及一切为我所用的思想,又不能不说是近代以来人类中心主义和对自然环境资源过度开发的最深层次的认识论根源之一。

公元6世纪,世界三大宗教之一的伊斯兰教的经典《可兰经》也基本定型。其中的"安拉创世说"内容和基督教《圣经》的"上帝创世说"大同小异,也认为天地万物是伊斯兰教所崇奉的真主安拉创造的。《可兰经》比《圣经》在更大程度上肯定了人的物质利益和对当世现实生活的重视和爱惜。《可兰经》不仅不提倡禁欲主义和悲观主义,相反认为大地上真正的统治者是人类,人类是真主在大地上的"代治人",大地上的一切都是由人类自己负责的。这样,人在自然环境面前就具有了更大的主动性。

总的来说,古代西方公元前自然哲学家自发唯物主义环境观及自然科学研究方向,为后世研究自然现象的客观规律开拓了一条走科学技术道路的实用主义路线。当它和以后基督教及伊斯兰教以人类为中心的自然环境观结合起来以后,就更是为西方人追求对自然环境进行开发和改造奠定了走科学技术道路的基石。

3.1.4　中国古代"天人合一"和"天人相分"的自然环境观

1. 万物本源论

中国古代对人与人类生存环境(自然环境)关系的认识,比较系统的记载最早见于《易经》和《道德经》两书中。

《易经》是中国古代传统文化的结晶,内容几乎包括了所有的"天人之学"。在人与自然环境关系的认定上,最重要的是它提出了关于自然本源的认识,提出了"元"、"道"、"太极"等先于天地万物出现的客观存在。《易经·乾象》中指出:"大哉坤元,万物资始,乃顺承天"。在《系辞》中进一步提出:"易有太极,是生两仪,两仪生四象,四象生八卦"及"一阴一阳谓之道"等概括。

对"元"、"道"、"阴阳"、"太极"等概念的内涵,千百年来,中国的哲学家、政治家、文学家、星相学家,包括近年来国外的有关学者,曾提出过无数千差万别,甚至大相径庭的阐发或推论。其实,这几个概念都是我国古代先哲们从自发的唯物主义出发,对于宇宙概念的掌握和认识的朴素的形而上学式表达。

《道德经》出现比《易经》稍晚一点,传说为老子的传述。在继承《易经》关于"道"是万物本源的思想外,提出了"道生一,一生二,二生三,三生万物"的更为精妙的结论。对此,古今中外学者有很多的猜测和分析。我认为这正是我国古代文化传统中对宇宙及其发展和地球诞生,万物繁衍最高度的理论概括和准确推测。这里的"道"指的就是至高无上的,先于地球而存在的宇宙的客观存在。"一"就是宇宙衍生的原初的炽热天体——地球,即中国神话传说中的"混沌"。然后是"一生二","混沌"衍生出了天和地——无机物质世界。"二生三",天和地衍生出了至关重要的有机生命物质。"三生万物",有机体再进一步衍生出了"万物"——包括一切有生命的动植物种类和人类。全部13个字,是如此精妙和准确地概括反映出了人和万物的本源及相互关系。在这里并没有出现人和万物的主从关系的任何蛛丝马迹,为以后的"天人合一"论作了良好的理论铺垫。

2. "天人合一"与"天人相分"论

"天人合一"论是中国古代哲学家、伦理学家、政治家、教育家及文学家的共同创造,是中国古代对人与自然环境关系认识的最富有人情味的概括。或者也可以反过来说中国2 000多年来的传统文化,就是在这一理论的主导和制约下延续和发展的。这也构成了中国传统文化的思维定式和精髓。

比较接近“天人合一”论直接提法的观点最早出现在董仲舒的《春秋繁露》一书中，首先董仲舒接受了《易经》和《道德经》的关于“元”和“道”的观念传承，承认了“元”和“道”作为客观存在的意义，并提出了一个与之对等的“天”的概念。他提出的“天执其欄道为万物本”的说法，接着又将“天”和“道”区分成了两个不同层次的观念。董仲舒提出的“天”和《易经》及《道德经》的“元”和“道”的内涵很明显是一致的，是整体客观存在的意思，但为“天”所“执”的“道”已经恢复了作为道路、途径、规律等“道”字的汉字表面意义，成为为客观存在所制约的“客观运动规律”。

与“天人合一”论相对立的还有荀子比董仲舒更早提出的“天人相分”论。“天人相分”论，也是后人据荀子在《天论》中提出的有关论述归纳的，原意是“天行有常，不为尧存，不为桀亡”。清楚地看到了“天”（自然界）的运行规律（“常”），是不会因人而异，不以人们的主体意识为转移的。因此“明于天人之分，则可谓至人”。只有明白天人相分的人才算是高明的。因为“天有其时，地有其财，人有其治，夫是之谓参”。天、地、人具有不同的运行规律，只有掌握了天时、地利、人和（治）三者不同规律，并能将其融而为一，人们才能有所作为。

在人类社会早期，能较早地认识到“天人相分”，意识到人与天（自然）的区别，这对于调动人的主观能动性，摆脱对自然界的依赖，克服在大自然淫威下无所作为的思想束缚，能动地处理协调好人和自然界的关系，这比“天人合一”观念更有利于促进人类群体的发展和进步。但因为“天人相分”理论核心所具有的朴素唯物主义性质，与占统治地位的唯心论的矛盾，及以后封建统治者受董仲舒“天不变，道也不变”思想蛊惑所采取的“罢黜百家”的专制政策的影响而受到了不应有的排斥和压制。使其在中国传统文化主流中一直占据不到应有的位置，只在知识分子及人民群众中流传。

3.1.5 近、现代环境道德观念的发展和变化

15 世纪的地理大发现，扩大了人们对地球表面物质世界认识的视野，对人们自然世界观的形成起了很大的促进作用。特别是 17 世纪中叶，人类社会开始从封建主义农业社会向资本主义工业社会过渡以来，给人们正确认识自然环境提供了丰富的物质技术条件，及迫不及待的社会需要。对于人与自然关系问题，现代地理学曾有过激烈的争论，并产生了人地相关论等正确认识，但起决定作用的还是由大哲学家们所左右，沿着唯心主义和唯物主义两条并行不悖道路发展着的自然哲学争论，其中最具代表性的就是以孟德斯鸠、康德、黑格尔为代表的唯心主义自然哲学观和以费尔巴哈、马克思、恩格斯为代表的唯物主义自然哲学观的争论。

1. 唯心主义自然哲学流派中的人与自然关系观念

孟德斯鸠认为，在万事万物中有一个永恒不变的“法”的存在，这个“法”就是万事万物产生和存在的规律。但是人类不能永远处于自然状态，因为人不仅是一个“物理的存在物”，而且是一个“智能的存在物”，人类在进入社会状态之前，处于自然状态之中，人类要遵从生命本质，即自然本能的“自然法”。当他有了知识以后，就要进入“理智实体”，要过社会生活，这时，人类又同时受到“人为法”的制约和作用。这两种不同的法的观念，充分反映了人所具有的自然属性和社会属性的双重特征。更重要的是，孟德斯鸠又从客观唯心主义立场出发，特别强调了气候、土壤、领土面积对支配和影响的决定性作用。形成了人类和环境关系研究史上最有名的地理环境决定论。地理环境决定论在人类思想史上所具有的重要意义就是，从社会历史领

域中排除了神的干扰,把人们自然本性看作是社会的根本法则。这对于反对君权神授,政教合一的君主专制统治具有重大的社会进步意义。但把这个结论夸大和绝对化以后,又从另一个侧面把人的主体意识束缚在"地理环境"条件之下,把人与自然环境的关系,重新拖进了唯心主义的泥潭。

康德是德国古典哲学的杰出代表。他认为"理智的(先天)法则不是理智从自然界得来的,而是理智给自然规定的","我们是把自然界仅仅作为现象的总和,也就是当作我们心中的表象的总和来认识的"。甚至明确指出,"如果在宇宙的结构中显露出秩序和美丽,那就是说上帝。……如果这种秩序可以由普遍的自然规律中推导出来,那么整个自然界必定是最高智慧在起作用"。这时,康德又完全陷入了唯心主义的深渊。不过,康德还是较早地、系统地看到了人与自然关系的复杂现象,并进行了深深思索和研究的伟大的哲学家和思想家之一。

黑格尔是德国古典唯心主义哲学的代表人物。他认为世界的本源是"绝对观念"。黑格尔看到并把握了辩证法,这是十分伟大的,这后来还构成了马克思主义的重要组成部分之一。但由于他把"绝对观念"神化了,把人类意识和自然界分割开来,使自己最终以一个唯心主义者的身份来占有世界哲学史的地位。然而黑格尔是伟大的,他确切地看到并感觉到了自然界、社会和人之间的复杂关系,并预示了这三者之间存在着的辩证发展关系。

2. 唯物主义自然哲学流派中的人与自然关系观念

费尔巴哈是马克思以前德国古典哲学中最杰出的唯物主义哲学家之一。他在其代表作《基督教的本质》一书中宣布,"自然界是不依赖人的思维,因而也不依赖任何哲学而客观存在的;人们本身就是自然界的产物;宗教幻想所创造出来的所谓最高存在物,只不过是人类本质的虚幻的反映"。对于人的理解,费尔巴哈认为人是"思维与存在的统一,只有将人理解为这个统一的基础和主体的时候,才有意义,才有真理"。同时费尔巴哈也看到了人的社会性一面,他指出,"直接从自然界中产生的人只是纯粹自然的本质,而不是人,人是人的作品,是文化、历史的产物"。费尔巴哈找到了理解人与自然、人与社会关系问题的新视角,但正象马克思、恩格斯后来指出那样,费尔巴哈没有最终找到解决人与自然及人与人之间关系的途径,因为他对人的认识,没有达到马克思指出的,"人是一切社会关系总和"这个认识高度。

马克思和恩格斯不仅是伟大的科学共产主义的天才创始人,而且创立了反映关于自然界、社会和思维发展的最一般规律,唯一正确的科学世界观——辩证法和历史唯物主义。关于人与自然环境的关系,马克思进一步指出:"人的普遍性正表现在整个自然界一首先作为人的直接生活资料,其次作为人的生命活动的材料、对象和工具一变成人的无机的身体。自然界就它本身而言不是人的身体,是人的无机的身体"。人靠自然生活。与以前的所有自然观念不同,马克思特别强调了人与自然关系中人的社会本质问题。马克思提出:"人同自身和自然界的任何自然异化,都再现在他使自身和自然界跟另一个与他不同的人发生的关系上。在实践的、现实的世界中,自我异化只有通过其他人的实践的、现实的关系才能表现出来"。从而在理论上正确解决了人和自然的客观和现实的关系。这种观念,对解决我们今天所面临的种种严重的人和环境关系的矛盾,具有重大的理论和实践意义。

3.1.6　当代环境道德观念的形成和发展

环境道德观念是人类传统伦理道德观念的继承和发展,是在现代工业文明引发的人与环境关系日益尖锐的情况下产生和发展起来的,一种人类与环境和谐相处的新的道德观念,是人类历史以来环境意识发展的最高阶段。

1. 环境意识觉醒的不平常的春天

自近代以来,短短三百年间,由于科学技术的巨大进步,大大增强了人类对自然环境作用的方式和力量,这种力量,今天已增长到是可以从整体上动摇和摧毁包括人类在内的人类生存环境系统——人类生存的唯一星球——地球的地步。因此,人类的环境意识发生了急剧变化,并成为今天人类普遍存在的主要意识流之一。

根据环境科学界的普遍认为,大家都把美国海洋科学家蕾切尔·卡逊(1907～1964年)1962年出版《寂静的春天》一书,当作是人类现代环境意识跃升到环境科学阶段的开始。事实在此之前,世界各国已经出现了不少具有当代环境意识的著作,以及保护环境的个人或集体行为。

《寂静的春天》深刻地揭露了DDT及其他农药对环境的危害,并把这种危害与核污染性质等同起来论述的时候,立刻在美国甚至全世界掀起了轩然大波。卡逊揭露化学污染的目的是希望人类改变过去征服自然的观念,认为那是生物学和哲学幼稚时代的产物。希望人们用一种道德的态度去尊重自然。《寂静的春天》第一次站在人与自然关系的立场上,揭露了人类科学技术进步所带来的负面影响,给全人类敲响了环境危机的警钟。因此把《寂静的春天》当成当代环境科学的开山之作,它是当之无愧的。

但总的来说,《寂静的春天》基本还只是着重从个人行为上去研究人与生存环境的关系,而没有从人与自然、人与社会、社会与自然等多重关系中去认识人与生存环境的关系。因此,结论往往也就只是提出保护环境的要求而已,没有上升到环境道德的更高层次去观察和思考问题。

2. 增长有限与无限之争

1972年,以丹尼尔·米都斯为首,由多国专家组成的罗马俱乐部,通过对"给人类和所有国家造成不安的复杂问题:富足中的贫困,环境的退化,对制度丧失信心,就业无保障,青年的异化,遗弃传统价值,通货膨胀,以及金融和经济混乱"的研究,发表了《增长的极限——罗马俱乐部关于人类困境的研究报告》,报告提出"最终决定和限制我们星球增长的基本因素——人口,农业生产,自然资源,工业生产和污染"。并认为,我们人类共同生存的地球表面的"世界系统"已接近了"增长的最终极限"。

"没有极限的增长",是黄江南、朱嘉明两先生根据朱利安·林肯·西蒙1981年发表的《最后的资源》一书的思想概括出来的结论。20世纪80年代以来,《最后的资源》、《没有极限的增长》被当成了人类对未来社会发展"乐观派"的扛鼎之作。据《没有极限的增长》一书介绍,西蒙认为"历史和现实都表明,用技术分析的方法预测未来,往往与历史的实际进展相去甚远,提出只有用历史外推的方法才是最切合实际的方法。人类资源没有尽头,人类的生态环境日益好转,恶化只是工业化过程中的暂时现象,粮食在未来不成问题,人口将在未来自然达到平衡"。

当代未来学家对人类未来发展前途的认识,都是建立在对人类与其自身生存环境关系的认识上的。不同派别观点分歧的浅层原因,是对科学技术在人类社会发展中的中介作用认识的不同上,深层原因是对人的自然属性本质认识不足。人,首先是作为自然环境的一个组成因子而存在的。任何科学技术的发展都是人的社会属性的外化,科学技术的进步也是地球生命演化的一种内在表现,是要以自然环境条件作为基础的。人类自然属性和社会属性在人类进化过程中产生的矛盾,单纯依靠科学技术这个中介已经不能完全解决,而必须依靠人类自觉抑制社会属性无限膨胀——由自然价值观决定的环境道德的力量才有可能。

3. 环境保护呼声的国际浪潮

现代环境保护意识得到世界公认的第一次高潮,是1972年6月5日联合国在瑞典首都斯德哥尔摩召开的第一次人类环境会议,会议6月12日通过的《人类环境宣言》,向当时世界上的40多亿人发出了人类只有一个地球,人类必须共同关心,共同爱护的号召。人类只有和环境和谐相处,才能与环境共存共荣,保护环境就是保护人类的生存。人类对保护环境的认识,第一次被提到了事关人类生死存亡的高度去认识。人类的环境意识开始产生质的变化。

1982年10月28日,为了统一和规范人类对待大自然的行为,联合国大会第37届会议还通过了《世界大自然宪章》,比较全面地,系统地规定了世界各国人民在利用和保护大自然方面应该遵循的原则和应采取的基本措施。宪章特别指出,人类不仅可以改变自然,也可以耗尽自然资源,因此人类必须重视保护自然资源,同时要保证能够保存各种物种和生态系统,以造福今世和后代。必须在国家和国际、个人和集体、公共和私人各个层次上采取适当措施,以保护大自然和促进这方面的国际合作。

1992年6月3日到14日,在巴西首都里约热内卢举行了有183个国家的代表和70多个国际组织代表参加的联合国环境与发展大会。因为会议有102位国家元首或政府首脑出席,因此这次会议又被称为第一次"地球高峰会议"。会议通过的《里约环境与发展宣言》和《21世纪议程》,是两个全世界进行环境保护的纲领性文件。《宣言》进一步指出,环境保护应成为发展进程中不可缺少的组成部分,必须对环境与发展进行综合决策。《议程》成了全球、区域各范围内实现持续发展的行动纲领。两个文件都提出要建立"新的全球伙伴关系",为今后在环境与发展领域开展国际合作提出了一系列指导原则和行动纲领,为建立国际新秩序进行了积极的探讨。

4. 当代环境道德观念的形成和发展

环境道德观念最早产生于生态学界、生态学概念是由恩斯特·海克尔于1866年首先提出来的,最初只是作为"研究生物体同外部环境之间关系的全部科学"的称谓,生态学是作为生物学的一个分支而存在的,是一门着重研究生物之间及生物与非生物环境之间相互作用规律与机理的科学。随着生态学研究生物与非生物环境关系的深入发展,对环境科学的兴起起到了重大作用。环境科学从最初对人类生存环境外在客观条件的研究,逐渐转向人类主体意识的研究后,才开始产生了环境伦理思想,即产生了环境道德观念。最初环境伦理学是完全被生态伦理学概念所替代的。

生态伦理学概念的提出,比较普遍的观点认为是从1923年,由法国哲学家A·施韦兹(1952年诺贝尔和平奖得主)在其《文化和伦理学》一书中提出的。主要论点是把道德对象的范围从人与人关系的领域扩大到人与自然关系的领域,把道德共同体的范围从人类扩大到"人-自然"系统。施韦兹认为"所谓'善',就是维护生命和发展生命"。

更为明确的环境伦理学概念,是由美国自然保护之父,莱奥波尔德(1887~1948年)在其逝世一年后出版的《原荒纪事》一书中提出的。莱奥波尔德在批判了人们只把自己和土地的关系建立在经济关系上,只要求对土地的特权而不讲义务后,认为"道德观念向人类环境中的这一第三维(自然、土地)方向延伸是进化的趋势,也是生态之必需",并认为"土地道德观把智人从土地群落的征服者变成群落中的一名普遍公民,这意味着尊重自己的异种伙伴(自然和土地),尊重整个群落体系"。认为"自然平衡"的观念并不能正确反映人类和土地的关系。莱奥波尔德提出,不要再把土地利用仅仅看成经济问题。每遇到一个问题都扪心自问,从道德和美学角度看是否正确,从经济的角度看是否切实有益。如果一个行动倾向于保护生物群落的整体性、稳定性和美的价值,那就是正确的,否则即为错误的。并且最后指出,"土地道德的演化既是理性也是感情发展的过程",这是十分正确的。莱奥波尔德提出了土地道德,甚至可以说是环境道德的至关重要的三原则。

进入20世纪90年代以来,人类与自身生存环境间关系日益尖锐的态势日趋明朗。地球历史发展到今天,人类和生存环境两大主要因子的关系,由于科学技术中介力量的作用,环境的脆弱性已转变成对于人类行为的敏感性,如不改变人类站在人本主义立场上自我认定的对环境的单向主体意识去善待环境,把二者的关系改变成一种和谐的道德关系,人们将面对完全服从于自然规律的环境的自发意识的抵制,变成人类不幸生活的重要根源。

在21世纪,为了实现人类与生存环境的和谐共存,除了克服人类的功利主义意识,降低人类社会盲目性,强化人类的自然本性,主动把人与生存环境的关系纳入环境道德范畴外,已别无他途。人类传统道德向环境道德的发展和过渡,是人类道德发展道路上质的飞跃,实质就是人类在高科技时代的自然回归。

3.2 环境伦理思想的产生

环境伦理思想的形成与人类工业文明的进程紧密相关,它是人类在对资源过度开发和环境破坏问题反思的基础上形成的。

尽管环境伦理学产生于20世纪70年代以后的西方,但环境伦理思想的形成时间却相当长。对环境伦理学的产生具有直接影响的是19世纪的美国资源保护运动,这场运动造就了今天的环境保护主义。19世纪的美国,在经历了内战以后,经济出现了高速的发展。19世纪末,美国的工业总产值已居世界首位。经济的发展促进了对动力、原材料的需求,由此带动了采矿、林业、石油等产业的发展。美国丰富的自然资源为工业发展提供了良好的条件,然而,美国人对自然资源的漠视态度和掠夺式开发,使美国的自然资源受到极大的破坏和浪费。这一问题引起了有识之士的关注和批评。

最早对美国资源无限论提出明确批评的人是G. P. 马什(George PerkinsMarsh)。他在1864年出版的《人与自然》一书中指出:"事实上,公共财富在美国一直没有得到足够的尊重","在这种情况下,是很难去保护森林的,无论它是属于国家,还是属于个人"。他预言,人们若不改变把自然当作一种消费品的理念,将会招致自己的毁灭。

此后,一批美国哲学家、文学家和博物学家受欧洲浪漫主义运动及达尔文进化论学说的影响,开始对工业社会人与自然关系的模式进行批判性反思,他们赞颂自然界的和谐与完美,关注它们在迅速拓展的工业文明中的命运。在这些思想家中,对环境伦理学产生直接影响的莫过于亨利·大卫·梭罗和约翰·缪尔。

亨利·大卫·梭罗看待自然的立场基本上是浪漫主义的,强调的是自然的整体性和活力以及人与自然的共鸣。在他看来"地球不是一个麻木的惰性物体,它是一个实体,它有精神,是有机的,而且在精神的影响下发生变化"。因此,他赞美自然规律,要求人们尊重自然法则,把自然当作自己的老师,从自然界各种事物的关系中去把握自然。亨利·大卫·梭罗眼里的自然是一个备受尊重的、并能与人交流的活生生的自然,树叶、小鸟、昆虫、土拨鼠以及芦苇都是具体而生动的。

亨利·大卫·梭罗用自己的行动实现了人与自然的交融。在瓦尔登湖畔,他从对自然的生命活力中怀疑上帝支配自然的真实性;他在开放的野花中,发现自然的内在"神性"。由此,他担心科学家追求客观性的超然态度会使他们忽视自然的整体性而陷入片面之中。作为浪漫主义者,他不能接受科学对非人类生命的冷漠态度,更不能忍受以科学的名义对动物的杀戮。他指出,真正的科学家是靠着他的机体去了解自然,是与自然直接的交往,而不是靠推论和演绎。

亨利·大卫·梭罗在理解人与自然的关系问题上超越了超验主义,并把超验主义抽象的自然观发展成为一种实实在在的自然意识。他坚信,人是生命共同体中的普遍一员,人既需要文化气质,又需要泥土气息,两种状态的结合,才能使人达到完美的境界。这一点在他对待文明与荒野的关系上表现得尤其深刻。

尽管19世纪末美国人已经开始关注资源管理与保护问题,但始终存在着两条不同的认识路线:一条是以吉福特·平肖(Gifford Pinchot,1865~1946)为代表的功利主义资源管理方式(conservation);另一条则是以约翰·缪尔(JohnMuir,1838~1914)为代表的超越功利主义的资源保护方式(preservation)。

吉福特·平肖是一个高尚的国家利益至上主义者,他把自己的一生都贡献给了国家。他捐献出自己的家产,在耶鲁大学建立了吉福特·平肖林学研究院。他爱树木,也爱荒野,但他最关心的是如何发展国家的经济。针对当时森林、牧场和荒野遭到毁灭性破坏情况,他提出了对国家自然资源进行科学管理的规划,目的在于有效地开发、利用自然资源。他对森林的了解就像美国农场主对土地的了解一样,深知森林和庄稼一样能够种植、收获,带来利润。为此,他提出"科学管理、明智利用"的原则。他坚信,科学能够教导人们改造自然,使他们的方法更有效,收获更丰盛。

与吉福特·平肖的这种功利主义截然相反,约翰·缪尔是一位更侧重美学价值的自然保护主义者。他认为,人们既需要面包也需要美,人们应当努力地维护野生森林保护区和公园的美丽、壮观,并从美学的角度去欣赏它们,使它们进入人们的心中,从而在人的内心激发出一种维护自然景观的审美要求。这种审美观超越了人的生理要求,使人能够发现自然在经济价值以外的价值。约翰·缪尔身体力行,进入山林,用身体和心灵去感受自然。因此,他反对在国家公园和自然保护区内进行任何有经济目的的活动。

产生于19世纪的资源保护主义和自然保护主义,虽然两者都强调自然资源保护的重要性,但是价值观和保护目的却截然不同。资源保护主义的主张是"科学的管理,明智的利用",保护的目的是为了更好地开发和利用。毫无价值的生命,伤害和毁灭它没有什么关系。道德的人认为,一切生命都是神圣的,包括那些从人的立场来看显得低级的生命也是如此,只是在具体情况和必然性的强制下,他才会作出区别。即他处于这种境况,为了保存其他生命,他必须决定牺牲那些生命。在这种具体决定中,他意识到自己行为的主观和随意性质,并承担起对被牺牲生命的责任。

法国著名人道主义思想家阿尔贝特·史怀泽在自己的工作和生活中深切地感受到了人对

其他生命的责任和义务，并明确提出了“敬畏生命”的伦理思想。他认为，到目前为止，所有伦理学的最大缺陷，就是相信它们只需处理人与人的关系。道德只涉及人与人的行为，只对人讲道德，是人际关系的伦理学。这种伦理学是不完整的。他明确指出，人际关系的伦理学并不是孤立的，它只是处理人与所有生命普遍关系的伦理学的一个特殊部分。

敬畏生命的基本伦理要求就是，人必须像敬畏自己的生命意志那样敬畏所有的生命意志，在自己的生命中体验到其他生命。在阿尔贝特·史怀泽看来，一切生命都是神圣的，没有高低贵贱的等级之分。

阿尔贝特·史怀泽“敬畏生命”的伦理不是寻求某种外在的行为规范，而是一种内在的德性追求。因此，敬畏生命的伦理实质上是一种内在的精神信念，一种要求人时时刻刻都要保持生命，促进生命，使可发展的生命实现其最高的价值，并把这视为必然的、普遍的、绝对的、伦理原则的内在信念。

“敬畏生命”的伦理学在当代的意义在于，它把人的德行，如爱、奉献、同情、同乐等作为人们的共同追求，要求人们在行动中放弃利己主义，把实现个人精神和道德的完善作为文化的根本目标。

3.3 环境伦理学的产生及其发展

环境伦理道德的建立，是把人类的善恶、正义、平等、责任等传统的用于人与人关系的道德观念扩大到人与自然的关系上，它不仅表现人类行为中人与人之间的利益关系，认为破坏环境，因而侵犯他人利益的行为是不道德的，而且表现人与自然的利益关系，认为破坏环境，危害其他物种的生存权利也是不道德的。

环境伦理学的创立是与法国学者施韦兹（A. Schweizter，1875～1965）和美国学者利奥波德相联系的。作为环境伦理学之父，两人第一次比较系统地阐述了现代意义上的环境伦理思想。他们对于环境伦理学的创立和发展所作出的贡献是奠基性的。

施韦兹在他的人道主义实践中，创立了一种较为系统的“敬畏生命伦理学”。“生命”一词与通常生物的含义相同，指包括人、动物和植物在内的一切生命现象，“敬畏”一词在德语中具有“崇敬”和“畏惧”的意义，表达对生命的一种虔敬态度。施韦兹指出：“善是保持生命、促进生命，使可发展的生命实现其最高的价值。恶则是毁灭生命，伤害生命，压制生命的发展，这是必然的、普通的、绝对的伦理原理”。施韦兹把生命既当作一种自然现象，又当作一种道德现象，从生命的道德意义出发考察包括人在内的一切生命及其相互关系，由此提出其伦理学的一系列基本思想，表达了对人、动植物在内的一切生命现象的热爱。

施韦兹的“敬畏生命伦理学”扬弃了道德生活中人和自然的区分和对立，促使人们重新思考对人类、对动植物、对整个自然界的关系，不仅扩展了人类的道德责任和活动的领域，深化和强化了人的道德意识，而且由于强调积极入世的原则和创立者本人的身体力行，因而深深地打动了现代人的心灵，成为20世纪具有特殊道德感召力的环境伦理学说之一。

利奥波德是美国威斯康星大学教授，美国著名的生态学家和环境保护主义者。他长期从事林业和野生动物研究，是美国早期自然保护运动的积极活动者。1933年，利奥波德发表了具有创新意义的《自然保护伦理》一文，这篇论文被认为是“开创伦理学新纪元的文章”，后来经过修改收入他的《沙乡年鉴》（A SandCounty Almanac）一书，并以“大地伦理”（The land ethics,也译作《土地道德》)为篇名,提出了一些新的堪称经典的伦理思想。

第一,人的道德规范要从调节人与人之间和人与社会之间的关系扩展到调节人与大地(自然界)的关系。利奥波德认为,人的道德观念是按照三个层次来发展的。最早的道德观念是处理个人之间的关系的,后来则是处理人和社会之间的关系,随着人类对生活环境的认识,逐渐出现了第三个层次:人和大地的关系。可是伦理学还没有涉及人与大地的关系,大地像人类的奴隶一样,只被看作是人的财产,文明还没有使地球从奴隶地位解放出来,因此,需要改变人们关于大地的观念,将道德观念向大地扩展。

第二,大地是生命共同体,应当承认每一个共同体成员的权利。在利奥波德看来,大地不是僵死的,而是一个有生命力的活生生的存在物,它不仅包括土壤,还包括气候、水、动物、植物、微生物和人类。所有这些存在都是一个整体,人则是这个共同体的平等一员和公民。在这个共同体内,每个成员都有它继续存在的权利。或者至少是在某些方面,它们要有继续存在于一种自然状态下的权利。

第三,需要确立新的大地伦理价值标准。他认为人类应当改变他在大地共同体中的征服者地位,不仅应尊重他的生物同伴,而且也应以同样的态度尊重大地共同体。和谐,是指这个共同体的完整和复杂——保留至今尚存的一切生物;稳定,则是大地的完好无损——维持生物链的复杂结构,以使其具有发挥功能和自我更新的作用;美丽,则是道德上的动力——不要仅着眼于经济,还要从更高的价值观上去看问题。和谐、稳定和美丽是不可分割的统一体。

利奥波德的大地伦理思想是对环境伦理学的划时代贡献,在历史上,立足于自然生态思维,从道德的角度提出人和自然关系的标准这还是第一次。利奥波德的尊重大地的理论,则是从总体上提出的,他的思考建立在他对自然的观察和感情之上,他的忧虑则出自他对生命——人和其他生物的生命的热爱。他不仅继承了早期环境伦理只关心生物个体、特别是高等动物的思想,而且沿着这一思想道路走到了他的逻辑终点——承认生态系统、环境或大地的权利,开创了以"大地"的健康和完善为尺度的整体论的伦理思维方式,又一次向人类发出了建立新的道德意识的呼唤,对20世纪60年代以来的环境伦理思想的发展产生了深远的影响。

3.4　中国古代的生态智慧

在中国传统文化中,人与自然环境的关系常常被称为"天人关系",正是在对"天人关系"的阐释中,中国古代思想家们提出了一系列有关尊重生命和保护环境的思想,这些思想为我们今天的环境保护理论提供了丰富的精神资源。

3.4.1　道家的生态智慧

道家哲学是以自然主义为取向的,以老庄为代表,道家哲学系统地论述了天人关系。它尊"道"为其哲学的最高范畴,整个哲学体系由"道"展开。在道家哲学中,"道"构成了本体论和价值论范畴的核心概念。它既囊括了人际关系的领域,也涵盖了生态关系的领域。

老子说:"人法地,地法天,天法道,道法自然。"老子这里所说的"天"乃是自然之天,已经排除了超自然因素和人格化因素(如鬼神、天意之类),"天"、"地"、"万物"皆指"自然界",而所谓的"天道"则指的是天地万物的规律或自然界的规律,道的自然本性使自然界的万事万物能够不受外力的干扰而呈现其自然状态,天地万物皆因其自然本性存在和运动。

在老子看来,顺应自然便是顺应“天道”,而顺应“天道”就需要“无为”。“无为”实质上是要求人们遵循事物内在的法则,按规律办事。在这种意义上,“无为”乃是顺应自然。天道自然无为,人道应遵从天道,顺应自然,才能“无为而无不为”。

老子的“知止”和“知足”思想作为一种道德要求,对于当代生态道德准则的建立,无疑具有重要借鉴意义。因为在这些道德要求中包含着对持续发展的社会至为重要的价值观念。

道家主张尊重天地自然,尊重一切生命,与自然和谐相处。它反对把等级贵贱观念用于自然界。

庄子指出,人生的最高意义就在于把握好人在宇宙中的地位,洞悉人与天地万物的关系,“知天之所为,知人之所为”,自觉地追求“人与天一”的“道”境。只有达到天人合一境界的“真人”,才会自觉地放弃征服自然的活动,并且以审美的态度去体味人与自然融为一体的和谐之美。由此可见,道家的“自然之道”其指向就是现代意义上的深层生态学。

3.4.2 儒家的环境伦理意识

儒家是中国传统文化的主流。它也认为人是自然界的一部分,人与自然万物同类,因此人对自然应采取顺从、友善的态度,以求人与自然的和谐为最终目标。在对待自然的具体态度上,它在肯定人道本于天道,“赞天地之化育”的同时,又肯定人为万物之灵,主张尽人事以与天地参。在此基础上,儒家提出了合理开发利用和保护自然环境的思想。

在资源开发利用上,儒家强调取用有节,物尽其用。早在春秋时期,管仲就提出“以时禁发”的开发原则,即“山林虽近,草木虽美,宫室必有度,禁发必有时”。

孟子主张对生物资源要取之有时,用之有节。“不违农时,谷不可胜食也。数罟不入洿池,鱼鳖不可胜食也。斧斤以时入山林,材木不可胜用也。”荀子则使管仲的环境保护思想进一步系统化、具体化。他明确指出:“草木荣华滋硕之时,则斧斤不入山林,不夭其生,不绝其长也……春耕、夏耘、秋收、冬藏,四者不失时,故五谷不绝,而百姓有余食也;洿池渊沼川泽,谨其时禁,故鱼鳖优多,而百姓有余用也,斩伐养长不失其时,故山林不童,而百姓有余材也。”

儒家提倡“取之有度”、“用之有节”、“量入为出”,尽管这些主张多从政治和经济的角度考虑,但客观上促进了自然保护。

3.4.3 佛学“尊重生命”的博爱意识

现代生态伦理的一个显著特征是强调对地球上的生命和生态系统的保护,而这一思想在中国佛教的思想中可以寻找到理论支持。佛学理论中所阐发的佛教生命观,包含了丰富和深刻的生态伦理思想。

佛教认为,宇宙本身是一个巨大的生命之法的体系,生命不只存在于生命体之中,而且还以潜伏的状态存在于无生物中,宇宙的变化具有产生生命的力量。因此,无论无生命物、生物、还是人,都存在于普遍的生命之法的体系内,生物和人的生命只不过是宇宙生命的个体化和个性化的表现。

在佛教理论中,人与自然之间没有明显界限,生命与环境是不可分割的一个整体。佛教强调“依正不二”,即生命主体与自然环境是一个不可分割的有机整体。

佛教从非人类中心和万物平等的立场出发,主张善待万物和尊重生命。佛教对生命的关怀,最为集中地体现在普度众生的慈悲情怀上。佛教教导人们要对所有生命大慈大悲:“大慈与一切众生乐,大悲拔一切众生苦。"佛教的这种慈悲情怀,突破了对人类自身的关注,阿尔贝特·史怀泽指出:"把爱的原则扩展到动物,这对伦理学是一种革命。"佛教制定了"不杀生"的戒律,以宗教信仰的形式确立了尊重生命和保护生命的伦理。

虽然佛教的信仰并不能解决人类对生物的保护问题,但佛教的道德信条中所表现出来的对生命的尊重,对于我们今天的环境保护却无疑是有价值的。

简而言之,儒、道、佛家的生态伦理智慧具有永恒价值,对于建构现代环境伦理学是一种宝贵的精神资源。

第4章　西方环境伦理学主要流派

当代的环境伦理学虽然相对来说是一个比较年轻的学科，但它却是一个包含着多种思想倾向和思想流派的多元化的话语体系。依据其所确认的道德义务和伦理关怀的范围，可以把当代的环境伦理学理论区分为四个主要的流派，即人类中心主义（anthropocentrism）、动物解放/权利论（animal liberation/rights theory）、生物中心主义（biocentrism）和生态中心主义（ecocentrism）。

人类中心主义认为，人只对人负有直接的道德义务，人是道德关怀的唯一对象。动物解放/权利论、生物中心主义和生态中心主义则分别把道德义务和伦理关怀的范围扩展到了动物、所有的生命和整个生态系统。一般说来，人类中心主义、动物解放/权利论和生物中心主义较为关注个体的权利和价值，带有比较明显的个体主义色彩。生态中心主义注重的则是生态系统本身的完整与和谐，它的方法倾向于整体主义。

4.1　人类中心主义

在人类登上月球的前一年，即1967年，美国加利福尼亚大学的历史学家怀特发表了一篇题为《我们的生态危机的历史根源》的文章，认为导致西方生态危机的深层根源是基督教思想中根深蒂固的人类中心主义。从此，对人类中心主义的讨论成为当代环境伦理学的一个重要话题。

4.1.1　人类中心主义及其传统形态

1. 人类中心主义的基本含义

根据《韦伯斯特第三次新编国际词典》的解释，人类中心主义包括三个方面的含义：第一，人是宇宙的中心；第二，人是一切事物的尺度；第三，根据人类价值和经验解释或认知世界。

英国学者佩珀（D. Pepper）认为人类中心主义是这样一种世界观，其一，它把人置于所有造物的中心，大多数西方人认为这是理所当然的；其二，它把人视为所有价值的源泉（是人把价值赋予了大自然的其他部分），因为价值概念本身就是人创造的。美国环境伦理学家阿姆斯特朗（S. J. Amstong）和玻兹勒（R. G. Botzler）指出，人类中心主义是一种哲学观念，它断言，伦理原则只适用于人类，人的需要和利益是最重要的，甚至是唯一有价值的；人类对非人类实体的关怀仅限于那些对人有价值的部分。我国学者余谋昌认为，人类中心主义是一种以人为宇宙中心的观点，它的实质是：一切以人为中心，或一切以人为尺度，为人的利益服务，一切从人的利益出发。

由上可见，人类中心主义是一个内涵十分宽广的概念。它适用的语境是人与自然的关系，主要用来描述作为整体的人类对于自然的某种态度。与它构成相反关系的概念是“非人类中心主义”（nonanthropocentrism），而不是集团利己主义或代际利己主义。当我们想表达某种与集团利己主义和代际利己主义相反的观念时，我们使用的是“人类集体主义”或“全球正义”、

“代际正义”这类概念。人类中心主义要反对的并不是集团利己主义或代际利己主义，而是非人类中心主义。

2. 人类中心主义的传统表现形态

在西方文明中，人类中心主义曾以四种表现形态广为流传。它们分别是自然目的论、神学目的论、灵魂与肉体的二元论及理性优越论。

(1)自然目的论

自然目的论是一种最古老的人类中心主义。其核心观念是：人天生就是其他存在物的目的。这种观点最著名的代表人物是亚里士多德(Aristotie 公元前384~322)。他明确指出：“植物的存在是为了给动物提供食物，而动物的存在是为了给人提供食物——家畜为他们所用并提供食物，而大多数(即使并非全部)野生动物则为他们提供食物和其他方便，诸如衣服和各种工具。由于大自然不可能毫无目的、毫无用处地创造任何事物，因此，所有的动物肯定都是大自然为人类而创造的。”

“大自然是为了人的利益而创造出来的”这一观念在西方可谓源远流长；即使到了19世纪，许多科学家仍对这一观念深信不疑。法国动物学家居维叶情不自禁地认为，“鱼的存在……无非是为了给人提供食物。”英国地理学家赖尔(C. Lyell, 1797~1875)也写到：“大自然赋予马、狗、羊、猫和许多家畜的那些适应各种气候的能力，明显地是为了使它们能听从我们的调遣，使它们能为我们提供服务和帮助。”这种粗卑的目的论学说的伦理学含义是：动物(更不用说植物和没有生命的自然客体)是为了人而存在的，它们只是人的工具，因而人对它们不负有任何道德义务。恩格斯对这种观点曾作过辛辣的讽刺，认为按照这种观点，猫被创造出来是为了吃老鼠，而老鼠被创造出来是为了被猫吃，这种观点的幼稚和荒谬是不言而喻的。

(2)神学目的论

在基督教看来，世界是上帝创造的；但在上帝的所有造物中，只有人是按照上帝自身的形象创造的，只有人才具有灵魂，他是唯一有希望获得上帝拯救的存在物。《圣经创世纪》宣称，在上帝所创造的所有存在物中，他最喜欢人类；他希望人类“生养众多，满遍地面”；“使他们管理海里的鱼，空中的鸟，地上的牲畜，和地上所爬的一切昆虫”；上帝在用洪水毁灭地球前曾对挪亚家族许诺说：地球上的所有动物都是用来供你驱使为你服务的，我已把它们赐予你。根据创世纪的这种观点，人是大自然的主人，而非其成员，他明显地高于其他生命形式；所有的造物都是上帝创造来为人类服务的，它们是为人类的利益而存在的。因此，人对大自然的统治是绝对的、无条件的。

中世纪最著名的神学家和哲学家阿奎那(Thomas Aquinas, 1225~1274)也明确宣称，在自然存在物中，人是最完美的存在物。上帝为了人本身的缘故而给人提供神恩；他给其他存在物也提供神恩，但这仅仅是为了人类。因此，人可以随便使用植物，随意对待动物。圣经中虽然包含有要求人们关心动物和其他存在物的内容，但这种关心是基于对他人的关心；对动物的残酷行为之所以是错误的，是由于这种行为会鼓励和助长对他人的残酷行为。把人从自然界中分离出来，是人类认识自然的前提，也是人类自我觉醒的标志；同时，承认二者在一定范围内的对立与冲突关系，有助于人类积极主动地去探索研究可用来帮助人类征服和战胜自然的科学技术，从而减少大自然对人的伤害，使人类摆脱对大自然的绝对依附。在这个意义上，基督教关于人与自然的二分思想有其合理的成分。但是，基督教关于人与自然二分的思想也包含有在价值论或本体论意义上把人与自然分离开来、甚至对立起来的因素。这种因素很容易诱发并助长人类对自然的征服和控制的态度。

不过,从20世纪60年代起,面对日益深重的生态危机,基督教已开始了"绿色化"的过程,把对生态环境的关怀和保护纳入基督教的基本教义中。事实上,在当代西方,绿色化了的基督教(即生态神学),不仅是环境主义的重要代言人,还是环境主义运动的积极支持者和参与者,为人类扩展伦理关怀的范围作出了积极贡献。

(3)灵魂与肉体的二元论

灵魂与肉体的二元论观点的代表人物是笛卡儿(R. Descartes,1596~1650)。在他看来,人是一种比动物和植物更高级的存在物,因为人不仅具有躯体,还拥有不朽的灵魂或心灵,而动物和植物只具有躯体。由于动物没有心灵,不会说话(说话以对概念的使用为前提),因而充其量只是一架自动机。作为纯粹的物质,动物只具有物质的属性:广延、体积、重量、形状等。它与无生命的客体并无区别,植物更是如此。因此,我们可以随意对待它们。笛卡儿甚至认为,动物感觉不到痛苦,因为"痛苦"是作为"亚当之罪"而存在的,而动物与亚当之罪并无牵连,因此它们不可能痛苦。当我们折磨动物时,它们并未真正感到痛苦,它们只是表现得好像是在受苦。因此,那种认为我们应同情动物的观点是错误的。我们完全可以把动物(更不用说植物了)当作机器来对待。

笛卡儿的上述观点至少存在三个理论困难:第一,心灵或灵魂既然是非物质、非空间、非实体性的,它如何能与物质性、空间性和实体性的躯体结合在一起并控制后者?第二,现代科学已经证明,人和动物并不是两类性质截然不同的存在物,动物不仅具有感受苦乐的能力,而且它们的大脑和神经系统的内部结构以及它们的外部行为都表明,它们能够体验到某些情感(如害怕、生气、兴奋、焦虑),有的动物还能关心其同伴,有的则具有一定的智力。第三,即使存在着某种非物质性的心灵,这种心灵也只对人有用,动物无需这种心灵也能在其环境中生存下来。因此,把是否拥有心灵当作能否获得道德关怀的根据是很难令人信服的。

(4)理性优越论

把人定义为一个理性的存在物,这是西方文化的一个源远流长的传统。古希腊哲人就认为,理性是人的本质,是人之为人的根据,是人的理性使他高出于其他存在物。因此,人应当用理性来控制人的情欲,过一种真正符合人的本性(理性)的生活。在近代,康德(I. Kant,1724~1804)是这种观点的重要代表人物。他认为,对理性存在物来说,理性本身就具有内在价值,它是一个自在地值得人们追求的目标,对所有的理性存在物来说,理性都是相同的,因而所有的理性存在物追求的都是一个共同的目标:理智世界。只有人才是理智世界的成员,因而只有人(因拥有理性)才有资格获得道德关怀。动物不是理性存在物,人们对待非理性存在物的任何一种行为都不会直接影响理智世界的实现,因而把它们仅仅当作工具来使用是恰当的。康德明确宣称:"就动物而言,我们不负有任何直接的义务。动物不具有自我意识,仅仅是实现一个目的的工具。这个目的就是人。"我们之所以倡导对动物的温柔情感,是由于这有助于培养出对他人的人道情感。"我们对动物的义务,只是我们对人的一种间接义务。"

4.1.2 人类中心主义与当代的生态危机

人类中心主义虽然不能为当代的生态危机负全部的责任,但是,人类中心主义所包含的下述几种观念确实为人类破坏自然的行为提供了依据。

(1)机械自然观

把自然理解为一部没有生命的僵死的机器,可以任人拆卸和组装。古代文明都把自然理解为一个机体,这种机体隐喻曾是约束人类对自然的行为的一种重要力量。

(2)原子主义方法论

只看到人类的相对独立性,而看不到人类对自然的终极意义上的依赖性。认为人存在于自然之外,而不把人与自然视为一个密不可分的整体。认识不到人对自然的伤害同时也是对人自己的伤害。

(3)绝对的主体主义

把人视为完全独立于自然的绝对主体,把自然理解为绝对被动的纯粹客体,认识不到人与自然的统一性以及自然作为人类的精神家园和生养母体的审美意义。

(4)人类主宰论

把人与自然对立起来,把人理解为大自然中唯一具有内在价值的存在物,把人之外的自然物都视为需要人去加以征服和控制的、需要向人臣服的异己的存在。

4.1.3　现代人类中心主义

1. 现代人类中心主义的核心观念

人类中心主义虽然包含着许多消极的因素,但在坚持人类中心主义立场的学者看来,只要我们正视并克服了人类中心主义中的不合理的方面,那么,人类中心主义就仍然是一种可以接受的观念。这就是与古典人类中心主义相对的现代人类中心主义。

现代人类中心主义不再在本体论、存在论或认识论主义这一概念,而是主要在价值论的意义上使用,这一概念的人类中心主义的核心观念是:

第一,人由于具有理性,因而自在地就是一种目的。人的理性给了他一种特权,使得他可以把其他非理性的存在物当作工具来使用。强势人类中心主义认为,人由于是一种自在的目的,是最高级的存在物,因而他的一切需要都是合理的,他可以为了满足自己的任何需要而毁坏或灭绝任何自然存在物,只要这样做不损害他人的利益。弱势人类中心主义则试图对人的需要作某些限制。

第二,非人类存在物的价值是人的内在情感的主观投射,人是所有价值的源泉;没有人,大自然就只是一片"价值空场"。强势人类中心主义认为,只有人才具有内在价值,其他自然存在物只有在它们能满足人的兴趣或利益的意义上才具有工具价值;自然存在物的价值不是客观的。弱势人类中心主义则认为,自然存在物的价值并不仅仅在于它们能满足人的利益,它们还能丰富人的精神世界;有的人类中心主义者甚至承认,"自然物也拥有内在价值","人不是所有价值的源泉"。

第三,道德规范只是调节人与人之间关系的行为准则,它所关心的只是人的福利。最理想的道德规范是这样一些规范,它们能在目前或将来促进作为个人之集合的人类群体的福利,有助于社会的和谐发展,同时又能给个人提供最大限度的自由,使他们的需要得到满足,使他们的自我得到实现。强势人类中心主义认为,非人类存在物不是我们的伦理体系的原始成员,道德只与理性存在物有关;道德自律能力(用道德原则调节自己行为的能力)是获得道德权利的基础;非人类存在物不具有道德自律能力,因而认为它们拥有道德权利是不恰当的。弱势人类中心主义虽然承认人的优越性,但也承认其他有机体是生命共同体的成员,这一事实本身就是我们有义务从道德上关心它们的根据;作为同一生命共同体的成员,我们与它们(至少是高等动物)之间的关系具有一定的伦理意义。

在坚持人类中心主义的人看来,只要我们真诚地遵守"己所不欲,勿施于人"这类古老的道德,那么,我们即使不把伦理关怀的对象扩展到人之外的自然存在物身上去,我们的生态环境也能得到很好的保护。

2. 诺顿的弱势人类中心主义

在当代西方环境伦理学界关于人类中心主义与非人类中心主义的讨论中,布赖恩.诺顿(Bryan Norton)是现代(弱势)人类中心主义最著名的辩护者。诺顿的人类中心主义有两个重要特点,一是主张环境主义者的联盟(因为他们的政策目标基本上是相同的,尽管他们用来证明这些政策的哲学和价值观不同),一是认为大自然具有改变和转化人的世界观和价值观的功能。他的自然价值转化论丰富了现代人类中心主义的内容。

布赖恩·诺顿认为,现代人类中心主义必须建立在理性分析的基础之上,而他的人类中心主义的重要特征是提出并区分了四个不同的概念,即感性偏好与理性偏好,满足的价值与价值观改变的价值。

(1)感性偏好和理性偏好

感性偏好(felt preference)指的是一个人可以感觉或体验到的任何一种欲望或需要;理性偏好(considered preference)则是一种经过审慎的理智思考后才表达出来的欲望或需要,这种思考的目的是要判断,这种欲望或需要能否得到一种合理的世界观(它由一组可靠的科学理论、解释这种理论的形而上学以及一组审美理念和道德理想构成)的证明。布赖恩·诺顿认为,那种主张人的所有感性偏好都应得到满足的理论,是一种强势人类中心主义。这种理论不分青红皂白地把人的任何一种偏好都当作价值的体现;它只关心人有哪些偏好,这些偏好如何得到满足,却不问这些偏好是否合理,是否应加以某些限制,因而它一味纵容和姑息人们那种把大自然视为满足人的感性偏好的原料仓的掠夺性的开发方式。在诺顿看来,这种对人的感性偏好缺乏必要的反思和限制的理论是不合理的,只有那种认为只应满足人的理性偏好的弱势人类中心主义才是合理的,因为这种理论不仅肯定了满足人的偏好的合理性,而且还能依据一定的世界观对这种偏好本身的合理性进行评判;这就使得它能够对那种一味掠夺大自然的行为提出批评,从而从源头上防止人们对大自然的随意破坏。

(2)满足的价值与价值观改变的价值

与绝大多数人类中心主义者一样,布赖恩·诺顿也认为,只有人才是内在价值的拥有者,所有其他客体的价值都取决于它们对人的价值的贡献。他把人的需要的满足理解为人的需要价值(human demand value),把人的价值观的改变理解为转换价值(transformative value)。在他看来,强势人类中心主义只承认自然客体具有满足人的需要的价值,而他所主张的弱势人类中心主义认为,自然客体还具有转化人的价值观的价值,即它们不仅使人的需要价值得到满足,而且,对它们的观察和体验能够改变人们的感性偏好,使人们形成某种连贯的、理性的世界观。大自然所具有的这种有助于理性世界观的形成和感性偏好的调整的价值,就是一种转化(人们的世界观的)价值。这是一种不同于需要价值的价值,尽管这种价值仍然需要用人的语言来表达。在布赖恩·诺顿看来,"野生物种和自然生态系统的转化价值为人们保护它们提供了恰当的理由,这与自然是否拥有内在价值无关。就是保护物种的一以贯之的、完整的论据。它承认,物种具有满足人的需要的价值,同时也强调,对野生物种的体验能够启发人们进行反思,从而净化人的需要价值。这些体验影响着、也支持着那些反对物质主义和消费主义的生活方式的理想。

对于环境保护主义者来说,重要的是要认识到,并非所有的感性偏好都是合理的。有些感性偏好能经得起理性的检验,从而演变为理性的偏好;有些感性偏好则不能。物种虽然能满足人的需要,具有满足人的需要的价值,但是,人们所珍视的许多重要价值都不能还原为需要的满足。这四对范畴的区分使我们认识到,一方面,个人的感性偏好的满足本身是有价值的,另一方面,我们又要对那些过分消耗性的、物质主义的、没有价值的偏好的满足保持批评的权利。人的需要价值的毫无节制的膨胀是环境危机的重要根源。对野生物种和未遭破坏的生态系统的转化价值的诉求,给我们提供了一条批评和限制这类需要价值的途径。

布赖恩·诺顿认为,对转化价值的强调并非空穴来风,它的传统可追溯到以爱默生(R. W. Emerson,1803～1882)和梭罗(H. D. Thoreau,1817～1862)为代表的超验主义运动;约翰·缪尔和奥尔多·利奥波德的精神遗产中也包含有强调大自然的转化价值的内容。在当代,许多环境伦理学家也通过诉诸大自然的转化价值来证明保护自然的必要性与合理性。例如,马克·萨戈夫(Mark Sagoff)就从审美的立场出发,要求美国人把美国的自然环境当作美国文化的体现来加以保护。

马克·萨戈夫认为,美国文化高度重视自由。但是,自由这一概念的内涵不是固定不变的;自由的象征物也会因时因地而异。如果人们改变了自由的象征,人们也就改变了对自由的理解。毁灭自由的象征物,是忽视这一象征物所表达的内容的第一步。美国人一般都把荒野状态认同于自由与独立;这一事实给美国人的自由价值观注入了特殊的内容。美国人还把新世界的美德——独立、忠诚、自立——与自然界联系起来。这些价值观被视为与颓废的旧世界(欧洲)的价值观迥然有别,后者的象征物是哥特式教堂、大建筑和商业城市。与荒野的相濡以沫体现了、也决定着美国人的价值观:在空旷的天空中翱翔的鹰,在原始森林中自由奔跑的鹿和熊,它们自己照顾自己,在荒野中自谋生路,就像美国的拓荒者那样。

在马克·萨戈夫看来,这为人们保护荒野和野生物种提供了真正的理由。它们是美国文化遗产的象征,并赋予美国文化以意义和价值。如果允许这些物种灭绝,那无异于承认,它们所象征的价值观不再为美国人所信奉。

马克·萨戈夫的上述论点包含两个要素。第一,它承认,审美体验不仅能满足人们的固定的、不会改变的欲望,而且还通过把某种特殊的意义赋予文化理想,影响着这些欲望的内容。第二,把审美体验的这种决定欲望的功能与美国历史传统、文化观念的特点联系起来。布赖恩·诺顿认为,萨戈夫的理论的第一个要素具有普遍意义,但第二个要素却难以适用于其他文化传统,除非我们能够证明,美国的荒野和野生物种所象征的价值具有普遍性。

(3)理性世界观的追寻

布赖恩·诺顿认为,荒野和野生物种所象征的价值是一种理性的现实主义世界观的重要内容。在他看来,如果人们能够正确地认识世界,能够从恰当的角度看待他们在自然界中的位置和他们的行为,那么,他们就会拒斥那些流行的感性偏好,接受一种更高级的、较少物质主义和消费主义的价值——一组与现代的、得到理性辩护的世界观相适应的理性偏好。布赖恩·诺顿指出,我们目前虽然还不能给出这样一种理性世界观的全部内容,但它至少应包含下述三点共识。

第一,以生物学和进化论为基础的本体论。与其他物种一样,人类也是在复杂而相互依赖的生态系统中进化出来的。智人这一物种仍然以无数方式依赖于有机的与无机的环境，尽管现代技术往往遮掩了这一事实。我们目前的需要、我们的特征以及包含在我们的基因中的进化机制，都是我们不断适应环境的产物。我们将来能够选择的进化方式，也取决于我们现有的基因与未来环境的相互影响。达尔文的生物学理论已经告诉我们，人类基本上是一个不断进化的动物。生态学也告诉我们，进化完全是在一个复杂得令人难以置信的、相互联系的有机系统中进行的。进化以相互影响的方式在不同的层面同时展开：从分子、细胞、组织、有机体、生命系统、生态系统直到无机系统。所有层面的生命都与无机环境提供的变量发生联系；这些变量既决定着、也受制于这些生命。

第二，怀疑论和建构主义的知识论。自然界是极其复杂的。自然要素之间的相互联系是多层面的；发生在细小要素中的微小变化，会累积成引发整个系统的变化的诱因，而系统的变化又反过来影响这些要素的变化。我们关于生态系统中的任何一个部分的知识，都会随着生态系统本身的变化而变成谬误。任何一种活动，哪怕是观察活动，都会使它干扰的系统发生改变。人类的知识改变着他们所知道的系统的性质；不论多么伟大的理论，都只不过是帮助我们理解系统的变化的模型，是我们理解并建构现实的手段。生态世界观及其怀疑论是对笛卡尔的认识论敲响的丧钟。

第三，在自然面前保持谦卑的伦理学。包含上述本体论和认识论原则的世界观要求我们在评估自然、确定自己的目标时，采取一种谦卑的态度。自然生态系统是如此复杂和多样，以致它们常常超出我们现有的理解能力；因而，虽然更多的知识会对我们有所帮助，但在追求我们的目标时，我们必须保持高度的警惕。仅仅依据从相互联系的复杂系统中抽象出来的关于某种单一关系的知识而采取行动，这往往是非常危险的。对单一变量的控制也会产生不可预见的后果。

因此，从生态世界观的本体论和方法论得出的是一种与自然(包括自然过程)协调的价值观。在这种价值观看来，以模仿自然过程的方式而行动是善的；那些促进自然过程的变化、从而增加其多样性的行为(如果不打断自然过程)是善的。那些引进缓慢的变化、从而使得自然能够适应的行为是善的。那些威胁着这些自然过程、打乱现有的运行良好的自然秩序、引进不可逆变化的行为是恶的。

4.1.4　超越人类中心主义

1. 对人类中心主义的反思

20 世纪 70 年代以前，伦理学家大都是在人类中心主义的框架内来讨论环境伦理问题的，人类中心主义是环境伦理学的主流话语。但是，70 年代以后，随着全球性环境危机的进一步加剧，越来越多的环境伦理学家开始怀疑，人类中心主义是否能够为环境保护提供足够的道德保障。人类中心主义一统天下的时代结束了。非人类中心主义的环境伦理学家不仅提出了与人类中心主义迥异的、各具特色的环境伦理学理论，而且还对人类中心主义进行了批评。在他们看来，人类中心主义至少存在着以下几个局限。

第一，无视人的有限性。在实践操作层面，把自然存在物仅仅当作对人有利的资源加以保护，会遇到一些难以克服的问题。例如，人的知识不完备，理性有限，他根本不可能确切地知道，一个物种的毁灭或一个特定生态系统的破坏究竟会产生哪些长远的影响；有些自然存在物，现代人可能觉得毫无用处，但谁又能保证这些事物不会在未来的某一天成为一种新的资源呢？资源总有稀缺程度的不同；把自然物仅仅当作资源来加以保护，我们就不得不对它们的稀缺性进行排序，把大自然的各个部分人为地分成不同的等级，从而使大自然与大自然对立起来。

第二，混淆"道德顾客"与"道德代理人"。人类中心主义往往把人所具有的某些特殊属性视为人类高于其他动物、且有权获得道德关怀的根据；在它看来，正是由于人具有这类其他动物所不具有的特性，道德才与人有关，与其他存在物无关。但是，要在人身上找出某种所有人（包括胎儿、婴儿、白痴、精神病患者、老年痴呆症患者）都具有而任何动物都不具有的特征是不可能的。像智力、自我意识、使用工具的能力等，都是人和动物共同具有的，为什么具有这类能力的人就有权获得道德关怀，而具有这类能力的动物却没有资格获得道德关怀呢？而像道德自律能力、使用文字符号这类能力，动物虽然不具有，但许多人也不具有，为什么不具备这类能力的人就是"道德顾客"，而不具备这类能力的动物就被排除在"道德顾客"的范围之外呢？根据规则的普遍性原理和一贯性原理，"道德代理人"不应采取"道德歧视"的态度，只对人提供"道德服务"，而不对具有相同特征的动物提供"道德服务"，否则，他就是犯了与种族歧视主义和性别歧视主义（它们都是根据一个人是否是同一种族或性别的成员，而决定他是否有资格获得某些权利）相类似的人类沙文主义和物种歧视主义（仅仅根据一个存在物是否是人类这一物种的成员而决定他/它是否有资格获得道德关怀）的错误。

第三，利己主义逻辑。人类中心主义和利己主义遵循的是同一逻辑：行为主体（作为个体或整体）只应选择那种对他有利的规则，自利是行为主体所有行为的唯一动机。然而，如果以个体形式表现出来的利己主义是错误的，那么以人类整体的形式表现出来的利己主义的合理性也是值得怀疑的。在日常生活中，自利并不是人们行为选择的唯一动机；人们也选择那些对自己不利但却符合道德要求的行为。不论是一个人，一个民族，还是人类整体，只有超越了自我中心的世界观时，他或他们在道德上才是成熟的。

第四，道德进步的有限说。从历史的角度看，道德的进步过程同时也是道德关怀的对象不断扩大的过程。人类文明已逐步实现了对"部落中心主义"、"种族歧视主义"、"民族中心主义"的超越，我们没有理由怀疑，随着人类文明的进步，人类能够把道德关怀的对象扩展到人之外的自然存在物身上去。

2. 人类中心主义的独特价值

任何一种环境伦理学，都必须首先肯定人的生存和延续；一种不包含人的福利的环境伦理学是没有生命力的。导致环境危机的主要原因，不是人们只把人类的利益当作行为的最高准则，而是大多数人、大多数民族都没有真正把全人类的利益当作其行为的指针。许多人还深陷在个人利己主义、集团利己主义、代际利己主义的泥潭中，为满足自己和小团体的利益而不惜损害他人和后代的利益。因此，人类目前所面临的窘境，主要不是太以人类为中心，而是还没有真正以全人类的利益为中心。真正的人类还未形成，人类自身还未被看作一个命运与共的共同体，未被看作在辽阔宇宙中生生不息的一个有生命的自觉的实体。要实现真正的人类中心主义，我们还有很长一段路要走。就此而言，人类中心主义把人类的福利当作环境伦理学的首要关切点，确实是抓住了问题的实质和核心。

马克思和恩格斯在《德意志意识形态》一书中还指出："人们对自然界的狭隘关系制约着他们之间的狭隘的关系，而他们之间狭隘的关系又制约着他们对自然界的狭隘的关系。"由于对人与人之间的关系的调整制约着人与自然的关系的调整，因而，调整人与人之间的关系是环境伦理学不能回避、也回避不了的问题。而且,人-人关系与人-自然关系虽然是互为中介的,但对人与人之间的关系的调整无疑是矛盾的主要方面,因而把人与人的关系凸现出来,强调人对人的义务对环境伦理学来说就显得特别重要。

4.1.5　超越人类中心主义

人类中心主义并没有解决环境伦理学的所有问题,也没有穷尽环境伦理学所有可能的表现形式。在道德哲学或伦理学层面,把利益当作确定道德原则的根据,这只是探讨问题的一种方式,即目的论方式。这种方式虽然简单易行,但把人的利益当作确定环境伦理原则的唯一根据,这似乎是不充分的,因为利益本身的合理性就要由道德来确认。

人类中心主义仅仅把环境道德理解为调节人与人之间的关系和实现既定目的的手段(规则),只注重行为的规则。但是,如果这些规则不以"人的理想状态"或"完整的人的形象"为皈依,那么就会失去客观的统一的标准。只有确定了完整的人的形象,关于人的行为的规则才不至异化为限制人的桎梏。人的完整形象当然首先要在社会背景中加以确定,但人在大自然和宇宙中的地位也是确定人的价值的一个参考因素。正是考虑到人在宇宙中的形象,非人类中心主义的环境伦理学才把人对非人类存在物的义务纳入了伦理学的范围。

从人的完美形象的角度看,人类中心主义那种把人的存在维度和意义空间完全压缩和控制在人际关系范围内、把人类的形象设定为"一个只应该关心其同类的存在物"的做法是有待超越的。人类中心主义是关于人的生存的伦理学,但不是关于人的完善的伦理学。人作为人所拥有的潜能,并不只够他的生存之用。他的那些超出其生存所需的潜能是能够、也应该用来"赞天地之化育"。从这个意义上说,人是有可能超越价值论意义上的人类中心主义的。

马克思在《资本论》第三卷中亦指出,人在与自然打交道时应"合理地调节他们和自然之间的物质变换,在最无愧于和最适合于他们的人类本性的条件下来进行这种物质变换。"马克思也认为,人与自然的关系,应接受某种关于"人的完美形象"的观念的调节。马克思主义并不否认关于人的完美形象的观念(这种完美形象在别的地方被表述为人的全面发展)。马克思主义优越于那些抽象的人道理想的一个地方,就在于它把这种完美形象放在具体的时空范围内,放在由一定的生产力和生产关系所决定的社会背景中来加以理解,把它同创造社会财富的劳动人民的解放联系起来,从而为人的完美实现找到了一个切实可行的途径。人的完美形象和全面发展是一个包容性很强的概念,它完全可以把关于人与自然的某种理想关系或人对自然的尊重态度纳入其中,因而马克思主义与某种既包含人类中心主义又超越人类中心主义的环境伦理理想并不矛盾。

总之,作为一种环境伦理学理论,人类中心主义是必要的,但是不充分的,环境伦理学还包含着突破和超越人类中心主义的局限的可能性。当代环境伦理学正是顺着这个逻辑逐步扩大其道德关怀范围。

4.2　动物解放论与动物权利论

哲学的一个重要任务,就是审慎而批判性地反思大多数人认为是理所当然的东西,就是对其时代的基本假设提出疑问。然而,近代以来的大多数道德哲学家不仅没有对他们所生存于其中的那个社会的先入之见提出任何挑战,反而成了流行的意识形态——物种歧视主义的最老练的捍卫者。他们把“万物之灵”、“大自然的目的”等殊荣颁发给人类。普通大众当然不会拒绝哲学家如此慷慨地赠予他们的殊荣，而我们否认其享有这类殊荣的其他存在物又无法反对这一点。于是，我们在拔高自己这个物种的同时，也就不知不觉地降低了其他存在物的相应地位，深陷于“人类沙文主义”和“物种歧视主义”的巢穴中而“习焉不察”。当代的动物解放/权利论决心要挑战的就是这种根深蒂固的“人类沙文主义”和“物种歧视主义”，它们致力于“把自由、平等和博爱的伟大原则扩展应用到其他动物的生活中去，把动物奴隶和人的奴隶都埋葬在历史的坟墓中”。

4.2.1 动物解放论

1. 感觉是获得道德关怀的条件

功利主义是以彼得·辛格为代表的动物解放论的哲学基础。在功利主义看来，快乐是一种内在的善，痛苦是一种内在的恶；凡带来快乐的就是道德的，凡带来痛苦的就是不道德的；而且，在计算一个行为的道德后果时，必须把受此行为影响的所有个体的利益都同等程度地考虑进去。那么，我们是根据什么理由必须把每一个人的利益都考虑进去呢？是根据一个人的智力、道德天赋，或情感能力吗？不是，如果这样的话，那么，一个大学教授的利益就会比一个普通人的相同利益更重要了。是根据一个人的种族或性别身份吗？不是，否则种族歧视主义或性别歧视主义就是合理的了。事实上，种族歧视主义和性别歧视主义正是根据差异（生理的、心理的或社会的）来证明歧视性的区别对待的合理性的。动物解放论者认为，我们之所以要平等地关心每一个人的利益，是由于每一个人都拥有的感受痛苦和欢乐的能力。感受痛苦和享受愉快的能力是拥有利益的充分条件，也是获得道德关怀的充分条件。彼得·辛格明确指出：“如果一个存在物能够感受苦乐，那么拒绝关心它的苦乐就没有道德上的合理性。不管一个存在物的本性如何，平等原则都要求我们把它的苦乐看得和其他存在物的苦乐同样重要。如果一个存在物不能感受苦乐，那么它就没有什么需要我们加以考虑的了。这就是为什么感觉能力是关心其他存在物的利益的唯一可靠界线的原因。”

在动物解放论者看来，具有感觉能力的存在物至少拥有一种利益：即体验愉快和避免痛苦的利益。平等原则所关心的是“利益”，而不管这个利益的主体是谁。如果我们既不想违背平等原则（同等地关心每一个存在物的利益），也不想违背功利原则（追求最大限度的快乐，把痛苦降低到最低限度），或想把平等原理和功利原理贯彻到底，那么，我们就必须把动物的苦乐利益也当作道德“计算”的相关因素。

动物解放论把痛苦和快乐确定为道德的终极标准的做法，引起了很多人的异议。因为，即使是在人际伦理学中，快乐也不是人们所追求的最后目标；快乐只是人们所追求的目标得到实现的伴随物；是“善”被达到的一个信号，而不是“善”本身。“最大的快乐和最小的痛苦并不是吸引人的意志的目标，人努力追求的是过一种符合他的理想的生活”。从环境伦理学的角度看，给动物带来痛苦的行为并不一定就是不道德的行为，因为动物之间的相互捕食是动物得以生存的前提，也是生态平衡得以维持的一个重要因素。捕食给其他生命所带来的痛苦是一种工具性的痛苦，“是一种必要的恶，一种不好的善，一种辩证的价值”。因此，当我们与其他动物打交道时，我们只应使它们所遭受的痛苦不大于它们在常规的自然环境中所遭受的痛苦，尽量减少我们给动物带来的那些不必要的痛苦。这就是霍尔姆斯·罗尔斯顿所说的“对应原理”。

尽管如此,彼得·辛格的理论仍对现代的动物权利运动产生了决定性的影响。他的《动物的解放》一书被视为“当代动物权利运动的圣经”。彼得·辛格理论的魅力不仅在于,他提出了“动物的解放是人类的解放事业的继续”的命题,而且在于他给我们提出了一个值得深思的问题:动物解放运动比起任何其他的解放运动,都更需要人类发挥利他的精神。动物自身没有能力要求自己的解放,没有能力用投票、示威或者抵制的手段反抗自己的处境。我们是继续延续人类的暴政,证明道德若与自身利益冲突就毫无意义?还是我们应当经得起挑战,纵使并没有反抗者起义或者恐怖分子胁迫我们,却只因为我们承认了人类的立场在道德上无以辩解,遂愿意结束我们对于人类辖下其他物种的无情迫害,从而证明我们仍然有真正的利他精神?

2. 种际正义

为了克服物种歧视主义,动物解放论者提出了一种作为种际正义原则的二维平等主义(two factor egalitarianism)。

二维平等主义认为,在解决动物物种之间的利益冲突时,必须要考虑两个因素:第一,发生冲突的各种利益的重要程度(基本的,还是边缘的);第二,其利益发生冲突的各方的心理能力(心理复杂程度)。据此,二维平等主义主张,当物种A和物种B的利益发生冲突时,在其余情况相同的情况下,下述做法在道德上是许可的:

第一,如果A缺乏B所拥有的那种重要的心理能力,那么牺牲A的利益以促进B的类似利益;第二,如果A缺乏B所拥有的那种重要心理能力,那么牺牲A的基本利益以促进B的重要利益;第三,如果二者的心理能力大致相同,那么,牺牲一方的边缘利益以促进另一方的更基本的利益。

与物种歧视主义不同,二维平等主义认为,并非任何一个人的任何一种利益在道德上都重于动物的利益;如果一个动物在心理上已发展到了较高水平,而一个人由于先天遗传缺陷或因大脑后天严重受损而变成了心理能力极其简单的畸形人(如白痴或植物人),那么,在权衡这二者的类似利益时,后者并不优先于前者。也就是说,心理能力极其简单的畸形人的基本(或非基本)利益与心理能力较复杂的动物的基本(或非基本)利益发生冲突时,前者的利益应让位于后者的类似利益。这或许是二维平等主义最为激进的伦理结论。

动物解放论者虽然主张要平等地关心(equal consideration)所有动物的利益,但他们并不认为我们应给予所有动物以相同的待遇。相反,他们认为,我们应根据动物的感觉能力和心理能力的复杂程序,区别地对待它们。感觉和心理能力的差异是一种具有道德意义的差异,是区别对待不同动物的道德根据。这样做的理由主要是基于功利主义的考虑。同样的行为,给感觉和心理能力不同的动物所带来的功利是有差别的;加诸在人和动物身上数量相同的痛苦(如阉割),给二者所带来的否定性功利后果是非常不同的;挽救一个人的生命和挽救一个动物的生命所带来的肯定性功利后果也是不可同日而语的。这就是在权衡感觉和心理能力不同的动物的类似利益时,感觉和心理能力较为复杂的动物总是优先于那些感觉和心理能力较为简单的动物的原因。动物解放论者承认,要精确地比较不同动物之间的功利(快乐和痛苦)是有一定困难的,但他们认为,这种困难并不大于我们在比较不同人之间的功利时所遇到的困难。既然我们能对人际间的功利作大致的比较,那么我们也可对动物之间的功利进行大致的比较。

4.2.2　强势动物权利论

彼得·辛格虽然被视为现代动物权利运动的奠基者，但彼得·辛格本人并不主张动物拥有权利。实际上，彼得·辛格只是偶尔把“权利”当作某种修辞来使用，他从未在严格的哲学意义上使用该词。真正从哲学的高度阐述“动物拥有权利”这一命题的是美国著名的哲学家汤姆·雷根。

1. 生活主体是权利的拥有者

在汤姆·雷根看来，彼得辛格从功利主义角度对动物的道德地位所作的辩护虽然是值得称赞的，但却是不能令人满意的。因为，动物解放论的两个理论支柱——功利原则和平等原则，之间存在着内在的逻辑上的不一致性，同等地关心、尊重每一个动物的利益与最大限度地促进功利总量之间并无必然的逻辑联系，相反，有时为了求得最大的功利总量，还不得不有区别地对待不同动物的利益。更重要的是，功利原则刚好可以用来证明人们虐待、剥夺动物的合理性，因为人们对待动物的某些不符合道德的行为，正好可以带来最大的功利效果。因此，把对动物的道德地位的辩护建立在功利主义的基础上是不充分的。

在现代的动物权利运动产生之前，动物福利运动的指导思想基本上是一种“仁慈理论”。这种理论的基础基本上是由洛克奠定的。其基本观点是，残忍地对待动物是一种错误的行为，这或者是由于该行为会败坏人的德性，或者是由于该行为会使施暴者对他人也变得残忍起来。洛克所理解的“残忍”的一个根本特征是，“带着某种明显快乐的心态”折磨动物或使动物遭受痛苦。这意味着，仅仅知道一个人给他人带来了痛苦，这并不能证明他是残忍的。要证明一个人是残忍的，我们还必须了解他的心态。残忍与人的心态有关。但是，汤姆·雷根认为，道德上的正确和错误，与人的心态无关。不管一个人的心态如何，他都有可能作出正确或错误的行为来。那些折磨动物或拿动物做试验的人，即使他们并未从中获得“明显的快乐”，他们的行为也是错误的。“残酷论”并不能阻止那些残害动物的行为，因为，如果那些残害动物或拿动物做试验的人说，他们从中并未获得任何快乐，那么，“残酷论”就失效了。因此，残酷论也不能为我们保护动物的行为提供充足的伦理辩护。在汤姆·雷根看来，只有假定动物也拥有权利，我们才能从根本上杜绝人类对动物的无谓伤害。

汤姆·雷根认为，我们用来证明人拥有权利的理由与用来证明动物拥有权利的理由是相同的。当我们说，每一个人都具有平等的道德权利、他的利益应得到平等的关心的时候，我们的根据是什么呢？是由于每一个人都具有理性、能说话、能自由选择的能力吗？显然不是。因为某些人（如白痴）不具有这些能力，我们并未因此而否定他们的权利。这种权利是天赋的，即这种权利不是由他人或任何组织授予的，也不是由于人们做了某事而获得的。每一个人之所以同等地享有这种权利，是由于每一个人都具有一种“天赋价值”（inherent value，亦译为固有价值、内生价值）。具有这种价值的存在物必须被当作一种目的本身，而非工具来对待。这种价值应获得恰当的尊重。如果我们仅仅根据一个人是否促进了他人的利益来确定他是否有资格拥有道德权利，那我们就是仅仅把他当作了一个工具，就是不尊重或否定他的“天赋价值”。

汤姆·雷根指出，人拥有天赋价值的根据是，人是“生活的主体”，即成为某种生活的主体。不仅仅意味着是有生命的和有意识的，它还意味着拥有期望和愿望，拥有感觉、记忆和未来（包括自己的未来）意识；拥有一种伴随着愉快和痛苦感觉的情感生活；拥有偏好和福利；拥有发动行为以实现自己的愿望和目标的能力；拥有一种历时性的心理上的同一性；拥有一种独立于他人的功用性的个体幸福状态。

由于我们每个人都是一个拥有某种对我们自身而言是或好或坏的生活的生活主体，因而我们每个人都拥有相同的、没有程度差别的“天赋价值”。然而，上述主体特征，动物（至少某些哺乳动物）也具有，因而，动物也拥有值得我们予以尊重的天赋价值。动物身上的这种价值赋予了它们一种道德权利，婴幼不应遭受的痛苦的权利。它们的这种权利决定了我们不能仅仅把它们作一种促进我们的福利的工具来对待；相反，我们应以一种尊重它们身上的天赋价值的方式来对待它们。

汤姆·雷根强势动物权利论所遇到的一个问题是，权利的拥有者到底以哪些动物为界？因为按汤姆·雷根的说法，一个动物要么拥有与人完全相等的权利，要么就毫无权利。在他看来，只有当我们把完全的权利都赋予动物以后，我们才会避免功利主义的缺陷：把某个个体视为获取更大功利的工具。而如果一个动物拥有的权利与我们拥有的同样多，那么，我们把动物视为工具的行为就从根本上被杜绝了。但是，要在权利的拥有者和不拥有者之间划一条泾渭分明的界线是很难的。因为在汤姆·雷根所说的作为生活主体的动物与不成为生活主体的动物之间总有某些模糊的过渡状态，处于这个区域的动物，既不是完全的生活主体，又不是毫无苦乐感受的低等动物。当然，汤姆·雷根也说，对于那些我们不能确定其究竟是不是生活主体的动物，我们最好把它们当作生活主体来对待（惠顾权利不确定者原理）。但是，把不完全的生活主体的权利与完全的生活主体的权利视为毫无差别，又与人们的道德直觉或道德常识相悖。由此看来，汤姆·雷根的绝对主义的权利观确实存在着难以克服的理论困难。

2. 种际权利的冲突及其调解

与动物解放论者相似，动物权利论者也认为，动物的权利与人的权利虽然都是不应侵犯的，但在特殊情况下，个体的权利也是可以被侵犯的，但这种侵犯必须要同时满足下述三个条件才是合理的：

第一，对该个体的权利的侵犯将阻止（而且是唯一现实的阻止方式）对其他无辜个体的更大伤害；第二，对该个体的权利的侵犯是一系列措施中的一个必要环节，这些措施将从总体上阻止（而且是唯一现实的阻止方式）对其他无辜个体的更大伤害；第三，只有侵犯该个体的权利，我们才有希望阻止对其他无辜个体的更大的伤害。

上述条件从质的方面规定了侵犯个体（人或动物）的权利的边界。但在现实的道德生活中，善善相伤、恶恶相权的情况也时有发生。为此，动物权利论者又提出了两个原则：第一，伤害少数原理（the miniride principle）：如果我们必须要在践踏少数无辜者的权利和多数无辜者的权利之间进行选择，而且每一个相关的无辜者所遭受的都是大致相同的伤害，那么，我们应当选择践踏少数无辜者而非多数无辜者的权利。假如我们要在伤害 A 和同时伤害 B、C、D（伤害程度与 A 相当）三者之间进行选择时，那么我们应选择伤害 A，这不是由于我们不尊重 A 的权利，而是由于 B、C、D 三者的权利之和大于 A 的权利。选择践踏 A 的权利就等于只犯了一次践踏权利的错误，而选择践踏 B、C、D 三者的权利就等于犯了三次践踏权利的错误。第二，境况较差者优先原理（the worse-off principle）：如果我们必须要在践踏多数无辜者的权利和践踏少数无辜者的权利之间进行选择，而且，这种践踏给少数无辜者所带来的伤害将使他/它们的处境比多数无辜者（也遭受类似的伤害）更糟，那么，我们就应选择践踏多数无辜者的权利。前一原理关注的是受伤害的权利拥有者的数量的多少，后一原理关注的却是权利拥有者受伤害的程度。它有些类似于约翰·罗尔斯的“惠顾少数不幸者的原理”。

4.2.3　弱势动物权利论

1. 利益是权利的基础

与汤姆·雷根的“强势动物权利论”不同，玛丽·沃伦(Marry A. Warren)主张的“弱势动物权利论”认为，动物拥有权利的基础不是它们所拥有的天赋价值，而是它们的利益。玛丽·沃伦明确指出，动物是拥有它们自己的利益的；而动物拥有利益的前提是，它们能够感受快乐或痛苦。动物感受痛苦的能力给予了它们一种权利，即不把痛苦故意无谓地加诸在它们身上的权利。它们体验愉快的能力也给予了它们一种权利，即不被剥夺大自然赐予它们的任何一种愉快和满足的权利。痛苦是一种内在的恶，我们那种给他人或动物带来不必要的痛苦的行为内在地就是一种恶。

由于拥有感觉是拥有利益和权利的基础，因而玛丽·沃伦认为，所有拥有感觉的动物(而非汤姆·雷根所说的高等哺乳动物)都拥有权利。

2. 动物的权利与人的权利的差别

与汤姆·雷根主张的绝对主义的动物权利论不同，玛丽·沃伦认为，人的权利与动物的权利是有差别的。这种差别主要表现在两个方面：第一，与动物权利相比，人类权利的范围要广泛得多。例如，人和动物的自由权都需要以一定的活动空间与行动自由为前提，但人的自由权还包括思想自由、言论自由和集会自由等内容；而这些权利对动物来说是毫无意义的。第二，与动物权利相比，人类权利是一种较强的权利。这主要是由于，人不仅是生命的主体，而且，人还是具有道德自律能力的存在物，他有能力把彼此视为具有平等的基本道德权利的存在物来看待。人的道德自律能力为人类享有较强的道德权利提供了某种理由。玛丽·沃伦承认，与人的死亡相比，动物的死亡是一种较小的悲剧，但她指出，这并不能证明动物没有生存权。与人类相比，动物的夭折可能不是一个太坏的悲剧，但仍然是一种不幸。这种不幸表现为：夭折剥夺了未来生活可能赋予它们的各种欢乐，不管它们能否预见到这种欢乐；夭折还剥夺了动物可能拥有、而我们又无法知晓的对未来的希望。因此，仅仅因为动物的智力低下就断言它们没有生存权，这是不妥的。较为平和的观点是，动物拥有生存权，只是它们的这种权利比人的生存权要弱一些。

玛丽·沃伦还对两种反对动物权利论的观点作出了回应。

第一种观点认为，动物拥有权利的观点与动物之间的自然关系相悖，因为在自然中，许多动物只有杀死其他动物才能生存。那么，这些捕杀其他动物的动物是不是在侵犯其他动物的权利呢？沃伦认为，这种担心是没有必要的。因为动物不是道德代理人，因而它们的捕食行为并不是对其他动物的权利的剥夺。即使狼这类动物真的是道德代理人，它们的捕食行为在道德上仍是可以接受的，只要它们仅仅是为了生存而捕杀其他动物、且没有让动物遭受太长的无为痛苦。第二，自然捕食有助于生物群落的稳定。因此，弱势动物权利论不仅认为动物之间的捕食行为不是对权利的侵犯，而且，为了维护生态系统的稳定，有意识地控制某种动物种群(如人类)的过分繁殖是必要的。

第二种观点认为，把权利赋予动物，这会使我们的道德体系更加复杂化，并带来难以解决的两难选择问题。例如，我们如何比较和权衡杀死一打牡蛎(它的感觉最迟钝)和一只老鼠的行为的道德(或不)合理性?玛丽·沃伦承认,如果把这类问题与其出现的实际境遇分离开来并孤立地加以考虑,那么,它们的确是难以回答的。但这不应使我们惊奇,因为关于如何对待不同人的类似的抽象问题也是同样不能回答的。例如,杀死一名儿童或让一百名儿童遭受营养不良之苦,哪一个的错误更大?这类问题难以回答的原因,不仅在于我们缺乏精确地比较人际或种际功利的技巧和知识,而且在于,这些问题完全是以不现实的方式提出来的。真正的道德选择很少完全依赖于对痛苦或快乐的绝对量的比较。关键是要意识到,我们应当站在理性和公正的立场,平等地关心和考虑与某一特定行为有关的各方的权利和利益。

玛丽·沃伦承认,道德权利是一个十分复杂的概念。在纯粹的概念层面,逻辑分析很难对动物究竟是否拥有道德权利的问题作出令人信服的回答。但是,有两个实践的理由使我们可以接受动物拥有权利这一观点。

第一,正如汤姆·雷根所说,避免残酷对待动物这一戒律,不能恰当地表达我们对动物所负有的义务,因为这一戒律关注的是那些给动物带来痛苦的人的心态,而非他们给动物造成的伤害本身。把避免残酷作为正确对待动物的标准,我们就很难说这些人——他们对他们给动物带来的痛苦感到遗憾,但又真诚地相信他们的行为是正确的——是残酷的。禁止残酷的戒律也不能阻止人们对动物的杀戮,只要这种杀戮是"仁慈地"进行的,动物在死亡时不感到痛苦。因此,残酷论不能为我们保护动物的行为提供恰当的伦理辩护。动物保护运动必须要建立在更为坚实的伦理基础之上,动物权利论能恰当地担当此任。

第二,在我们生活的这个时代,几乎任何一种重要的道德权益都以权利的形式表现出来。如果否认动物拥有权利(不管我们如何细心地加以限定),那么人们就会以为,我们可以对动物作出我们想做的任何行为,只要我们不侵犯任何人的权利。在这种情况下,说动物拥有权利,这可能是说服许多人认真考虑"不虐待动物"这一诉求的唯一方式。

总之,玛丽·沃伦认为,具有感觉能力的动物拥有道德权利,因为权利是设计来保护权利拥有者免遭伤害或保护他/它们的相关利益的。有感觉能力的动物能够被伤害或获得利益,它们能够喜欢或不喜欢发生在它们身上的事情,喜好某些生存状态。因而,至少在逻辑的意义上,有感觉能力的动物是道德权利的可能的拥有者。

4.2.4　认真对待动物保护伦理

动物解放/权利论虽然突破了人类中心主义的局限,把人们道德关怀的视野从人类扩展到了人类之外的其他存在物,超越了人类中心主义的某些局限,但是这种理论本身及其所包含的实践结论却不是无懈可击的。

第一,动物解放/权利论只关心动物个体的福利和权利,这与环境科学和生态科学强调生命共同体或生态系统的稳定与和谐的整体主义思维方式不太协调。

第二,人们对动物解放/权利论非议最多的就是它的素食主义的观点。罗尔斯顿指出,人和其他食肉动物都是食物链的一个环节;人生来就是杂食动物,这是由生态规律决定的。当人发展成了一个有道德的存在物后,他并没有义务去打破他自身的生态规律,没有义务去改变他的饮食习惯。许多环境伦理学家还指出,素食主义与动物解放论的功利主义原理是相互矛盾的,因为废除现代的"动物工厂",将给人和动物带来更大的"负功利":许多人将失业,许多人因吃不到肉而感到痛苦。而那些不再被人饲养的家畜,由于已不再能适应生态环境,如果把它们放回大自然,那么,它们中的大部分不是饿死病死,就是成为其他食肉动物的牺牲品。从权利论的角度看，这些家畜的"不遭受不应遭受的痛苦的天赋权利"也将得不到保护。因此，素食主义所导致的后果是与动物解放/权利论所追求的道德目标背道而驰的。

第三，动物解放/权利论只关心动物个体的福利，否定植物、物种和生态系统拥有道德地位。但物种的减少和灭绝却是当代的环境危机的核心问题。当一个普通动物个体的利益与一个属于濒危物种的动物个体的利益发生冲突时，动物解放权利论并不能为我们优先考虑后者提供强有力的道德支持，因为，它把这两类动物个体的利益或权利看得同样重要；而当我们必须要在两个普通动物个体的生存与一个属于濒危物种的植物个体之间进行选择时，动物解放/权利论更是无法为我们提供指导，因为它把任何一个动物个体的价值都看得高于任何植物个体的价值。

尽管存在着上述诸多缺陷，我们仍然认为，动物解放/权利论在环境伦理学中所占有的地位不应一笔抹杀。任何一种环境伦理学理论都不是十全十美的，但它们仍然能够在某种范围内对我们的道德生活发挥积极的作用，动物解放/权利论也是如此。它们至少扩展了伦理学的思维视野，使伦理学第一次突破了对人的"固恋"（fixation），它们要求人们从道德上关心动物的主张，不仅有助于人们克服他们那种对其他存在物的痛苦麻木不仁、甚至残酷的人格倾向（这种倾向会使一个人对他人也变得冷漠无情），而且填平了横亘在人与动物之间的道德鸿沟，消除了人与动物的疏离感，使得"民胞物予"的博爱理想获得了一种现实的理论表现形态。对动物的关心还为人们的自我完善的道德修养提供了一种新的可能性和"道德高度"，为那些超越了利己主义且履行了基本人际义务的人提供了一种更高的值得追求的道德境界。

4.3　生物中心主义

把道德关怀的范围从人扩展到人之外的动物，是从人类中心主义伦理学走向广延伦理学的必由之路。但是，主张生物中心主义的环境伦理学家认为，动物解放/权利论的道德视野还不够宽阔，对动物之外的生命还缺乏必要的道德关心，因而他们决心继续扩大道德关怀的范围，使之包括所有生命。

4.3.1　敬畏生命

现代意义上的生物中心主义是由 20 世纪最伟大的人道主义者阿尔贝特·史怀泽于 1923 年在其代表作《文明与伦理》一书中首先提出来的。他明确指出："善的本质是保持生命、促进生命，使可发展的生命实现其最高的价值；恶的本质是毁灭生命、伤害生命，阻碍生命的发展。"

在阿尔贝特·史怀泽看来，所谓的伦理，"就是敬畏我自身和我之外的生命意志"。一个人，只有当他把所有的生命都视为神圣的，把植物和动物视为他的同胞，并尽其所能去帮助所有需要帮助的生命的时候，他才是有道德的。因为，每个生命都是一个秘密，每个生命都有价值，而且，生命之间存在着普遍的联系。我们的生命来自其他生命，"我是要求生存的生命，我存在于要求生存的生命之中"。所以，所有的生命都是相互关联、休戚与共的。如果我们不能随意毁灭人的生命，那么，我们也不能随意毁灭其他生命。

敬畏生命的伦理虽然承认，人越是敬畏自然的生命，就越是敬畏人的生命，而且，人可以为了生存而伤害或毁灭其他生命，但它拒绝把生命区分为高级的和低级的，或有价值的和无价值的。因为，“在生物之间确定普遍有效的价值区分的试图，其结果总是这样：它据以判断的尺度是人的感受性。”那些离我们越近的生命，我们就认为越有价值；反之，则越没有价值，甚至只有负价值。这种区分包含着这样一种危险：有些生命是毫无价值的，人们可以不受伦理约束地随意伤害和毁灭它们。更为重要的是，谁习惯于把生命随便看作是没有价值的，谁就会陷入认为人的生命也是没有价值的危险之中。对生命的神圣价值的这种主观随意的划分，正是那些肆意践踏和杀戮人的生命的暴行和战争的最深层的根源。要想彻底消除战争，我们就必须守住“生命是神圣的”这一价值防线。

敬畏生命的伦理承诺的是一种无限的责任和义务，它和爱一样，是“不能规则化的”，它以绝对命令的方式出现。就其对人提出的是一种无限的责任和义务而言，敬畏生命的伦理似乎是一种太高的要求，因为，它没有把道德责任行为（这是道德义务的要求）和责任以外的行为（这是道德义务以外的、由个人的道德理想决定的行为）区别开来，也没有提供一个可以把两者区分开来的具有普遍意义的客观标准。但从另一方面看，除了要求人敬畏生命外，敬畏生命的伦理并没有向人提出更多的伦理要求，它把“在何种情况下，可以为了一个生命而伤害和牺牲另一个生命”的决定权和选择权留给了个人，因而个人也获得了更大的道德自由和自主权。个人道德觉悟和道德境界的高低，就取决于人们在不同境遇中所做的不同道德抉择。因此，敬畏生命的伦理不是某种外在的行为规范，而是一种内在的德性追求。它拓展的是伦理的形而上的内涵，它说明的是人的某种“应然”的存在状态。它是对人的一种期待，一种设计，是对人性的内在意义的确证和展开。

阿尔贝特·史怀泽指出，遵守敬畏生命的伦理是非常重要的。

首先，对生命的敬畏能够使我们过上一种充实而有意义的生活。敬畏生命的前提是要对生命保持敏锐的感受性，是要去“体验”和同情其他生命。而对其他生命的同情往往会给人的生活带来某种苦恼。那些亲身体验了世界的痛苦的人，在满足和愉快的时刻，也不能无拘束地享受快乐，因为那里有他共同体验的痛苦。但是，“共苦”（同情）与“同甘”的能力是密不可分的。一个人如果对其他生命的痛苦麻木不仁，那他也就失去了同享其他生命的幸福的能力。因此，如果我们能够与其他生命休戚与共，让所有的生命都欣欣向荣，那么，我们能够体验的幸福不是很丰富吗？

其次，正是通过对其他生命的同情和关心，人把自己对世界的自然关系提升为一种有教养的精神关系，从而赋予自己的存在意义。自然不懂得敬畏生命，它以最有意义的方式产生着无数生命，又以毫无意义的方式毁灭着它们。包括人类在内的一切生命，都对生命有着可怕的无知。它们只有生命意志，但不能体验发生在其他生命中的一切；它们痛苦，但不能共同痛苦。自然抚育的生命意志陷于难以理解的自我分裂之中。受制于盲目的利己主义的自然界，就像一座漆黑的峡谷，光明仅仅停留在山峰之上。所有的生命都必然生存于黑暗之中，只有一种生命能够摆脱黑暗，看到光明。这种生命就是最高的生命——人，正是通过对生命的敬畏，人摆脱了其余生命苦陷其中的黑暗；同时，正是通过对其他生命的同情，我们感受到了整个世界的存在，使我们之外的生命的生存涌入我们的生存之中，从而超越了我们的存在的有限性，获得了一种比所有其他生命都更宽广的存在维度。我们也因此与无限的宇宙建立了一种有意义的精神联系。

最后，人们在生活中，确实得杀死其他生命。但是，“敬畏生命的人，只是出于不可避免的必然性才伤害和毁灭生命”，这种不可避免的必然性就是为了拯救另一个生命。因此，人只有在为了保存其他生命的情况下,才可伤害或牺牲某些生命,而且要带着责任感和良知意识作出这种选择。敬畏生命的伦理可以帮助我们意识到这种选择所包含着的伦理意义和道德责任,它可以使我们避免随意地、粗心大意地、麻木不仁地伤害和毁灭其他生命。通过这种方式,敬畏生命的伦理能够引导我们过一种真正伦理的生活。

在人类文明的历史上,敬畏生命的伦理并非一枝独秀。2 500 年前产生于印度的佛教,就提出了"不杀生"的戒律;触犯此戒即构成破门罪,丧失佛教徒资格。佛教传入中国后,"不杀生"的戒律不仅得到了严格的遵守,天台宗的湛然大师甚至还提出了"无情有性"的说法,认为不仅有情的动物有佛性,可以成佛,就是无情的草木瓦砾也有佛性,也可以成佛。后来的禅宗更是坚持了"众生有佛性"的思想。中国的儒家也一贯强调"仁民爱物",主张培育并扩张人的"恻隐之心"。因此,敬畏生命的伦理与东方的伟大伦理传统是息息相通的。

阿尔贝特 · 史怀泽没有用一整套定义明晰的概念来演绎和构造他的伦理体系,而他那种散文式的诉诸情感和直觉的写作方法又往往使他的理论显得过于浪漫和天真,这是他的敬畏生命的伦理思想没有产生广泛的社会影响的原因(尽管他作为一名真诚而伟大的人道主义者在西方已家喻户晓),但敬畏生命的伦理仍以其悲天悯人的博大胸襟感召着人们。

4.3.2　尊重大自然

如果说,阿尔贝特 · 史怀泽仅仅是提出了敬畏生命的伦理,那么,保尔 · 泰勒则为人们接受这一伦理思想提供了充分的理论依据。保尔 · 泰勒的《尊重大自然》(1986),是当代捍卫生物中心主义环境伦理学的最完整且最具哲学深度的著作之一。在这本书中,保尔 · 泰勒从职业伦理学家的角度,在借鉴人际伦理学的理论成果和吸收当代生物-生态学的理论智慧的基础上,建构了一套完整的由尊重大自然的态度、生物中心主义世界观和环境伦理规范三部分组成的理论体系。

1. 尊重:伦理的本质

保尔 · 泰勒所理解的环境伦理学的核心内容是:一种行为是否正确,一种品质在道德上是否良善,将取决于它们是否展现或体现了尊重大自然这一终极性的道德态度。"对于理性的、自主的道德代理人来说,要想理解尊重大自然的这一道德态度的内容,就必须先把握并区分两个概念:拥有自己的利益的实体(entity having a good of its own)与拥有天赋价值的实体(entity possessing inherent worth)。拥有自己的利益的实体,就是那些能够得到帮助或受到伤害的实体。对一个实体有助益,就是带来或保持一种适宜于该实体的状态,或消除和避免一种不适宜于该实体的状态。反之,就是对一个实体有害。保尔 · 泰勒认为,所有的自然生物都拥有自己的利益,但石头这类无生命的物质和人造机器却不拥有自己的利益。高等动物能够感受或意识到它们自己的利益,它们所拥有的利益是一种主观性的利益;低等动物和植物意识不到或感觉不到它们的利益,但某种状态能够或不能够使它们的利益得到实现,这却是客观的,因而它们所拥有的利益是一种客观性的利益。

保尔 · 泰勒认为,凡拥有自己利益的实体,都拥有天赋价值。说一个实体拥有天赋价值,这意味着,第一,应把该实体视为一个应获得道德关心和道德关怀的道德顾客;第二,所有的道德代理人都拥有一种显见的义务,把该实体的利益当作一种自在的目的、且为了该实体本身的缘故来加以促进或保护。因此,如果一个存在物拥有天赋价值,我们就应尊重它。尊重是伦理的本质。

2. 生物中心主义世界观

尊重生物的态度取决于我们如何理解和看待生物以及我们与它们的关系。对尊重生物的态度提供支持和证明,并使这种态度变得可理解可接受的信念体系,就是关于自然的生物中心主义的世界观。这套世界观由以下四个信念组成。

(1)人是地球生物共同体的成员

保尔·泰勒认为,人的生命只是地球生物圈自然秩序的一个有机部分。人的存在的一个最基本的特点,就是他是一个生物物种的成员。人和其他生物都起源于一个共同的进化过程,而且也面对着相同的自然环境。我们与其他生物是密不可分的。我们作为地球生命共同体的平等成员的资格,是与其他生物共享的。关于人作为一个普通的生命共同体的成员的这种认识,基于以下五个事实。

第一,对于所有的生物的生存和福利来说,某些基本的生物环境和身体健康是必不可少的,例如,适应环境的变化,与其他生物保持着某种关系,生理机能得到正常发育。

第二,我们和所有的生物一样都拥有自己的利益,这种利益的实现依赖于某些外部环境,而这些环境并非总是能够被我们或它们所控制的。我们所掌握的生存所需的知识和能力虽然多于其他生物,但也仍然是有限度的。所有的生命都是易受伤害的。

第三,除了自由意志、自主性和社会自由这些只适用于人的自由外,还有一种适用于所有生物的自由:有能力和机会去促进或保持与其本性相符的利益。在追求自己的目的的过程中,所有的生物都会遇到许多来自身体内部和外部的成员。

第四,人类出现以前,地球上的各个物种之间就已经建立了一种相互适应、相互依赖的关系,我们这个迟到的物种不过是这个既定的关系网上的一个网结。

第五,人的生存要依赖于其他生物,但其他生物的生存却不依赖于人类。人类即使在地球上完全彻底地消失了,地球生物圈照样能够生存下去,其他生物也照样能够活下去;人的消亡不会使其物种遭受损失,也不会给自然环境带来不良影响。

(2)自然界是一个相互依赖的系统

人类和其他物种一样,都是一个相互依赖的系统的有机构成要素,在这个系统中,每一个生命的生存及其生存的质量,都不仅依赖于它所生存的环境的物理条件,还依赖于它与其他生命之间的关系。生存于特定生态系统中的任何一个生命或生命共同体都不是一座孤岛。任何一个生命或生命共同体的重大变化或灭绝,都会通过系统结构对其他生命或生命共同体发生影响。如果我们打破了我们与地球生命网的联系,或对生命网的干涉过大,那么,我们就是在摧毁我们追求独特的人类价值的机会。

(3)有机体是生命的目的中心

"有机体是生命的目的中心"这一命题的基本含义是:有机体的内部功能和外部行为都是有目标的,拥有一种恒常的倾向:维持有机体的长久生存,并成功地使它的生物学功能得到正常发挥,从而使它的种类得到繁殖并不断地适应正在变化着的环境。正是由于有机体拥有这样一些协调的、完整的功能(它们都指向有机体的利益的实现),它才能够成为这些活动的目的中心。说有机体是生命的目的中心,并不意味着有机体是有意识的,而是说,有机体是一个具有目标导向的、完整有序而又协调的活动系统,这些活动都是指向一个目标:实现有机体的生长、发育、延续和繁殖。

由于每一个有机体都是一个生命的目的中心,因而每一个有机体都会从"自己的角度"来与世界发生联系并作出“评判”。如果我们不是只把有机体当作对人的生活有功用的存在物，而是同时也当作有它自己的存在方式的具有多种属性的存在物来看待，让其他生命的“真实”完整地进入我们的意识世界，那么，我们就能够真正获得一种站在其他生命的角度看待问题的能力，我们就会像高度评价我们自己的生存那样高度评价它们的生存。

(4)人并非天生就比其他生物优越

在很多人看来，我们人类拥有许多独特的能力，如理性思考、审美创造、自主决定等。其他生命缺乏这些能力，因而，人类比其他生命更有价值；人拥有一种天赋的优越性。然而，在保尔·泰勒看来，这种观点是毫无根据的。因为，人所具有的那些能力只对人来说才具有价值，其他生命的生存并不需要这些能力。况且，其他生命也拥有某些对它们的生存来说是至关重要、但对人来说是无用且人不具备的能力。为什么不把这类能力确定为衡量一个物种是否有价值的标准呢？因此，“人的优越性的断言所表达的，不过是一种偏爱一个特定物种而歧视其他几十亿个物种的不合理的自私的偏见而已”。

对某些物种优于其他物种观念的抛弃，就是对物种平等观念的接受。根据物种平等原理，一个生物，不管它属于哪个物种，它都应获得道德代理人的平等关心和关怀。在这个意义上，每一个物种都拥有同等的价值。每一个生物的“利益”都被认为是值得当作目的本身、且为了该生物而加以维护和促进的。对物种平等原理的接受意味着，每一个拥有自己的“利益”的实体，都被认为拥有天赋价值——同等的天赋价值，因为没有谁比谁更优越。而一个有机体一旦被视为拥有天赋价值，那么，道德代理人对它们所采取的唯一合适的态度就只能是尊重。

保尔·泰勒认为，由上述四个命题组成的生物中心主义世界观是任何一个头脑清醒、没有偏见、思想开明的人都会接受的思想和信念体系。尊重大自然的态度就植根于这种生物中心主义的世界观中。尊重大自然的态度与生物中心主义世界观的内在联系，就是通过对人的优越性的否定与对物种平等原理的认可来实现的。

3. 环境伦理规范

与阿尔贝特·史怀泽不同，保尔·泰勒并不满足于论证和提出一种尊重所有生命的终极性的道德态度，他还进一步提出了使这种态度得到具体体现的环境伦理规范，从而使他提出的生物平等主义伦理具有更大的可操作性。

(1)四条基本规范

第一，不伤害的原则。这是一种消极的义务，即不伤害自然环境中的那些拥有自己的利益的实体，包括不做出那些将严重危害有机体、种群和生命共同体的利益的行为，不杀害有机体，不毁灭种群或生物共同体。保尔·泰勒认为，从尊重大自然的环境伦理学的角度看，人所犯的最严重的错误就是伤害那些并未伤害我们的生命。

第二，不干涉的原则。这一原则包含两个义务，一是不限制有机体追求它的利益的自由；一是对大自然中自发地发生的一切，采取“袖手旁观”的政策。大自然中发生的一切都没有错，应让“自然之手”控制和管理那里的一切。不干涉原则还蕴含着物种平等原则。这一原则要求我们在捕食者与猎物、寄生者与寄主、病原体与害病者之间的自主选择与斗争的过程中保持中立；我们不应因喜爱、同情一方，或因一方对我们有利而帮助它。因为自然界中的所有生物都拥有同等的天赋价值，没有一个生物有资格要求我们给予更多的同情。

第三，忠诚的原则。这一原则只适用于人与那些生存于自然状态下，并且能够被道德代理人欺骗或背叛的动物之间的关系。该原则要求我们不要打破野生动物对我们的“信任”（通过它们的行为表现出来),不要让动物对我们的希望落空(它们对人的希望是通过它们以往与人交往的经验建立起来的)。“违背忠诚原则最明显的、最通常的例子是打猎、设陷阱捕捉和垂钓行为。”这些行为都包含着有意欺诈动物的成分,它以一种特殊的方式展现了对动物的不尊重的态度。

第四,补偿正义的原则。这一原则要求那些伤害了其他有机体的人对这些有机体作出补偿,恢复道德代理人与道德顾客之间的正义的“平衡”。人与其他生命之间正义的平衡是由前三个原则来确定的。如果每一个道德代理人都履行了他对道德顾客所负有的义务,而每一个道德顾客又获得了恰当的待遇,那么就没有什么错误或不公正的事情发生。但是,如果道德代理人有意违背了前述三条中的一条,那就打破了人与其他生命之间的“正义的平衡”。这时,道德代理人就因作出了错误的行为(这一行为给他带来了他不应获得的利益)而负有了一种特殊的义务,即对被伤害的道德顾客进行补偿;而被伤害的道德顾客也因此有资格获得补偿的利益。保尔·泰勒指出,生活于现代工业社会中的每一个人的福利都是以牺牲地球上的其他生命的利益为代价换来的,因此所有的人都对自然界及其中的生命负有补偿正义的义务,都应承担保护和恢复生态平衡所需的费用。

上述四条原则并不是同等重要的。保尔·泰勒认为,不伤害的原则是最重要的,我们对大自然的主要义务,就是不伤害那些在我们的能力控制范围内生存的其他生命。至于其他三条原则,只要我们权衡和处理得当,也是可以避免相互冲突的。但如果冲突不可避免,那么,第一,忠诚和补偿正义的原则优先于不干涉原则,当干涉能够带来较大的利益而且又不会有一个生命遭到永久性伤害的时候;第二,补偿正义的原则优先于忠诚原则,当对信任关系的打破能带来较大的利益且又不会使任何一个生命遭到严重伤害的时候。

(2)环境伦理义务与人际伦理义务的冲突及化解原则

人类为了生存,往往会给其他生命带来伤害。但是,我们有尊重大自然的义务,也有保护人的自由和福利的义务。保尔·泰勒认为,在人的利益与其他生命的“福利”之间作出选择,是一种道德上的两难困境;对于这些相互竞争的道德权益的冲突,是可以通过一些能够公平地对待冲突各方的优先原则来加以合理地解决的。他提出了五条用于解决这种冲突的原则:自卫原则、对称原则、最小错误原则、分配正义原则和补偿正义原则。

自卫原则的内涵是,如果其他有机体对作为道德代理人的人的生命和基本健康构成了威胁和伤害,他们将被允许通过消灭或伤害这些有机体的方式来进行自卫。这并不是由于人比那些威胁和伤害他们的有机体拥有更大的天赋价值,而是由于我们没有充足的道德理由来要求人作出牺牲,因为要证明这种牺牲的合理性,就只能假设其他生命比人拥有更大的天赋价值,而根据物种平等原则,人所拥有的天赋价值与其他生命是同等的。

后四个原则适用于其他生命不对人构成严重伤害的场合。它们都建立在“基本利益”与“非基本利益”这两个概念的区分之上。在保尔·泰勒看来,所谓利益,就是有助于保持或促进有生命的存在物的利益的客体和事件。就其他生命而言,基本利益指的是那些能够使一个生命“过上一种与其物种的特殊本性相符的生活”的客体和事件;非基本利益是指基本利益之外的其他利益。就人而言,基本利益是指那些能够使某些重要目标(它们使得人们的生活变得有意义和有价值)得以实现的基本条件,如生存、安全、自律、自由等;非基本利益是指那些人们认为值得去追求的目标和人们认为最有利于这些目标实现的工具。

人类的非基本利益又分为两类。一类是“内在地就与尊重大自然的态度相矛盾的”非基本利益,如为制造昂贵的“时髦产品”(如用于显示地位的皮毛、作为旅游纪念品的象牙制品)而捕杀动物,为满足个人的收藏爱好而采集稀有野花标本,娱乐和消遣性的打猎和钓鱼。追求这些利益的行为展现的是对大自然的剥削态度,它把其他生命视为实现人的目的的工具,否认它们的天赋价值。当人的这类非基本利益与其他生命的基本利益发生冲突时,对称原则要求我们把后者看得重于前者。

人的另一类非基本需要是“与尊重大自然的态度并非水火不容的”非基本利益(如为修建博物馆或实验室而毁坏自然栖息地)。这类利益虽然是非基本的,但即使那些真诚地尊重大自然的人也认为,这些利益对于保持一个社会的较高的文明水平和实现个人的合理目标来说是如此重要,以致他们宁愿冒着给其他生命带来伤害的危险也要追求这些利益。当人的这些非基本利益与其他生命的基本利益发生冲突,并且人们又不愿放弃对这类非基本利益的追求时,最少错误原则要求人们把对其他生命的伤害减少到最低限度。

分配正义原则适用于人的基本利益与其他生命的基本利益发生冲突,并且其他生命对人不构成威胁的场合。其具体要求是:公平地分配地球上的资源,使人和其他生命的延续都得到保障。当人的基本利益与其他生命的基本利益处于“二者不可兼得”的处境时,分配正义原则并不要求人们牺牲自己的基本利益以使其他生命的利益得到实现,因为其他动物和植物所拥有的天赋价值并不比人更多。

如果最少错误原则和分配正义原则得不到完美的实现,那么,对其他生命作出某些补偿就成为生物中心主义世界观的必然要求。这正是补偿正义原则的内容。它要求我们恢复人与其他生命之间的正义的平衡,对其他生命作出大致与对它们的伤害相等的补偿,维护生态系统和生命共同体的健康和完整。而划出一些自然保护区,使之保持其自然状态,是实现这种补偿的一种恰当方式。

许多人认为,生态平等主义虽然看似理想,但当人的利益与其他生命的利益一旦发生冲突,这种理想就必然被打破,成为不具有操作性的空想,甚至是一种荒谬的天真幻想。然而,保尔·泰勒认为,有了上述五条优先原则,人们对生物平等主义的诘难就可“迎刃而解”,在面临两难境遇时仍可作出选择,而不致无所适从。随着越来越多的生命个体进入了道德关怀的范围,“道德的空间”似乎变得越来越拥挤了。个体与个体之间发生矛盾的可能性越来越大了,冲突的类型也越来越多了。但保尔·泰勒认为,只要坚持他所提出的生物平等主义,我们是能够为这些矛盾和冲突的解决提供一个合理的道德基础的。

4. 生物平等主义:理想还是空想

当代的环境主义运动认为,环境危机的一个重要方面,就是野生动植物物种的减少,所谓保护生物多样性,主要就是保护野生动植物物种的多样性。因此,保护野生的动植物,特别是濒危的动植物物种,是环境主义运动的一个主要目标。动物解放/权利论所要“解放”的对象,主要是被现代工业文明拘禁于“动物工厂”中的家畜以及实验室和动物园中的动物。生物中心主义突破了动物解放/权利论的这一局限,把道德关怀的视野投向了野生的动物和植物。但是,当人们要在保护一种普通的生物和一种濒危的生物之间作出选择时,生物中心主义并未为人们优先考虑后一种生物提供充分的理论支持。许多人认为,把属于濒危物种的生物所拥有的天赋价值看得与属于普通物种的生物相同,是生物中心主义的一个重要缺陷。

作为扩展人们的道德关怀范围的一种尝试,生物中心主义对人们的道德理性、道德胸怀和道德能力都提出了更高的要求。随着越来越多的义务对象进入了道德关怀的范围,人们所要承担的道德责任也越来越多了。这首先需要的是改变我们内心的道德信念和责任意识。许多人正在用实际的行动改变他们的内在道德信念,用对生命的敬畏和爱护展现他们对大自然的尊重态度。因此,对作为道德代理者的人来说,接受生物平等主义并不是不可能的,尽管这还需要作出巨大的努力。生物中心主义或许只看到了人与其他生命之间的同一性以及这种同一性的伦理意义,而没有看到这两者之间的差异性以及这种差异性的实践意义;它对生物平等主义所作的证明或许是不充分的——但它至少为人与其他生命的和谐理想提供了某些证明,并为人们展示了一个纯美的道德理想。

4.4 生态中心主义

生物中心主义通过把生命本身当作道德关怀的对象,避免了暗含在以往的道德理论中的伦理等级观念,为所有生命的平等道德地位提供了一种证明,从而实现了对西方主流伦理学的超越。但生物中心主义却否认生物共同体的实在性,否认人对物种本身和生态系统负有直接的道德义务,这与现代生态学对生物之间的相互联系、相互依存以及由生物和无生物组成的生态系统的重视和强调是不协调的。受现代生态学的启发,生态中心主义认为,一种恰当的环境伦理学必须从道德上关心无生命的生态系统、自然过程以及其他自然存在物。环境伦理学必须是整体主义的,即它不仅要承认存在于自然客体之间的关系,而且要把物种和生态系统这类生态"整体"视为拥有直接的道德地位的道德顾客。因此,与动物解放/权利论和生物中心主义相比,生态中心主义更加关注生态共同体而非有机个体;它是一种整体主义的而非个体主义的伦理学。现在我们从三个理论视角(即大地伦理学、自然价值论和深层生态学的视角)来阐发生物中心主义的。

4.4.1 大地伦理学

奥尔多·利奥波德被认为是发展生态中心主义的环境伦理学最有影响的大师,他的《沙乡年鉴》(1949)在美国的环境保护领域内几乎被视为一本圣书,该书的最后一节"大地伦理"(1and ethic)是对生态中心主义环境伦理学的第一次系统阐述。

1. 对大地共同体的义务

奥尔多·利奥波德的"大地伦理"一节开篇就向我们讲述了一个故事:古希腊英雄奥德赛从特洛依战争归来时,在一根绳子上绞死了一打女奴;这种行为并不被认为是不道德的,因为女奴是一种财产。自那以来的3 000多年,人类道德走上了缓慢的进步之路。现在,所有人都拥有了道德地位。但目前,与奥德赛的女奴一样,"大地"仍被看成一种财产,我们对它只享有特权,不负有义务。大地伦理学的任务就是扩展道德共同体的界线,使之包括土壤、水、植物和动物,或由它们组成的整体——大地,并把人的角色从大地共同体的征服者改变成大地共同体的普通成员与普通公民。这意味着,人不仅要尊重共同体中的其他伙伴,而且要尊重共同体本身。

道德与共同体之间存在着一种双重的相互联系:一是人们所理解的共同体的范围,同时也是道德共同体的范围;二是一个共同体的结构和组织反映着该共同体的伦理原则。在原始社会,人们所理解的共同体的范围只限于本民族或本部落,因而原始人只对本民族或本部落的人讲道德;随着共同体范围的扩大,道德关怀的范围也同步扩大;现在,随着"地球村"共同体的形成，人们已把道德关怀的范围扩展到每一个人身上。随着生物共同体观念或生态共同体意识的形成，人们也将承担起对这个共同体的其他成员（植物、动物、水、高山等）以及大地共同体本身的义务。

道德情感是大地伦理学的一个重要基础。奥尔多·利奥波德明确指出：我不能想象，在没有对大地的热爱、尊重和敬佩以及高度评价它的价值的情况下，能够有一种对大地的伦理关系。当然，大地伦理学又不仅仅是一个情感问题。大地伦理的进化不仅是一个感情发展过程，它也是一个精神发展过程。当伦理的边界从个人推广到共同体时，它的精神内容也增加了。大地伦理学的这个新的精神内容就是：一件事情，当它有助于保护生命共同体的完整、稳定和美丽时，它就是正确的；反之，它就是错误的。

在奥尔多·利奥波德看来，大地金字塔是一个由生物和无生物组成的"高度组织化的结构"，通过这个结构，太阳能得以循环。这个结构类似于一个金字塔，低层是土壤，往上依次是植物层、昆虫层、鸟类与啮齿动物层，最顶层由大型食肉动物组成；这最后两层之间还包括一系列由不同动物组成的较小的层。这样一个高度组织化的结构的正常运转取决于两个条件，一是结构的多样性和复杂性，一是各个部分的合作与竞争。由对生物共同体的上述理解，人对生物共同体的义务可以具体化为两点：第一，保护生物共同体在结构上的复杂性以及支撑这种复杂性的生物多样性（种类和数量上的）；第二，生物共同体虽然是一个可以自我调节的系统，但它的这种调节需要较长的时间，因此，人对生物共同体的干预不应过于剧烈；人为改变的激烈程度越小，金字塔自我修复的可能性就越大。

大地伦理学把生物共同的完整、稳定和美丽视为最高的善，它并不把道德地位直接赋予植物、动物、土壤和水这类存在物。共同体本身的"利益"才是确定其构成部分的相对价值的标准；它是裁定各个部分（分开来看，它们都应获得同等的关怀）的相互冲突的要求的尺度。因此，在大地伦理学看来，由于多样性有助于共同体的稳定，因而属于珍稀和濒危物种的生物个体理应优先加以关怀；而那些在大自然的"经济系统"中发挥着特别重要的功能的动物（如蜜蜂）所获得的道德关怀，也应多于那些虽具有较复杂的心理能力和感觉、但数量庞大、遍布全球、繁殖力强的动物（如老鼠）。

2. 伦理整体主义：批评与辩护

对大地伦理学的整体主义的最重要的批评是，它赞成为了整体的"利益"而牺牲个体的"利益"。如果我们真的要根据生物共同体的"利益"来定义行为的正确与错误，那么，个体成员（包括人类个体）确实可能得为了共同体的"利益"而作出牺牲。奥尔多·利奥波德似乎也赞成为了保护生物共同体的完整和稳定而猎杀动物个体的做法。既然他也把人描绘成生物共同体的平等"成员"，那么，他是否允许猎杀人类个体呢，如果这样做能够保护生物共同体的完整、稳定和美丽的话？

许多伦理学家都对大地伦理学的整体主义所包含的这种危险倾向表示了担忧。汤姆·雷根认为，大地伦理学明显地包含了这样一种前景：为了生物共同体的完整、稳定和美丽，个体得为更大的生物共同体的"利益"作出牺牲。在这样一种可恰当地称之为环境法西斯主义的论点中，我们很难为个体权利的观念找到一个能当的位置。整体主义给我们提供的是对环境的一种法西斯主义式的理解。

针对上述诘难，马瑞塔（D. E. Marietta）指出，伦理整体主义包含着多种不同的形式。人们既可以把"生物共同体的完整、稳定和美丽"理解为决定价值与义务的唯一根据，也可理解为最重要的根据,亦可理解为根据之一。马瑞塔认为,对大地伦理学的前两种理解是不合理的,因为这两种极端的理解是还原主义的,它们只把人理解为生物共同体的成员,只看到了人的生物学的特征;忽视了人同时也是社会共同体的成员,看不到人的社会特征。只有这两种理解才可被指责为法西斯主义。但是,我们也可从另一个角度来理解大地伦理学,即只把"生物共同体的完整、稳定和美丽"当作决定价值与义务的一个新的因素引入伦理学。大地伦理学只是要求我们认识到,我们所面临的新的复杂的道德境遇:既要从道德上关心生物共同体的完整、稳定和美丽,又要考虑社会的正义、自由以及人的潜能的实现。对于这些复杂的问题,是不能通过还原主义的方法来加以简单地处理的,我们必须在科学和良知的引导下作出自己的选择。

莫林(J. N. Moline)则试图从品格伦理学的角度为大地伦理学进行辩护。他认为,奥尔多·利奥波德整体主义原则中的"一件事情"一词,可以做不同的理解。如果把它理解为"一个具体的行为",那么,这一原则就有可能被指责为法西斯主义的;但如果把它理解为"某种行为类型、行为规则、偏好或态度",那么,把大地伦理学的整体主义原则指责为法西斯原则就不那么可信了。莫林称前一种解释为"直接整体主义",后一种解释为"间接整体主义"。他认为,应当从后一角度来理解奥尔多·利奥波德的整体主义原则:一种态度或倾向,当它有助于维护生物共同体的完整、稳定和美丽时,它就是善良的。这样,整体主义原则向我们提出的,就不是某种特定的行为,而是我们应当具备的一种品性,我们应当成为的那类人。对大地伦理学的这种理解的一个好处就是,我们可以暂时避开为道德两难提供"优先原则"的麻烦。生态系统的运转是极其复杂的。在很多情况下,我们确实不知道,哪种行为能够或不能够维护生物共同体的完整、稳定和美丽,在人际义务和种际义务发生冲突时,我们也很难说对于每一个具体的两难选择,我们都能根据一个普遍的优先考虑原则来作出绝对正确的抉择。在这些场合,我们可以用来指导自己的选择的,主要就是我们内心拥有的倾向于维护生物共同体的完整、稳定和美丽的态度、倾向和信念。

由上可见,大地伦理学虽然遭到了这样或那样的挑战,但它还是能够对这种挑战作出回应的。因此,比尔德·克里考特认为,大地伦理是可以应用于当代社会的现实生活的。

4.4.2　自然价值论

1. 自然价值的特征

霍尔姆斯·罗尔斯顿的自然价值论首先面对的是流行于现代西方的以人的主观偏好为标准的主观主义的工具价值论。例如,佩里(R. B. Perry)认为,"任何客体,无论它是什么,只有当它满足了人们的某种兴趣时,才获得价值"。价值是"欲望的函数","事物是由它们被意愿着而产生价值的,而且它们愈被意愿就愈具有价值"。这种主观主义的价值论完全否认了价值评价与价值对象之间的内在联系,把自然物的价值理解成了完全由人的兴趣和欲望来随意模塑的泥团,使对自然价值的认定完全陷入了主观主义的泥潭之中。

霍尔姆斯·罗尔斯顿是把价值当作事物的某种属性来理解的。在他看来,评价过程就是去确认事物的这种属性的一种认知形式,尽管对事物的价值属性的认知不是用认知者的内心去平静地再现已经存在的事物,而是要求认知者全身心地投入其中,伴随着内在的兴奋体验和情感表达。换言之,我们只有通过体验的通道才能了解事物的价值属性。人们所知道的价值是经过体验整理过的,是由体验来传递的。但这并不意味着价值完全就是体验,因为全部自然科学都建立在对大自然的体验之上,但这并不意味着它的描述、它所揭示的事物仅仅是这些体验。对大自然的所有评价也是建立在体验之上的,但这并不意味着它的描述、它所揭示的价值仅仅是这些体验。评价是进一步了解这个世界的某种非中立的途径。如果没有对自然界的感受,我们人类就不可能知道自然界的价值,但这并不意味着,价值就仅仅是我们所感觉的东西。我们评价的东西,就是某种我们观察到的东西。这种被我们观察到的价值,属于体验性的价值,而未被我们观察到的价值,则属于非体验性的价值;有些价值依赖于被意识到了的偏好,有些则不是。因此,把价值完全归结为人的主观偏好是难以令人信服的。

霍尔姆斯·罗尔斯顿所理解的价值属性的最重要的特征就是它的创造性。他明确指出:自然系统的创造性是价值之母,大自然的所有创造物,只有在它们是自然创造性的实现的意义上,才是有价值的。凡存在自发创造的地方,就存在着价值。价值就是自然物身上所具有的那些创造性属性,这些属性使得具有价值的自然物不仅极力通过对环境的主动适应来求得自己的生存和发展,而且它们彼此之间相互依赖、相互竞争的协同进化也使得大自然本身的复杂性和创造性得到增加,使得生命朝着多样化和精致化的方向进化。价值是进化的生态系统内在地具有的属性;大自然不仅创造出了各种各样的价值,而且创造出了具有评价能力的人。自然是朝着产生价值的方向进化的,并不是我们赋予自然以价值,而是自然把价值馈赠给我们。从系统的角度看,评价行为不仅属于自然,而且存在于自然之中。总之,价值就是这样一种东西,它能够创造出有利于有机体的差异,使生态系统丰富起来,变得更加美丽、多样化、和谐、复杂。

2. 关于生态系统的价值

霍尔姆斯·罗尔斯顿认为,生态系统也是价值存在的一个单元:一个具有包容力的重要的生存单元,没有它,有机体就不可能生存。共同体比个体更重要,因为它们相对来说存在的时间较为持久。共同体的完整、稳定和美丽包括了对个性的持续不断的选择。在生态系统中,有机体既从工具利用的角度来评判其他有机体和地球资源,也从内在的角度来评价某些事物:它们的身体,它们的生命形式。因此,工具价值和内在价值都是客观地存在于生态系统中的。生态系统让各种价值在其怀抱中争奇斗妍,它也因此而变得更加美丽。就其对共同体的贡献而言,工具价值与内在价值难分伯仲。生态系统是一个网状组织,在其中,内在价值之结与工具价值之网是相互交织在一起的。生态系统拥有的是自在的价值,而不是自为的价值(像有机体那样)。它不是价值的所有者,尽管它是价值的生产者。

生态系统的性能对生命来说也是至关重要的。有机体只护卫它们自己的身体或同类,但生态系统却在编织着一个更宏伟的生命故事。有机体只关心自己的延续,生态系统则促进新的有机体的产生。物种只增加其同类,但生态系统却增加物种种类,并使新物种和老物种和睦相处。恰如有机体是有选择能力的系统一样,生态系统也是有选择能力的系统。自然选择来自生态系统,而且是被强加在个体之上的。个体是按既定的程序去繁殖更多的同类,但发生在系统层面的事情却远不止此,生态系统力图创造更多的种类。

因此,"在生态系统层面,我们面对的不再是工具价值,尽管作为生命之源,生态系统具有工具价值的属性。我们面对的也不是内在价值,尽管生态系统为了它自身的缘故而护卫某些完整的生命形式。我们已接触到了某种需要用第三个术语——系统价值(systemic value)——来描述的事物。"系统价值并不完全浓缩在个体身上,它弥漫在整个生态系统中。它不仅仅是部分价值的总和。系统价值是某种充满创造性的过程;这个过程的产物就是那被编织进了工具利用关系网中的内在价值。每一种内在价值都与那个它从中产生的价值以及作为其发展目标的价值之间有着千丝万缕的联系。内在价值只是整体价值的一部分,不能把它割裂出来孤立地加以评价。在一个功能性的整体中,内在价值恰似波动中的粒子,而工具价值亦如由粒子组成的波。

由于生态系统本身也具有价值——一种超越了工具价值和内在价值的系统价值,因而,我们既对那些被创造出来作为生态系统中的内在价值之放置点的动物个体和植物个体负有义务,也对这个设计与保护、再造与改变着生物共同体中的所有成员的生态系统负有义务。对个体和物种的义务,与对生态系统的义务并不矛盾,因为,它们其实就是对生态系统的成果和发展趋势的义务。这些层面的义务虽然是各不相同的,但从深层次上看,它们却是统一的。

霍尔姆斯·罗尔斯顿最后指出,环境伦理是一个人的道德境界的新的试金石。一个人如果只捍卫其同类的利益,那么,他的境界并未超出其他存在物,他与其他存在物处于同一档次,仅仅依据自然选择的原理在行动。在与其他人打交道时,他是一个道德代理人;但在与大自然打交道时,他却没有成为道德代理人。人应当是完美的道德监督者,不应只把道德用作维护人这种生命形式的生存的工具,而应把它用来维护所有完美的生命形式。人展现其完美的一个途径就是看护地球。人的价值和优越性并不仅仅表现为,人拥有表达自己、发挥自己潜力的能力,它还包括我们观察其他存在物、理解这个世界的能力和自我超越的能力。人与非人类存在物的一个真正具有意义的区别是,动物和植物只关心(维护)自己的生命、后代及其同类,而人却能以更为宽广的胸怀关注(维护)所有的生命和非人类存在物。人能够培养出真正的利他主义精神:不仅认肯他人的权利,还认肯他者——动物、植物、物种、生态系统、大地——的权益。这种终极的利他主义应该是人的特征。

霍尔姆斯·罗尔斯顿对环境伦理学的最大贡献是第一次系统而全面地叙述和说明了自然的内在价值,为现代环境伦理学开辟了一条独特的思想进路。但是,和古典的价值伦理学一样,霍尔姆斯·罗尔斯顿的自然价值论仍然面临着一个十分棘手的理论难题:如何证明价值与义务之间的必然的逻辑联系。价值概念本身就是一个包含着多种含义的、有待进一步分析的概念。很多人所谓的"价值",不过是"义务"这一概念的另一种表述。当然,这种缺陷并不仅仅是霍尔姆斯·罗尔斯顿的自然价值论的缺陷,在某种意义上,它也是西方伦理学的缺陷。因为迄今为止,西方主流伦理学的其他任何一个学派都未能解决这些基本的理论难题。这既反映了西方伦理学的局限,也从一个侧面展现了人类伦理生活的复杂性和理性的有限性。

4.4.3 深层生态学:生物圈平等主义与自我实现论

1. 深层生态学及其八条行动纲领

"深层生态学"(deep ecology)是阿伦·奈斯于1973年在其《肤浅的生态学运动与深层的、长远的生态学运动:一个总结》一文中首次提出来的。从此,深层生态学就成了一种新的环境哲学和环境伦理学流派的代名词。它的基本特征可以通过与浅层生态学(shallow ecology)的比较来加以说明。

第一,浅层生态学运动的特点是,只把生态学当作研究地球的众多学科中的一门科学来看待,使之为"征服自然"这一古老的事业服务,用它来帮助人们预测和避免征服自然的行为所带来的消极后果或负效应。它只关心医治生态危机的表面症候,而不深究这种症候的深层根源。与之不同,深层生态学运动把生态学当作一种特殊的、代表新的"思想范式"的科学来看待。深层生态学运动力图探明那些支撑着我们的经济行为的以价值观、哲学与宗教的方式表现出来的基本假设。如,我们为什么认为经济增长和较高的消费水平是如此重要?当代社会是否满足了诸如爱、安全、接近大自然这类基本的人类需要？什么样的社会、教育和宗教才是有益于地球上的所有生命的？为实现必要的文化变革，我们需要做哪些事情？因此，深层生态学运动实际上是包含着价值论、政治学和伦理学内容的广泛的社会运动，其目标是要倡导一种与自然协调的新生活方式。

第二，浅层生态学认为，人与其环境是分离的；人是所有价值的来源并且只把工具价值归属给非人类世界；浅层生态学是以人类为中心的，环境之值得保护只是由于它对人有价值。深层生态学否认那种认为人与其环境是分离的观念，也否认那种认为世界是由分离的、封闭的、孤立的事物组成的观念，人和生物体都被视为生物网的网结和创造活动的组成部分，深层生态学力求不以人类为中心，它承认非人类成员的内在价值，这些成员顺从自己的发展命运的权利被认为是一种在直觉上是自明的价值规律。

第三，浅层生态学信奉的是"分离的整体的形而上学"，赞成占主导地位的机械唯物论的形而上学；它把知识划分为几个相互隔绝的部分，认为伦理学与形而上学是相互分离的。深层生态学反对机械唯物论，赞成"过程中的统一"的观念，认为所有的事物基本上都是相互关联的，而且它们之间的关系是不断变化的；它强调伦理学和形而上学之间的联系，认为在生态学方面有成效的伦理学只能产生于一种具有说服力的宇宙论；它还尊重许多非西方的观念，因为"过程中的统一"观念和泛神论的世界观，在东方的精神传统中和其他非西方人的思想体系中都得到了详细的阐述。

第四，浅层生态学毫无保留地赞成经济增长的观念，它只关心资源的管理和利用，以改良主义的方式来改造"占主导地位的社会范式"，并且经常采用经济还原法来进行决策。深层生态学则着重反思和变革现存的社会、政治及经济安排，并用生态承受力的概念来代替经济增长的观念，坚决反对对价值进行经济还原。它关注地球的承载力，强调勤俭、合适的住所、文化和生态的多样性、地方自治和分权化、软能源道路、合适的技术、重新定居和生态地区制度（把生态地区作为基本的地理单位取代民族国家）。

根据与浅层生态学的以上差异，深层生态学提出了自己的八条行动纲领：①人类和地球上的非人类生命的繁荣都具有内在价值。人类之外的生命形式的价值独立于它们对人的狭隘目的的有用性。②生命形式的丰富性和多样性具有自在的价值，并且有益于人类和地球上非人类生命的繁衍。③人没有权利减少这种丰富性和多样性，除非为了满足重要的需要。④当代人对人类之外的其他存在物的干预过多，而且这种情况正在恶化。⑤人的生命和文化的繁荣需要降低人口的数量，其他生命的繁荣也要求人类降低其人口数量。⑥现行的那些反映了过时的经济、技术和意识形态结构的政策必需予以改变，因为它很难真正实现经济的可持续发展。⑦改变后的意识形态将主要关注生活的质量，而不再追求越来越高的生活消费水平，它将使人意识到巨大与伟大之间的实质差别。⑧赞成上述各点的人有责任直接或间接地促成深层生态学所要求的各种改变，而且具有不同观点的人可选择不同的策略。

以上八条纲领代表的是深层生态学的"表层结构"，它的深层结构是自我实现论和生物圈平等主义。

2. 生物圈平等主义

阿伦·奈斯曾指出："深层生态学的一个基本规范就是，从原则上讲，每一种生命形式都拥有生存和发展的权利。当然，正如现实所示，我们为了吃饭而不得不杀死其他生命，但是，深层生态学的一个基本直觉是：若无充足理由，我们没有任何权利毁灭其他生命。深层生态学的另一基本规范是，随着人们的成熟，他们将能够与其他生命同甘共苦。当我们的兄弟、一条狗、一只猫感到难过时，我们也会感到难过，不仅如此，当有生命的存在物（包括大地）被毁灭时，我们也将感到悲哀。在我们的文明中，我们已掌握了随意毁灭其他生命的工具，但我们对其他生命的情感却十分的不成熟。迄今为止，绝大多数人的情感都是十分狭隘的。”

生态中心平等主义的基本观念是：“生物圈中的所有事物都拥有生存和繁荣的平等权利，都拥有在较宽广的大我的范围内使自己的个体存在得到展现和自我实现的权利。”而其他存在物拥有这种权利的根据，是由于它们和我们具有同一性，它们是我们认同的对象；既然我们认为我们拥有内在价值，那么，作为我们认同对象的其他存在物（我们的存在与它们密不可分）也拥有内在价值。

深层生态学家认为，生态中心的平等在下述意义上与自我实现密不可分，即，如果我们伤害了自然界的其余部分，我们就将伤害我们自己。自然存在物之间并不存在绝对的界限，所有的事物都是相互联系在一起的。只要我们把自然存在物理解为有机体或实体，我们就会把人类和非人类个体本身当作整体的一部分来予以尊重，同时，我们也不会感到，需要建构一种使人类处于顶层的物种等级制。在深层生态学家看来，这样一种观念在“原则上”是可信的，而且，这主要是一种直觉。

这种直觉或规范的实践要求是，我们应选择这样一种生活方式，这种生活方式能够把我们对其他物种和地球的影响降低到最小的范围内。这就要求我们认识到，我们的根本需要不仅包括对食物、水和住所等生活必需品的需要，还包括对爱、游戏、创造性地表现自我、与他人和特定景观（或作为整体的自然）保持亲密关系的需要以及对精神成长、变为成熟的人的需要。在深层生态学家看来，我们的根本的物质需要也许要比许多人所认为的要简单得多。在技术官僚——工业社会中，各种产品的宣传和广告攻势总是一浪高过一浪，它们激发的是虚假的需要和毁灭性的欲望。这些需要和欲望之被激发出来，是为了增加商品的生产和消费。事实上，大部分这些需要和欲望总是迷乱我们的性情，使我们不能客观地面对现实，难以关注精神的成长和成熟这类真正的人生大事。因此，生态中心平等主义要求我们重新理解人生的意义和价值，改变我们的生活方式。

深层生态学家虽然认为，所有的存在物都拥有内在价值，但是，在关于内在价值是否是平均地分配在每一个存在物身上的问题上，他们的看法却不尽相同。德韦尔和塞欣斯认为，生物圈中的所有有机体和实体，作为相互联系的整体的一部分，拥有相等的内在价值。但主张超个人深层生态学的福克斯（Warwick Fox）则认为，深层生态学的直觉并不包含这样一种观点，即内在价值是平均地分配给生态社会的每一个成员的。因为，“过程中的统一”的概念并不意味着“生态网的网结”（即生物体）在任何时候都是以同等复杂的关系组成的，而关系的复杂程度与内在价值的大小有关，任何过程都不断地产生对于各种各样的属性的暂时的、不平均的分配，即不同的价值。“如果不是这样，那么我们就没有过程，而只有一个完全统一的、同类的、因而是没有生命的领域。在这个领域中，即这个唯一的宇宙中，价值是平均分配的，这是一个死的宇宙。”

从其实践效果看，福克斯的这种观点或许与阿伦·奈斯更为吻合，因为阿伦·奈斯也认为，当人的利益与其他存在物的利益发生冲突时，可用两条原则来加以解决：一是根本需要原则：即根本需要优先于非根本需要，不管需要的主体是谁；二是亲近性原则：即当相同的利益或义务发生冲突时，那些与我们相同或相近的存在物的利益具有优先性。亲近性原则的一个合理解释或许就是,内在价值不是平均地分配在每一个存在物身上的,而人的内在价值处于这个等级性的价值王国的顶点,其他存在物的内在价值的多少取决于它们与人的接近的程度。当然,阿伦·奈斯本人并未明确提出这样的思想,德韦尔等人更是明确而坚决地反对这种等级性的价值概念;但是,阿伦·奈斯的亲近性原理与福克斯的等级性价值概念之间似乎具有某种亲和性,否则,亲近性原理的合理性就难以得到说明。

3. 自我实现论

自我实现论是深层生态学最独特的理论贡献之一。深层生态学所理解的"自我"是与大自然融为一体的"大我"(Self,以大写字母开头),而不是狭隘的"自我"(self,以小写字母开头)或本我(ego)。在近现代西方伦理学中,自我一般都被理解为一个孤立的、主要追求快乐主义式的满足或个人获救的"本我"。深层生态学认为,这种意义上的自我是对"大我"的肢解。只有当我们停止把自我理解为孤立的、狭隘的、相互竞争的本我,并使我们的认同对象从我们的家人扩展到其他人,从我们的朋友最终扩展到人类时,我们的精神成长才会开始。正如奈斯所说,"所谓人性就是这样一种东西,随着它在各方面都变得成熟起来,那么,我们就将不可避免地把自己认同于所有有生命的存在物,不管是美的丑的,大的小的,还是有感觉无感觉的。"

自我实现的过程,也就是逐渐扩展自我认同的对象范围的过程。通过这个过程,我们将体会并认识到,我们只是更大的整体的一部分,而不是与大自然分离的、不同的个体;我们作为人和人的本性,是由我们与他人以及自然界中其他存在物的关系所决定的。因此,自我实现的过程,也就是把自我理解为、并扩展为大我的过程,是缩小自我与其他存在物的疏离感的过程,是把其他存在物的利益看作自我的利益的过程。

逐渐扩大认同范围的过程,也是自我日益成熟的过程。随着自我认同范围的扩大和加深,我们将在所有存在物中看到自我,并在自我中看到所有的存在物。这里的"看"当然不是指认识论意义上的认识或反映,而是指某种价值关系的确立和意义的发现。认同的反面是疏离。通过认同,我们将体验到与其他存在物的较高层次的统一。

阿尔贝特·史怀泽曾指出,敬畏生命,就是与其他生命同甘共苦。这种同甘共苦的前提是所有生命的相互联系。阿伦·奈斯则认为,这个前提是把其他生命也视为自我认同的对象,即大我的有机组成部分。如果我们把自己与其他生命疏离开来,在它们身上体会不到我们与之共同具有的生命特征,那我们就会对它们的痛苦麻木不仁。没有认同,就不会有同甘共苦,也不会有对其他存在物的同情。

自我实现同时也意味着所有生命的潜能的实现。德韦尔和塞欣斯认为:谁也不会获救,除非我们大家都获救。这里的"谁"不仅包括我自己,单个人,还包括所有的人,鲸鱼、灰熊、完整的热带雨林、生态系统、高山河流、土壤中的微生物等。阿伦·奈斯亦指出:最大限度的自我实现离不开最大限度的生物多样性和最大限度的自动平衡;因此,生物多样性保持得越多,自我实现得就越彻底。如果作为我们认同对象的他/它者的自我实现受到阻碍,那么,我们的自我实现也将受到阻碍。我们只有依据"活着并让其他生命也活着"的原则,帮助自我得到实现,才能克服这一障碍。

深层生态学家认为,把自我实现作为环境伦理学的基础,有两个好处:

第一,可以使环境保护的主张更容易被人们接受。因为,如果我们的自我属于一个包括了我们生存于其中的整个生物共同体的较大的自我,那么,对森林、动物及山河大地的破坏就成了对我们自己的破坏,保护地球就成了一种"自卫",而大多数道德和法律体系都能为"自卫"提供充足的理由。

第二,可以超越利己主义与利他主义的对立。由于西方主流文化往往把个人理解为彼此孤立的、相互竞争的个体,因而它也常常把自爱与爱他人、自利与利他对立起来。利他主义意味着自我要为他人而牺牲其利益。利他行为的动机主要是出于义务,不包含任何自爱的情感或成分。然而,阿伦·奈斯却认为,对他人的爱是离不开自我的,利他主义不可避免地要把自我当作它的出发点(但不是归宿)。通过扩大认同范围,人们在自己的生存和他人的生存、自我的存在和自然物的存在之间建立了某种有意义的联系,自我与它我之间的存在鸿沟被填平了,于是,"自我与他者的对立被超越了,人们对大我的自我实现和成长的追求,完成了利他主义要想完成的任务。因此,利己主义一利他主义的区别也被超越了。"

尽管如此,自我实现论还是遇到了许多学者(特别是生态女性主义者)的批评。这些批评主要有:

第一,自我实现论过于强调人与其他存在物之间的同一和联系,忽视甚至湮没之间的差别和特性。人与自然存在物之间既有相互影响、相互关联的一面,也有相互独立、甚至相互排斥的一面。况且,认识到自己的存在与其他生命密不可分,这并不一定就会使人自觉而主动地把其他生命的需要视为自己的需要。更为重要的是,只有当一个人能恰当地把自己与他人区别开来时,他才能够关心他们,理解他们。如果我认为自己与你毫无区别,或你不拥有自己的不能融入我的存在的存在,那我就不能真正把你的福利当作某种与我的不同的福利来保护。关怀和理解要求某种距离,这样才不致把他人视为自己的投影,或把自我视为他人的延续。

第二,自我实现论没有反思和批判利己主义的世界观。普拉姆伍德指出:深层生态学的扩大了的自我不是批判利己主义的结果,毋宁说,它是利己主义的扩大和延伸。它没有反思占有性利己主义的逻辑结构,它鼓励自我把自利(或大我之利)作为行为的动力。但是,借用利己主义的逻辑是成问题的,因为利益的扩大是以认识不到它者的独特性和独立性为代价换来的。它者之被承认拥有道德地位,仅仅是由于它们被溶进了自我之中,它们之间的差别被否认了。

当然,从人性的潜能来说,把小我认同于生态自我不是不可能的。人本主义心理学家马斯洛(A. H. Maslow)所描绘的自我实现的人的一个重要的心理状态和精神境界就是:"倾向终极整体的状态,即倾向整个宇宙,倾向全部实在,以一种统一的方式看待实在。"从存在心理学的角度看,"不仅人是自然的一部分,自然是人的一部分,而且人必须至少和自然有最低限度的同型性(和自然相似)才能在自然中生长。在人和超越他的实在之间并没有绝对的裂缝。人能和这种实在融成一片,把它归并在他关于他的自我的规定性中,对它的忠诚就像对他的自我的忠诚一样,他于是变成它的一部分,它也变成他的一部分。他和它相互交叠。和终极实在的欢乐融合是对我们与大自然同型的深刻生物本性的承认。"马斯洛的自我实现论为深层生态学的生态自我实现论提供了一个心理学的证明。但是,正如马斯洛所说,只有少数人才能达到自我实现的完整境界,换言之,完整的自我实现对大多数人来说还只是一种理想。理想有多种表现形态,而且难以用某种强制手段使其变成大多数人的内心信念和自觉追求。对环境伦理学中的非人类中心主义、特别是深层生态学来说,如何使它们的这种理想变得比其他理想更具吸引力和说服力,仍然是摆在它们面前的一个永恒的话题。

第5章 自然的价值及权利

5.1 自然价值的含义性质及其发展

5.1.1 自然价值的含义

人类进入19世纪，尤其是20世纪以来，随着社会经济与科学技术的繁荣发展，随着工业文明的突飞猛进，人与自然的关系发生了根本性的变化，出现了全球性的环境危机。针对这个日益严重的问题，许多有识之士开始对人类面临的各方面问题进行彻底反思。西方环境伦理学家从批判传统伦理观、价值观出发，试图建立一种全新的伦理、价值体系，以彻底解决人类目前所面临的生态困境。他们以不同的环境资源为出发点，在反思人在人与自然关系中的地位同时，也评估了非人的自然存在物的价值。重估自然价值是顺应新的自然图景的必然产物。

所谓"自然"，是指除了人和社会以外的自然事物，是各种自然物质、能量、信息、空间系统的总和。所谓"价值"，一般表示事物对于人的功用。说某一事物有价值，是指它对人有用，符合人的利益，能满足人的需要。

自然价值是自然物具体价值的概括和抽象，是"自然物价值的一般"。自然价值可分为四个方面：资源价值、科学研究价值、审美价值和生态价值。自然价值是以自然界为载体，具有生态学意义的新价值观，它完全区别于传统的人类中心主义价值观。

"自然价值"概念，主要有三个层面的内容，它具有三个内在的规定：

(1)自然物都具有内在价值，自然物种之间是平等的，它们的价值不依赖于人类的需要；

(2)自然(整体的自然或具体的自然物)是自然价值的客体，自然所具有的各种属性是自然价值的物质基础或物质载体；

(3)生态系统(包括生态环境和人类社会)的和谐发展是评价生态环境的根本尺度和人类社会发展的最高价值目标。

自然价值是从这三个内在的规定中抽象出来的一般自然价值概念的对象性含义或作为资源的含义。"自然价值"概念，主要有三个层面的内容，也就是说，自然价值概念的含义，可以从三个方面说明。

1. 自然价值概念的对象性含义或作为资源的含义

这是表示主-客关系的对象性概念或关系概念。在人与自然关系中，以人为主体时，从人与自然的角度或主体与客体关系的角度看，自然价值表示它作为资源对人这一主体具有功利意义：生命和自然界具有商品性价值(经济价值)与非商品性价值。这是关于主体-客体(利益或需要)关系的概念。它反映一定的主体(包括人和其他生物)与自然事物的利益(或需要)关系，自然事物作为资源，能满足人和其他生命的需要，符合人和其他生命的利益。这是自然界的外在价值。这时，自然事物是价值的载体，自然价值主要是由自然事物的性质决定的，是客观的。对人而言，它对人有功利意义，即具有有用性，因而具有商品性价值(经济价值)与非商品性价值。

自然价值有正的和负的两个方面的意义:当表示自然事物对某一主体(人和其他生物)的利益的肯定时,它是正值;当表示自然事物对某一主体(人和其他生物)的利益的否定时,它是负值。这是自然界以他物为尺度,作为客体或他物的工具的价值。

2. 自然价值概念的主体性含义或它的伦理学价值

这是表示主-客关系的主体性概念。在这里,生命和自然界自主存在,表示它是生存主体,追求自己的生存,这是"善",是有价值的。

它反映生命和自然界自身生存的意义,表示生命和自然事物按客观自然规律在地球上有意义地生存。这种生存是合理的,是"好"的,是"善"的。自然 nature 源于希腊语词根 gene,表示"使……出生",或"生长于",它具有生命的含义,是有生命的,因而是有价值的。这是生命和自然界以自身生存目的为尺度,具有以自身为主体的价值。当人对这种价值进行评价时,称它为自然界的道德价值。

3. 自然价值的哲学层面的含义

这是人对自然价值的评价,表示自然价值的真、善、美统一的概念。自然价值作为自然事物的客观性质,它是真实存在的,是客观的。这种存在表示了它的"善",即它自身生存的意义和合理性,以及这种生存对他物的意义:这种"真"和"善"的统一就是"美"。自然价值是这种真、善、美的统一,这是自然价值的最基本的性质。自然价值的哲学含义是对自然价值的抽象,是它的理论表现形式。

自然价值的环境保护意义在于,它使我们意识到,环境污染和生态破坏是自然价值的损失或破坏,我们保护环境,就是保护自然价值,保护地球上的生命和自然界。因此,可以说,自然价值是环境保护的关键词。

5.1.2 自然价值的性质

自然界的事物是自然价值的载体,自然价值是由自然事物——物质、能量、信息、空间及其过程的性质决定的。

1. 自然价值是主观的还是客观的

自然价值的性质,上世纪普遍认为只有人有价值,即自然价值主观论。它认为价值与人的意识相关,是人意识到它时才产生的,是由于人的需要,经过人的体验,价值才产生出来。因此价值是由人的意识决定的。

自然价值是由自然事物的性质决定的,因而是客观的。人类对它的利用虽然具有人的主观性,但这也是实践的基础上主观与客观的统一。认为自然价值具有客观性的观点,可以从认识论、本体论和实践论三个层次进行讨论。

第一,在价值本体论的层次,自然价值具有客观性。我们关于客观世界的存在论与价值论是统一的。从价值存在论的角度看,生命和自然界的价值不依赖于人的意志的客观存在。在这种存在中,自然价值的载体是自然事物,它的价值是由自然物质的性质、结构和功能决定,因而是客观的。

从自然价值的创造论来看,它是自然界物质生产过程中产生的和不断发展的。这是客观的。自然价值被定义为历史地"被储存的成就"(storied achievements),例如,人类出现以前,各种地质作用形成的矿产资源,生命活动创造的地球适宜人类生存的条件,自然过程所创造的动物、植物和微生物等种种物质——这些都是自然在其长期的演化过程中储存下来的成就,它们的存在,以及它们的价值是不以人的意志为转移的。例如在荒野中,有非常丰富的物种,这些物种存在着、运转着,它们是地球上生命系统维持的重要部分,支撑着地球上人和其他生命的生存以及生物物种的多样性、生物遗传物质的多样性,生态系统的多样性。它们是客观存在的,它们的内在价值和外在价值是客观的。这种客观性是由它们的性质所决定的,不管人是否评价它们,也不管人是否体验它们。自然价值不依赖于评价者的认识、评价或经验判断,而是由自然史逻辑必然地产生,因而是客观的。那种认为"没有评价者,价值就不存在"的观点是不正确的。

第二,在价值认识论的层次,自然价值具有客观性。人对自然价值的认识,当选择某事物为自己的价值对象时,人们是从自己对事物的感觉和体验开始的。人们通过主观体验认知自然价值。在这里,人感知和发现自然价值,体验和评价自然价值。人的意识对价值的认识起决定性作用。因而在认识论层次,价值具有主观性。可以说,在这里,自然价值渗入了人的主体性。在人对自然认识的意义上,可以说,离开了人,自然界就无所谓价值可言,没有评价者,价值就不存在。但是,就是在这个层次,我们仍然强调说,这种认识的真理性是由它对客观事物的真实反映来决定的,并需要通过实践予以检验。价值认识的内容是客观的,它是事物的客观属性的反映,仍然具有客观性。

假如进一步谈到生物的认识,从生态认识论出发,生物为了追求自己的生存而对周围环境的评价,这时的自然价值,即生物学的自然价值也是客观的。

第三,在价值实践论的层次,或者在文化的层次,自然价值具有客观性。人对自然价值的认识必须经过实践得到确认,这种确认表明了它的客观性。

从人与自然关系的角度看,人类以各种尺度认识和评价自然价值,并依据这种认识和评价在自然价值的基础上创造文化价值,实现对自然价值的开发利用。这是自然价值转变为文化价值的过程,或自然价值转变为人类福利的过程,是自然价值的客观性与主观性的统一。如马铃薯有营养,煮熟以后美味可口,对于人来说它的滋味和营养是客观的。当然,还有另一类关系,人类对自然美的鉴赏,如鹰的雄姿,自然美景等,对于满足人的审美需求来说,它似乎又是主观的。也就是说,当自然事物及其性质为人主观地意识和体验到,或者在个人的经验中享用它的价值时,自然价值是主观的,但是它又是客观地存在着的。因而在本质上,在文化与自然关系的层次,自然价值是在实践的基础上,客观性与主观性的统一。因此,我们不可以怀疑自然价值的客观性。

2. 自然价值的历史性

自然价值是自然本身的创造,但它不是一成不变的,而是朝着其有序性不断提高、信息量不断增加、价值不断增值的方向进化,这表现了自然价值的历史性。

(1) 自然价值创造的历史性

自然价值是自然生产力推动的物质生产过程的创造,它是历史地发展的。自然生产力,例如自然物质的机械运动、物理运动、化学运动、地质运动和生物运动,可以称为物理生产力,化学生产力,地质生产力和生物生产力,它们在地球上是历史地发展的。

人是地球历史运动的产物。有了人,世界成为"人-社会-自然"复合生态系统,可以分为自然生态系统、社会生态系统和精神生态系统。从生产力和物质生产的角度,现实世界有四种生产力，它推动四种物质生产过程，它们都是创造价值的物质生产过程。

其中四种生产力（或生产力的四种因素）：自然生产力（自然因素），人口生产力（人才因素），社会生产力（社会因素），智慧生产力（科学因素）。

四种物质生产过程（生产力发展的四种形态）：自然物质生产（自然形态），人口生产（人才形态），社会物质生产（社会-经济形态），知识生产（科学形态）。

四种经济价值：自然价值（生态资本），人才价值（人力资本），劳动价值（社会资本），智能价值（知识资本）。

地球产生后，人类在地球上出现以前，自然物质的生产就一直在进行，创造自然物质、能量、信息资源，推动地球进化，并为人类的产生作准备。人类产生是地球进化的质变，从此地球完全改变了面貌，与自然物质生产的同时，人口生产创造"主体生产力"，它把人力和自然力调动起来；发展社会物质生产，人类经济形态从渔猎经济到农业经济和工业经济发展，再到现在知识经济的发展。

人类生活的所有需求，无论是物质的还是精神的需求，都要通过财富来满足。但是，财富不仅是社会的，如房屋、厂房、设备、飞机、汽车、火车、资金和各种各样的商品，这些是社会物质生产所创造的。财富，它还包括自然物质生产过程生产的各种各样的产品，即自然资源。而且长期以来，自然资源、自然物质生产的产品，对人类生活作出了重要贡献，它作为重要的经济资产参与经济过程，成为社会-经济发展的重要因素。

现代世界的物质生产，不仅把人力和自然力并入生产过程，而且把科学技术并入生产过程，也就是说，把自然生产力、人口生产力、社会生产力、智慧生产力这四种生产力统一起来，把自然物质生产、人口生产、社会物质生产和知识生产这四种物质生产统一起来，使世界的物质生产过程成为一个统一整体，推动现代世界，即"人-社会-自然"复合生态系统的进化和发展。

(2)自然价值进化的历史性

自然价值的历史性表示，指自然事物朝有序性不断提高或信息量、价值不断向新增值的方向发展。我们用它的进化的八个层次加以表述，这就是：混沌自然价值，地壳自然价值，地质自然价值，有机自然价值，生物自然价值，人类自然价值，人工自然价值，文化自然价值。

这里我们说，自然价值一般说来是自然物质生产过程创造的，是因为现在人类也参与自然价值的创造，成为创造自然价值的新的历史进程。因为人是自然界的一部分，因而把人类自然价值、人工自然价值和文化自然价值放在自然价值进化的序列中。人类在自然价值的基础上创造文化价值，实现文化价值、这是自然价值进化的最高层次。在这里，自然生产力和社会生产力，自然物质生产过程和社会物质生产过程，自然价值和文化价值相互作用，相互渗透，完全交织在一起了。这一过程的产品，不是纯自然生产力生产的，也不是纯社会生产的，而是两者共同作用生产的。这种产品既具有自然性，又具有社会性，它们是多种多样的。

例如资源产业，农业、林木业、畜牧业、果木业、草业、水产业、盐业、沙业，等等，它通过社会的劳动，资金和科学技术的投入，以保护、恢复、再生、增值和积累再生资源，如植树造林、建设草原、治理沙漠、培肥土壤、兴办水利、水产养殖，等等。这里，投入社会生产力，促进自然资源再生产，维持和扩大自然资源总量和它的供给能力，是社会生产力与自然生产力结合的生产过程，是一种创造价值的新的历史进程。

(3)文化价值是自然价值进化的新阶段

人类在自然价值的基础上创造文化价值,建设城市、乡村和各种设施,生产各种各样的商品,这是世界价值创造的新阶段。例如,人类生态建设,从事生产的各种人工生态系统,如农田生态系统,森林生态系统,草原牧业生态系统,水产生态系统,等等,是人类社会历史过程的创造。他们生产的谷物、纤维、油料、蔬菜、水果、药材、林木、肉类、奶类、蛋类、鱼虾,等等,这些都是社会生产力与自然生产力结合,社会生产过程与自然生产过程结合产生的产品。它的种种植物,动物和微生物产品,同自然物质生产过程生产的产品,在实质上是没有什么区别的。这里,社会生产力的投入只是促进自然资源的生产和再生产,创造更多的自然价值和文化价值。它们的历史相对要短得多。

此外,我们还要看到,现在出现了创造价值的全新的历史进程。人类直接劳动发展为科学劳动,知识和智慧作为生产力,成为创造自然价值越来越重要的因素。特别是信息工程、生物工程技术的应用以及资源产业的发展,未来的机器人可能成为自然资源生产和再生产的重要力量,可能把更多的自然价值并入社会生产过程,创造越来越多的自然价值和文化价值。

值得指出的是,人类用自己的劳动在自然价值的基础上创造文化价值,虽然对于区别人与自然、自然价值与文化价值是必要的,但是需要注意:其一,通常认为人与自然同时并存,这种看法是不正确的。人与自然不是同时并存,也不可能同时并存,而是相互作用、相互依赖、相互渗透、相互转化构成的有机整体。其二,通常认为自然是人和社会的外在条件,这种看法也是不正确的。现实世界是"人—社会—自然"复合生态系统,作为一个有机整体,自然不是这个整体的外在条件,而是内在机制。

3. 自然价值的多样性

自然界是生生不息的,千姿百态,千奇百怪,有无穷的奥秘;它变化无穷,变幻莫测,多种多样,有无比的丰富性;它造化万千,缤纷艳丽,多彩可爱,有无限的价值。自然界具有无限的丰富性和多样性,自然价值具有无限的丰富性和多样性。这是自然价值性质的另一个重要特点,也是由自然事物、现象和过程的性质决定的。

(1)自然物质的多样性

自然物质是自然价值的载体。地球上自然物质,可以分为四大类:物质、能量、信息和空间。物质和能量是具体的物质形态;信息和空间是物质存在的形态。它们是人和其他生命在地球上生存和发展的物质基础,是最终的价值或最终的资源。它们是非常丰富和多种多样的。它们所负载价值也是多种多样的。

从人类利用的角度出发,把自然物质作为有价值的资源开发,虽然是利用所有这四种物质形态的价值,但在不同的社会发展阶段,其主要开发方向是不同的,一般地说,是从物质—能量—信息—空间不断地扩展的。例如,在工业社会以前,主要资源开发方向是物质;工业社会以来,主要开发方向是能源;现在,信息和空间资源的开发越来越受到重视。但所有这些方面的开发也是不断扩展的。

人类对自然价值利用的历史发展:

①物质开发

远古时代,渔猎为社会中心产业,以石器为主要技术工具,所用的物质资源很少,石块是主要自然材料,人们在森林的边沿,或河流湖泊两岸,通过采集和狩猎动植物,以直接利用自然物为生,构木为巢,或辟山洞而居,过着和动物一般的适应环境的生活。

古代社会,农业成为社会中心产业,以青铜和铁器为主要技术工具,铜和铁是主要的自然材料,开始农业和畜牧业生产,土地是主要开发对象,通过农耕(种植和畜牧)进行食物和衣物的生产,房屋为土木建筑,物质资源开发仍然是很有限的。

近现代社会,工业成为社会中心产业,机器系统,后来电子计算机成为技术工具。各种有机、无机、金属和非金属材料及人工合成材料的广泛应用,使生态系统的开发达到全球规模,把地球物质越来越多地转化为资源。

②能量利用

远古时代,运用人的体力为主要能源利用形式;以后畜力和薪材成为主要能源。这是早期太阳能利用时代。工业革命以来,煤、石油、天然气的使用,电力开发成为主要的能源利用形式。未来,随着化石燃料枯竭,核能和氢能的利用将会增加。最后以太阳能发电为主要方向,太阳能重新成为主要能源形式,人类将走向新的太阳能时代。

③信息开发

如果把动物的鸣叫,或动物活动形态及其痕迹等称为信息,那它的利用是极小极小的。只是随着现代高科技发展,电子计算机技术、信息技术的开发,网络、因特网和信息高速公路的建设以及纳米技术、基因技术、人类基因组技术的开发,人类才真正进入开发信息价值的时代,信息的价值开始凸显出来,并发挥越来越重要的作用。

④空间利用

人们从来认为地球上有无限广阔的空间并且不把空间看作是资源,不认为它是价值载体。到了20世纪60年代,宇航员在太空报告说:“地球就像一个小斑点,用大拇指就能遮盖无遗”,又说:“地球就像一艘宇宙飞船,它是有限的”。这时,人们才认识到“地球之小”,才发现地球空间的价值。其实地球上早就人满为患了。环境污染使人认识到自然环境、地理空间对人的重要意义。宇航技术以及其他高新技术的发展和开发,人类对空间的利用逐渐扩大,现在已经扩展到地球外的太空。未来,空间将成为越来越重要的资源。

(2)自然过程的多样性

自然价值是自然历史过程的创造。自然过程是自然价值的另一种载体,它是有价值的。例如,地球物理过程、地球化学过程、生物地球化学过程、生态过程,等等。它们是多种多样的,它们所负载的价值也是多种多样的。

①地球物理过程的价值

地球物理过程,包括固体地球、地表水圈和大气圈,以及外太空的物质运动过程。它已经被人类广泛研究和利用,特别是大气运动和大气循环,海流和洋流,水流和水循环,等等,它具有重大的价值,或者是价值的源泉。

第一,大气运动和大气循环。它推动气象和气候变化,如四季气温、降水、风能等变化。它形成气候资源,包括大气圈中的光能、热能、气体、降水、风能等。一方面,它是地球基本生态过程和生命支持系统的组成部分;另一方面,它是人类生存和发展的基本条件。对于它的开发,人类可以直接或间接利用其物质和能量,因此,其越来越成为人类的重要财富。

气候资源的价值:气候资源是一种可再生资源。气象专家指出,我国幅员辽阔,地形复杂多样,跨越9个气候带,有40多个气候类型,气候资源丰富多样,开发气候资源为解决我国13亿人口的吃饭和经济建设,提供了巨大潜力,具有广阔的开发前景。

但是同时,大气运动和大气循环,在一定的时间-空间条件下又形成气象灾害,如洪涝,干旱，台风，飓风，大雾，寒潮，冰雹，强雷暴，雪灾，等等。这是物质运动过程的表现，是一种自然现象。这是它的负价值。我国是世界上气象灾害严重的国家之一。气象灾害的种类多、频率高、强度大、范围广、造成的损失严重。据报道，在我国各种自然灾害中，气象灾害占70%以上，每年仅受灾农田约6亿亩，造成经济失数百亿元。全部气象灾害造成的经济损失，占当年国民生产总值的3%～6%。气象防减灾是我们一项非常重要的任务。

值得注意的是，人类活动对大气圈的影响正在加强，特别是它的不良作用，如排放废气改变大气的成分，造成大气污染；排放大量氟利昂改变大气结构，造成臭氧层破坏；排放大量温室气体，造成地球增温，等等。这些对气候资源的损害，成为人类的一个新难题。

第二，海流和洋流。地球表面70%被海水覆盖，由于不同纬度的海水吸收的太阳辐射不同，造成不同时-空尺度的海水温度的差异，导致海水运动，即不同范围、尺度和强度的海流和洋流。这是有重大价值的自然过程：一方面，它是物质输送器，把深海中的有机物卷起到海洋表面，支持海洋生物的生存和发展；另一方面，它又是热量的输送器，随着海水运动，热量从高温区域输送到低温区域，影响全球气候；而且，它还是淡水输送器（通过蒸发和降水）。因而，它是影响全球气候的重要因素，使气候成为"海-气"系统。

第三，水流和水循环。陆地上的水在河流、湖泊和地下水中流动；海洋中的成水经过蒸发和其他大气过程输送到大陆，以及植物和其他生命的利用与蒸发，水在生物、大气和水域中不断循环，死水变为活水。这种自然过程使水成为可再生资源，并使得人、生命和自然界的利用有了可能，成为生命维持系统的重要因素。我们说，水是人和其他生物的命脉，但是，如果没有水流动和水循环，那就没有可用之水。这是水流动和水循环的价值。

②地球化学过程的价值

地球上有110种化学元素（2003年）。它们分布在岩石、矿物、土壤、水、大气和生物体内，大多数以化合物的形式存在，并不断地在物质运动中迁移、转化和富集，形成无机化学循环，又称"地质小循环"。

地球化学循环的意义是：第一，它导致一定的地球化学平衡，推动地球物质的有机进化，是生命在地球上产生的机制之一；生命产生后，它为生命活动、生命生存和发展，提供资源和条件；第二，人类在一定的地球化学平衡条件下生存，地球化学循环为人类提供各种化学物质，是人类生存的自然条件。

现在，地球化学循环有不断加速的趋势。值得注意的是，人类活动加速地球化学循环，可能产生严重的不良作用，特别是工业生产发展，加大矿物开采和利用，加快化石燃料燃烧，加速合成和使用大量新的化合物，把大量各种各样的化学元素释放到环境中，改变原有的地球化学循环和地球化学平衡，形成新的地球化学过程。它可能破坏对人和生命生存至关重要的碳平衡、氧平衡和其他化学元素与化学过程的平衡，产生严重的不良后果，这需要人们的高度关切。

③生态过程的价值

地球生态过程，是地球上动物、植物、微生物与环境相互作用的过程。它对地球生命和人类也有至关重要的意义。

这一过程从植物的光合作用开始，植物通过光合作用利用太阳能，把水、二氧化碳和其他物质转变为碳水化合物，使太阳能变为地球有效能量，供人和其他生物利用。通过生态过程，植物积累的太阳能和生命物质，被动物一级一级地利用、传递和转移，最后被微生物分解，重新释放到环境中，重新被植物利用。这样，地球上的能量和物质，通过食物链不断运动，形成物质循环、能量流动、信息传输的过程。这是一种无废料生产过程，或废物还原和废物利用的过程。它会导致生态系统中化学元素的转化和再生，生命营养物质的转化和再生，环境资源的转化和再生，从而使自然系统朝有序的进化方向进化发展，使之成为无限发展的系统。

这种基本生态过程，是地球生命支持系统的最重要方面。迄今为止，除了太阳能发电这一人类对太阳能利用的形式，光合作用是直接利用太阳能的唯一形式，人和其他生物都靠植物积聚的太阳能为生。如果没有这一过程，那么人和其他生命都要死亡，因而它具有至关重要的价值。

④生物地球化学过程的价值

生物地球化学过程。生命产生，生命活动参与地球化学循环，物质和能量通过食物链流动，最后被微生物分解回到环境中。这种物质运动具有循环的性质，称为“生物地球化学循环”，又称“地质大循环”。

碳循环的价值：碳(C)，是地球上最重要的物质。所有生命形式都以碳元素为核心，它是生命物质中最重要的元素。在大气和水中，它以二氧化碳的形式存在，是地壳生物地球化学循环中最重要的化合物。它参与岩石、土壤、生物、大气和海洋之间的物质循环。

碳循环从植物的光合作用开始，包括如下的过程：第一，物质生产过程，大气中的二氧化碳，在光合作用中被植物吸收，转化成各种形式的碳水化合物，即物质生产过程；第二，物质消费过程，动物消费植物(碳水化合物)，植物中的碳转移到动物体内；同时动物的呼吸过程，它吸氧呼出二氧化碳，碳回到环境中；第三，物质分解过程，植物生产过程和动物消费过程积累的碳，在生物排泄或死亡后被微生物分解，二氧化碳回到环境中；第四，碳的矿化过程，环境中的碳和一部分生物有机体经过成矿作用，碳贮藏在煤、天然气等矿藏和碳酸盐沉积物中，它可能以化石燃料自燃、火山爆发和地震释放到环境中。以上是自然进行的生物地球化学循环。第五，工业过程，矿化的碳被人类从地下挖掘出来，作为燃料或材料，燃烧和使用后释放出二氧化碳返回到环境中。这是人类活动产生新碳的过程。

上述过程中返回环境中的二氧化碳重新被植物利用，这是一个不断循环的过程。它是生命生存的条件。但是，只有正常的碳循环才有生命的永恒发展。人类活动释放过多的二氧化碳，损害碳平衡，导致地球增温，被认为是人类第一号环境问题。

⑤自然生态系统的价值

自然生态系统，从地球尺度，可以分为海洋生态系统和大陆生态系统。它们是有重大价值的。

a. 海洋生态系统的价值

海洋占地球表面的71%，海洋生态系统，包括大洋、近海、海湾、港湾、滨海、海峡、海岸带和岛屿等子系统。

海洋生态系统的价值，从地球生命的角度出发，它是生命的摇篮，现在不仅养育大量生物(有的科学报告说海洋里有一亿物种)，而且它还同一系列自然过程相关，形成“海-陆系统”，“海-气系统”，等等。它是地球生命和地球生命维持系统的一个最重要的方面。

从人类的角度，早期人类就知道，海洋有渔盐之利，舟楫之便，通过水产捕捞、海水制盐、交通航运等活动开发它的价值。随着科学技术的进步和社会的发展，人们从开发海洋能源和海洋矿产中，获取更大的利益。

b. 陆地生态系统的价值

陆地占地球表面的29%，陆地生态系统按生物栖息地可分为两大类：陆生生态系统和水域生态系统。

陆生生态系统，如森林生态系统、草原生态系统、农田生态系统、山地生态系统、沙漠和荒漠生态系统等；从人与自然的角度出发，它分为城市生态系统、乡村生态系统、荒野生态系统。

水域生态系统分为河流生态系统、湖泊生态系统、水岸生态系统、河口生态系统、滩涂生态系统、沼泽和湿地生态系统等。

它们作为生物栖息地，是地球生命自主生存的不同方面，又是地球生命支持系统的不同方面。它们有重要的生态价值，生物多样性价值包括生物物种多样性、基因多样性和生态系统多样性的价值；维护地球基本生态过程的价值，是维护地球生命生存、发展和进化的基地，又是生命创造生态价值的基地。

它们作为人类的栖息地，是人类的家园，或者作为资源，或者作为生存条件，是人类时时刻刻也不能离开的。它们对人的价值，包括物质、能量、信息和空间资源，覆盖人类生存和发展的方方面面，是人类生存所不可或缺的。

(3)自然价值利用多样性

自然价值利用，是指它作为资源的价值，即它的外在价值。这里，价值是作为关系概念，从主体与其对象的关系上表现的。价值主体有无限的多样性，价值客体也有无限的多样性，因而作为价值主体与客体关系的表现，价值利用也有无限的多样性。

①自然在人类的层次或文化的层次表现的价值

自然在人类的层次或文化的层次表现的价值，是指人与自然关系表现的价值。它以人的利益为尺度进行评价。自然界作为资源满足人的需要，实现人的利益，自然价值对于人类的利用具有无限的多样性，包括商品性价值(经济价值)和非商品性价值。

经济价值是自然物质在作为资源进入生产的过程中重要的经济资产。它可以在市场上销售，它的价格比采集或挖掘成本大得多；它参与社会物质生产，对经济发展和人民生活作出重大贡献。

生态价值是指自然界是地球上的生命维持系统，支持生命生存，维护生态平衡，对人类生存有重大价值。

科学价值是自然科学的研究对象，启发和鼓舞自然科学家的思考和追求。

审美、娱乐和旅游价值是人们在大自然中感知美、体验美、欣赏美。旅游已经成为重要产业。

生物多样性价值，包括物种多样性、基因多样性、生态系统多样性是地球生命的基础，具有商品性和非商品性价值。

自然史和文化史价值是人们在自然遗迹(地质剖面、地层剖面、古生物化石)和文化遗址的基础上重建地球史和文化史。

文化象征价值是指人们赋予生命和自然事物某种象征意义，从而获得情感、心理、审美、詹翰等的满足。

性格培养价值是从对自然景观的审美中，对大自然奥秘的体验中，应对自然力量的挑战中，培养坚强的性格，崇高和谦逊的精神境界，促进人的个性全面自由的发展。

医学价值是指自然界不仅是巨大的医药宝库，还非常有利于人的强身健体。

辩证法价值是指自然界的运动变化，它的无穷的丰富性、多样性和奥秘，促成人类的辩证思考和人类思维的发展。

稳定性和开放价值是指自然事物的稳定性,使人对它的认识和利用成为可能的;它的开放性,使生命和自然界的发展变化成为可能的。这是人和生命生存的基础。

道德价值是指人类对生命的尊重,对自然界承担责任,这不仅是人类道德境界的提高,而且是人类道德的完善和进步。哲学和宗教价值是指生命和自然界是人类思想、文化、艺术、宗教和哲学的永恒的源泉。

②自然价值在生物的层次上,表现的生物学价值

自然价值在生物的层次上,表现的生物学价值,是生物与环境关系表现的价值。地球上所有的生物物种,它们的生存同人类一样,依赖地球上的自然条件和自然资源,包括空间,物质,能量和信息资源。生物"知道"它需要什么,追求自己的生存(个体生活和种的繁衍)利益。当然,生物以本能的方式生活,它没有理性,不能对自然价值作出理性评价。这种评价是由人进行的。

各种生物物种的生存,一方面利用生态资源为了自己的生存;同时又是为其他物种的生存提供资源。例如,动物利用植物生产的有机物质,生存、发展和繁衍,既是为了自己的生存,又为其他生物生存创造条件。微生物分解动植物的尸体和其他有机物,既是为了自己的生存,又使分解产生的生命元素重新回到环境中,为植物的生产过程提供资源。它们在生态系统和生态过程中,通过食物链表现为既是价值主体又是价值客体,既是为了自己的生存,又是为他物而生存。在这里,生存也就是生产,生产也就是生存,两者是同一的,表现了各种价值的辩证统一。

5.1.3 自然价值的进化发展

1. 自然价值进化的含义

按照专家的看法,现代的进化概念主要包含三个基本含义:

首先,进化是一种有方向的运动。这种方向性与时间进程相伴随,只要时间在发展,事物就会朝着确定的方向推进和展开。进化是一个不可逆的运动过程。

其次,进化包含某种系统功能的提高,在进化过程中,某一事物原来不具有的功能在发展过程中会产生、形成和逐步完善。

最后,进化过程中,存在某种量为"0"的原始起点,以后有一般的量的积累,并持续地增加,从而显示一种进化的过程。

2. 自然价值进化的性质

环境伦理学的自然价值论认为,自然价值不仅有创生的过程,而且是不断进化的。现代科学揭示了它的进化发展的性质。

(1)宇宙进化论

宇宙进化论认为,世界万物由一次大爆炸生成,已经有150~200亿年的历程。

科学家研究宇宙,提出各种各样的宇宙生成的模型。但学者们指出,无论哪一种模型,都预示着宇宙有一个起点,其时间为零时宇宙半径为零。也就是说,宇宙是从一个原始奇点,发展起来的。

现代宇宙创生论由英美科学家提出。

20世纪70年代,英国科学家霍金认为,宇宙从"无"经过量子跃迁创生出来,它创生于大

爆炸。他和彭罗斯证明了奇数定理,即在很一般条件下,空间-时间一定存在奇点,最著名的奇点就是宇宙大爆炸处的奇点。宇宙从“无”生成,即从这个奇点开始,奇点的时间和空间都为零,以后不断产生、转化和消灭。这就是所谓“宇宙膨胀模型”。

1929 年,美国天文学家哈勃提出“红移定律”,他在分析河外星系光谱红移现象时,发现其退行速度与星系距离成正比。这一发现支持宇宙膨胀模型。

1948 年前后,美籍苏联科学家伽莫夫等发表《膨胀宇宙和元素的起源》、《化学元素的起源》、《元素的起源和星系的分离》等一系列文章,根据粒子物理学,将化学元素的起源与宇宙的演化联系起来,提出了宇宙起源于大爆炸的宇宙论。

怎样从一个原始“起点”展开,发展到今天的大千世界?1989 年 11 月,美国发射的一颗宇宙背景探索卫星的观察数据表明,宇宙背景辐射谱与黑体辐射的理论值极其吻合。大爆炸模型能说明大爆炸后早期的宇宙演化情形,它作为标准宇宙模型,被宇宙学界广泛接受。

宇宙大爆炸模型表明,宇宙起源于大爆炸,它的演化经历了三个阶段:第一,亚原子粒子形成期,发生在宇宙诞生后的一秒钟内,此时宇宙温度约 100 亿 K,物质密度很高,主要成分是一些基本粒子,如质子、中子、电子、光子、中微子等。第二,元素形成期,发生在宇宙诞生的三分钟内,随着宇宙膨胀,温度迅速下降,当温度到 10 亿 K 时,开始进入化学元素合成的时代,温度降到 1 亿 K 时宇宙的主要物质成分是,质子、电子、光子、弱相互作用粒子和氢、氦等轻元素。第三,天体形成期,发生在宇宙诞生后约 30 亿年时,温度降到 1 000 K,宇宙主要物质为气态,气体逐渐凝聚成星云,并进一步形成各种天体,生命亦在这个时期诞生。宇宙年龄为 150～200亿年。

(2)地质进化论

天体物理学家认为,太阳及其行星产生于原始星云,已经经历 46 亿年以上的产生、发展和演化的历程。

关于地球起源,科学家已提出不同的假说,如灾变说,1745 年,法国布丰认为,彗星与太阳相撞形成的;星云说,1755 年和 1896 年,德国康德(U. KanT)和法国拉普拉斯(P. S. Laplace)各自提出,太阳系由同一星云形成,其中心部分形成太阳,外部形成行星和卫星;潮汐说,1917 年,英国金斯(J. H. Jeans)认为,有一颗恒星靠近太阳,引力作用使一部分物质离开太阳,形成行星包括地球;俘获说,1944 年苏联 O. Ю. 施米特认为,地球和其他行星是太阳运行中与星际物质相遇,俘获一部分星际物质而形成的。现在大多数科学家拥护康德和拉普拉斯星云假说。

关于地球进化,科学家认为,不仅地壳是运动发展的,而且地球物质、地球岩石圈、大气圈和水圈、地球物质运动形式、推动地球进化的力等也是运动发展的。地球产生于 46 亿年前,迄今已经历三个主要阶段:

①前生物阶段,刚从形成太阳系原始星云分化出来的原始地球,比现在的地球大得多,是一个性质接近于均匀的球体,自身快速旋转,并绕太阳运转。那是一个没有生命的世界,也没有大气和水,当时温度很低,各种物质混杂在一起,没有出现明显的圈层分化。后来,由于引力收缩和放射性元素蜕变,释放出大量的热,地球温度逐渐升高,使地球物质具有塑性,甚至熔融状态。这时,在重力作用下,轻物质上升,重物质下陷,地球物质发生圈层分化,最先分出地核和地幔。地核由重金属组成,由于比重大下沉到地球的核心;地幔由硅酸盐等较轻的重物质组成,包在地核的外面。再后,从地幔分化出地壳,它由比地幔物质更轻的物质组成。外层地壳进一步分异,分化出岩石圈、水圈和大气圈。

进一步分异,分化出岩石圈、水圈和大气圈。

②大约38亿年前,生命在地球上产生,地球进入它的生物发展阶段。关于生命起源,虽然有人认为,“生命源于宇宙,育于地球”;但是,大多数科学家认为,地球上的生命是地球物质运动产生出来的,它的产生过程大致有三个步骤:

第一步,地球上无机物质如碳、氢、氧、氮等,经过化学运动合成有机物;先是简单的有机物,如甲烷等碳氢化合物产生;进一步由它形成较复杂的有机物,如氨基酸和核苷酸等。这些较复杂的有机物称为生物小分子。这是构成现代生物的原材料。

第二步,由生物小分子形成生物大分子——蛋白质和核酸。这是现代生命的最基本的组成部分。有了生物大分子,就从化学上准备了生命的物质基础。1953年,沃森和克里克发现脱氧核糖核酸(DNA)的双螺旋结构,为在分子水平上描绘生命蓝图奠定了基础。

第三步,由生命大分子形成原始生命。它是以蛋白质和核酸(或脱氧核糖核酸DNA)为主要成分的多分子体系。这是稳定的生命物质结构,已经具备全部生命的特征,比如能够吸收周围环境的营养物质,进行新陈代谢,并通过分裂不断进行自我更新,从而复制自己。

完成这三步过程,地球上生命也就产生了。有了生命,地球发展进入一个新时代。

③大约300~700万年前,人类在地球上产生,地球进入人和社会发展阶段。

1871年,英国生物学家达尔文发表《人类的由来》一书,揭示人是从高度发达的类人猿进化来的。由于人具有高度的智慧,以及智慧指导下的劳动,地球上有了人,世界就完全改变了面貌地球发展进入一个新时代。

(3)生物进化论

生物诞生于38亿年前,从一个单细胞生命开始生物进化历程,至今已经历了不同的发展阶段。它是怎样演化的?

1859年,达尔文出版《物种起源》提出生物进化论。他认为,地球上所有物种都起源于共同的祖先,现存物种是长期进化的产物。生物进化是生物变异、遗传和选择多种因素综合作用的自然历史过程,自然选择是生物进化的主要原因。由于自然选择,生物由简单到复杂、由低级到高级不断发展。马克思曾指出,进化论证明了自然界的历史发展。

(4)社会进化论

700万年前,人从高度发展的哺乳动物类-人猿发展而来,迄今已经经历自然人、文化人、社会人的不同阶段。人类学家认为,现代人出现于约3.5万年前,以“氏族和两合氏族婚姻联盟”的出现为标志,即社会人,它又经历不同的发展阶段,如社会人、经济人、生态人以及不同社会形态的发展。从社会形态的角度,已经经历了原始社会、封建社会、资本主义社会、社会主义社会。从主要思维方式的角度,人的思维形式也经历了不同的发展阶段,如原始思维、经验思维、分析性思维和整体性思维。人、社会和思维都有产生、发展和演化的过程。

3. 自然价值进化的层次性

地球物质进化,从物理和化学的地球,到地质的地球,到生物学的地球,再到人和社会的地球,地球物质经历了不同的发展阶段。在这些不同阶段,自然界不同自然物质生产,从而有不同的价值创造,表现了自然价值进化的层次性。霍尔姆斯·罗尔斯顿指出,自然价值向价值增值的方向运动,地球“有计划地朝向更高的价值前进”。在自然形成过程中,整体自然的产物是价值的源泉。辉煌的地球并不仅仅在于,它作为人类资源支持文化,或刺激着人的经验,而最有道理的解释,将发现一些“有计划地”朝向价值的进化。这并不表示忽略了达尔文的观点，而正是因为注意到达尔文的自然选择原理，并且把它有计划地向着价值进化，将其引入开发新的生态位和精神种类的选择过程。在一些生态系统中，某种平衡的选择占上风，倾向生产更高的价值，至少存在着沿着这种趋势的运动。

在地球"有计划"的自然进化中，在它的各个发展阶段，世界物质生产的形式不断变化，生产效率和生产规模不断扩大，产品的有序性（信息量）不断提高，自然价值不断增值，它的进化可以分为八个阶段或八个层次：

(1)地球从形成太阳系的星云中刚刚分化出来时，地球物质处于匀质的混沌状态，不仅没有物质的圈层分化，也没有不同质的物质分化。这是熵流占主导的自然价值，混沌自然价值。

(2)原始如"一团气"的混沌地球，在其自转能即物质重力能等的作用下，地球物质产生圈层分化，首先从原始地球分出地核和地幔，然后又从地幔分化出地壳，从地壳分化出岩石圈、水圈和大气圈，形成地壳结构的自然价值。

(3)地壳运动，包括内力地质作用（岩浆作用、核能作用）和外力地质作用（风化和搬运等作用），分布于地壳中，分散的地球化学元素开始集中，逐渐形成有一定"品位"的矿物，包括金属和非金属矿物，例如现在人类利用的45种主要矿产，这是地质自然价值。

(4)在太阳能和地质运动的驱动下，地球物质物理运动和化学运动，从无机物质向有机物质进化。首先是在原始海洋中，在有液态水和巨大能量的条件下，出现从无机物到有机物质的形成。太阳光的热辐射、光辐射、紫外线照射以及海底火山和地下岩浆的作用，形成高温的海水，在这种巨大能量的作用下，海水中的无机物分子变为有机分子，小分子聚合成生物大分子。这是从无机物到有机物进化的过程，有机自然价值产生的过程。

(5)物质运动的进一步发展，在地球自身能量和太阳辐射能的作用下，主要通过物质的化学作用，导致有机物质形成生命。生命在地球上产生，形成生物自然价值。

(6)约300~700万年前，人类从高度发达的类人猿分化出来，人类活动作为自然物质运动的新的方面，成为创造价值的新形式，自然价值以更高的速度进化。

我们可以把人的进化分为三个阶段：自然人、文化人和社会人。"自然人"指生物学上的人，除直立行走和使用简单的石器外，他的生活同其他高等哺乳动物没有多大的区别。在生物分类学上，人属于动物界脊索动物门、脊椎动物亚门、哺乳动物纲、灵长动物目、人科、人属、智人。地球上人类产生是自然价值进化的飞跃性发展，从此有了人类自然价值。

(7)文化是人类特有的生存方式，动物以本能的方式生存，人以文化的方式生存，也就是以劳动改变自然的方式生存。有的学者认为，在人类形成过程中，语言与劳动是同步形成的，大约250万年前，语言的出现标志人类文化的开端，即"文化人"的出现。

这时人类对自然的利用，是通过劳动改变自然，人类劳动变天然自然为人工自然，产生人工自然价值。

(8)现代人，或社会人出现在大约3.5万年前。这时，人科动物联合体中的生物学关系被人类社会的社会关系所代替。这是人类随着劳动和语言的发展，人类交往发展而逐步完成的。"氏族和两合氏族婚姻联盟"的出现是一个重要标志。这是马克思定义的"人是一切社会关系的总和"。

完整意义上的"社会人"出现，劳动基础上的共同活动和相互交往，提高了劳动生产力。人以社会劳动改变自然，社会自然价值不断增长。

人工自然价值和社会自然价值，都是人类以文化的方式生存所创造的价值，随着人类社会的发展,人类活动在自然价值的基础上创造的价值。文化价值创造,既是自然物质运动过程,又是社会物质运动过程;既是自然物质生产创造价值的过程,也是社会物质生产创造价值的过程;是从自然价值创造到文化价值创造。它作为自然价值进化,包括人类价值进化,是整个地球价值的不断增值的过程。

现实世界组织的层次性和多样性,就是自然价值进化的历史发展的表现。

5.2 自然价值的结构与评价

5.2.1 自然价值的结构概述

自然价值在其最高层次分为四类:自然界的内在价值、自然界的外在价值、自然界的系统价值和自然界的固有价值。

(1)自然界的内在价值。指生命和自然界作为生存主体,以它的生存目的性定向价值,即它们自主生存和繁衍,自主地进化和发展。

(2)自然界的外在价值。指生命和自然界作为客体,以他物为尺度,以他物的手段性定向的价值,即对他物的生存和发展有意义,可以为他物服务,对他物有利、有意义。

(3)自然界的系统价值。自然界作为有机整体是一个系统,它的价值存在于生态系统的生态关系和生态过程中,并在生态关系和生态过程中实现,表现了自然的系统性,因而又称为"系统价值"。霍尔姆斯·罗尔斯顿指出,地球上各种事物不会孤立地存在于自然界,也不会存在于与其他事物相分离的状态中,而都是价值外向型的并共同于更广阔的自然界。各种事物承载着的价值,是处于事物联系在一起的价值。因此,价值渗透于系统,自然价值是系统价值。

(4)自然界的固有价值。自然界的价值是自然界自身的创造,它作为自然历史的成就,在人类出现的数十亿年前就存在、积累和发展。这是可以以它自身为尺度评价,无需其他参照系的客观性质。也就是说,它由自然事物的性质决定,是不依赖于人的意志和力量的客观存在,是不以人的意识而转移的,因而又称为"固有价值"。它具有整体性、有序性、层次性和动态性等特点。

5.2.2 自然价值的评价

自然价值评价,是人类的评价,是由作为认识和实践主体的人进行的。第一,评价是人对自然的评价;第二,评价是人在自然中进行的。这是霍尔姆斯·罗尔斯顿引申美国哲学家杜威(J. Dewey)得出的看法。杜威说:"经验不但是在自然界中进行的经验,也是对自然的经验。"据此霍尔姆斯·罗尔斯顿说:"评价不但是对自然的评价,也是在自然中进行的评价。"因为评价不仅是一种辩证的主-客对立的关系;而且是一种生态关系,即主体置于生态系统中,与生态系统整体发生的关系。

自然价值评价,首先,它涉及人在自然中对自然价值的认识。这是它的真理性评价。其次,涉及人的实践,人在认识自然价值的基础上的开发利用,只有通过在自然中的实践,有关自然价值认识的真理性才得到确认。这是它的实践评价。第三,它涉及事实与价值相关,它的真理性评价需要过渡到它的道德评价。也就是说,自然价值评价有三维:它的真理性评价、实践评价和道德评价。

1. 自然价值的真理性评价

自然价值的真理性评价，是人对自然界价值认识的科学性、真理性的问题。我们关于自然价值的认识是不是真理，或者是否具有真理性。

认识的真理性评价有两个标准。爱因斯坦说："第一个观点是很明显的：理论不应当同经验事实相矛盾。这第一个观点所涉及的是用现成的经验事实来证实理论基础。"这是认识的外部证实，即这种评价要与经验事实一致，是符合客观事实的。"第二个观点涉及的不是关于理论同观察材料的关系问题，而是关于理论本身的前提（基本概念以及这些概念之间作为基础的关系）的'自然性'或者'逻辑的简单性'。"这是理论的内部完备，即评价的表述是符合逻辑性，具有"自洽性"和"相容性"。

之所以提出第二个标准"内部完备"的问题，因为爱因斯坦考虑到，事物的复杂性和认识的复杂性，客观世界的事实是非常丰富的，有无限的多样性，可以人为地在许多事实中取出若干事实，使自己的理论与事实相适应，从而为自己的理论辩护。因而他认为，认识的"外部证实"必须有"内部完备"来加以补充。内部完备主要是指符合逻辑的简单性。他说："物理上简单的东西，一定是逻辑上简单的东西，也就是说，它在基础上具有统一性。"自然规律的简单性也是一种客观事实，而且正确的概念体系必须使这个简单性的主观方面与客观方面保持平衡。这就是对理论的"和谐"、"统一"、"对称"、"自洽性"、"相容性"的要求。也就是说，要求理论符合逻辑的简单性。

依据真理性评价的这样的原则，我们认为，上述关于自然价值的认识及其表述，第一，它虽然具有主观性，但是它来自对现实事物的观察与分析，主观与客观统一，认识与经验事实是相符的，因而它是具有真理性的，是科学的；第二，它的表述，具有一定的"内部完备"性，它的"自洽性"和"逻辑简单性"，是符合逻辑的；因而我们认为，它是具有真理性的。

2. 自然价值的实践评价

自然价值的实践评价，是自然价值的"外部证实"。人类对事物的认识，它的真理性评价必须经受实践检验，它的外部证实与内部完备，都必须与实践相符合。自然价值的认识，只有通过实践才得以确认。这就是人们常说的，实践是检验真理的唯一标准，认识的真理性需要"外部证实"。

所谓外部证实，就如爱因斯坦所说："一个希望受到应有的信任的理论，必须建立在有普遍意义的事实之上"，即认识不应当与经验事实相矛盾。实验的检验当然是任何理论的有效性的一个必不可少的先决条件。也就是说，决定理论或概念"生存权"的是理论与事实的一致。理论必须得到实践的检验，才被认为是真理。

自然价值评价的第二步，实践评价。人类对生命和自然界价值的认识，首先是它的科学认识，这种认识的科学性需要通过实践才能得到确认，因而对自然价值的认识，需要从它的真理性评价过渡到它的实践评价。

自然内在价值的实践评价。我们关于自然内在价值的分析认为，虽然人是认识和评价的主体，这种评价具有主观性；但是，就像人们对原子和基本粒子的认识，原子物理学和基本粒子物理学，它是科学，具有客观性，具有真理性，这是相同的。虽然两者的实践检验的方式、手段和途径不同。但是，我们所有人都会在日常生活中，看到或体验各种生命，这是一种自主的存在,它们都在追求自己的生存。实际上,这就是自然内在价值的一种实践评价。

我们关于自然价值的认识,一再在人类的生产实践、科学实践、生活实践中受检验、被确认。毛泽东把人类实践分为三类:生产斗争、阶级斗争和科学实验,这三大实践检验了自然界的价值。如果我们把它称为人类生活的"社会实验室",那么社会实验室历史和逻辑地证明了自然界的价值。此外,还有另一类实验室——"自然实验室",人类生活的"自然实验室"以及生命和自然界生活的"自然实验室",也历史和逻辑地证明了自然界的价值。

也就是说,人类实践,无论是在社会实验室中,还是自然实验室中,都已经一再证明、以后还将进一步证明,自然界是有价值的。

3. 自然价值的道德评价

科学与道德、事实与价值是不同的,它们又何以能过渡和统一,因而能够进行自然价值的道德评价?

我们认为,科学通过一个过渡环节或中介,实现从"是"到"应当"的过渡,达到两者的统一。这个过渡环节是:第一,科学作为人类认识世界的工具,通过人的认识和实践,达到"真理价值";第二,科学技术作为人类改造世界的工具,通过实践,通过技术、工艺和生产,在生活和生产的实践中,达到它的"应用价值"。这是科学技术在自然中,在人类实践中,实现自然价值的道德意义。也就是说,科学技术通过认识和实践这一中介,实现从"是"到"应当"的过渡,达到"事实"与"价值"的统一。

我们关于自然价值评价,从"是"到"好",最后得出"应当"的结论:人类对待自然的活动,不仅不能损害他人和子孙后代的利益,应当为此承担责任;而且不能损害生命和自然界的利益,应当为此承担责任。这是自然价值道德评价所得出的结论。

5.2.3 自然价值评价模型

根据上述自然价值评价,我们认为应当有两种价值评价模型:一是自然价值的各种评价之间的关系;二是自然价值主体的不同利益关系。分别称为自然价值评价模型(Ⅰ)和自然价值评价模型(Ⅱ)。

1. 自然价值评价模型(Ⅰ)

自然价值评价,从"是"(事实)到"好"(价值)寻求"应当"(道德)到"怎样做"(实践),可以用图 5.1 所示模型表示。

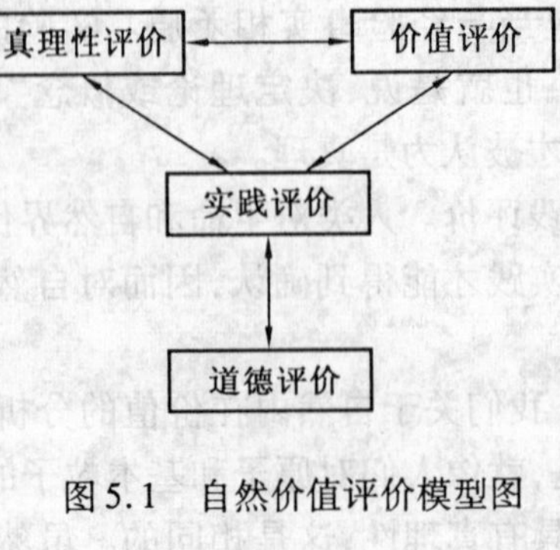

图 5.1 自然价值评价模型图

这是一种对自然价值认识的循环评价模式。在这里,它们之间的关系是:事实判断,即真理性评价(认知评价),是它的价值评价的客观基础。如果我们对生命和自然界的事物、现象和过程的性质的认识不是真理,或不含真理成分,那么据此作出的价值评价肯定是错误的,正确的价值评价建立在真理性评价的基础上。同时,自然价值的真理性评价和价值性评价,是否正确要经受实践检验,而且它的价值的真理性也要在实践中得到确认;反过来,它的实践评价对它的真理性评价和价值评价提出新问题,又促进这两种评价的进一步完善。

但是,自然价值评价不能到此结束。因为现代科学技术的运用,使人类拥有巨大的力量,如果不制定一定的道德规范,对这种力量进行一定的约束,让它沿着破坏生态的方向发展,例如它以损害资源和环境为代价的方式发展,以损害自然价值的方式发展,那是非常危险的。现在,人类活动导致自然价值严重透支,环境污染和生态破坏成为全球性问题,严重威胁人类和地球生态系统的生存和发展,这是一个严重的教训。

因此,自然价值的真理性评价、价值评价和实践评价,需要过渡到它的道德评价,从而作出我们应该采取什么行为的道德结论。当然,从它的道德评价,提出道德标准,制定道德原则和规范,实行这些道德原则和规范,用以指导人类的行为,使人类行为向有利于生态保护、生态安全的方向发展,这是自然价值评价的目标。

(1)自然价值评价的两个层次

自然价值评价,在文化的层次,是从价值认识论的角度出发,评价主体只能是人,即人在自然中对自然价值的认识和评价。但是,从本体论的角度,自然界是多主体的。马克思主义有"物质是一切变化的主体"这样的命题。在生态学中,不仅有"以人为主体的生态",还有"以生物为主体的生态"。也就是说,主体不是唯一的,不仅人是主体,其他生命形式也是主体,都有主体与客体的关系。因而在价值论上,我们不仅要承认人的价值,而且要承认生命和自然界的价值;我们不仅要承认人类生存,而且要承认其他生命和自然界的生存。不同主体有不同的价值要求,有不同的价值哲学,因而有不同的评价尺度。

自然价值评价,在生物学的层次,是从生命生存的角度出发,评价如果生物有"价值能力",有生态认识论,那么在这里,生命和自然界既是生存主体,又是评价主体,它以本能(需要)通过自己的生活,实现自然的生物学价值的评价。

(2)自然价值评价的两种尺度

马克思在《1844年经济学哲学手稿》中提出两种尺度的问题。他说:"动物只是按照它所属的那个种的尺度和需要来建造,而人却懂得按照任何一个种的尺度来进行生产,并且懂得怎样处处都把内在的尺度运用到对象上去;因此,人也按照美的规律来建造的。"

这里"两种尺度",从人的角度,是指"人的尺度"与"对象的尺度";从生物物种的角度,是指物种的"内在尺度"与"外在尺度"。因为马克思说,动物"所属的那个种的尺度",显然,不是指"人的尺度",而是指"动物的尺度"。

我们理解这段话的意思:一是人的尺度不是唯一的,除了人的尺度还有对象的尺度;二是存在动物所属的"那个种的尺度";三是动物只能按照它所属的那个种的尺度和需要来建造。因为生物以本能的方式适应环境,它对环境的作用是自发的而不是自觉的,是以自然规律的作用体现的;四是只有人懂得按任何一个种的尺度来进行生产,自觉地把自己的"内在尺度"运用到对象上去,因而这是"按照美的规律来建造"。也就是说,人对待事物不仅从自身的"内在尺度"出发,还要考虑对象,把人的内在尺度运用到对象上去,从而按美的规律来建造。

总之,自然价值的科学评价,从它的真理性评价和价值评价,到它的实践评价,三者是统一的。进而用两种尺度评价自然价值,承认它的内在价值和外在价值,这样我们又进入它的道德评价,从而得出尊重自然的道德结论,这就是真、善、美的统一。

2. 自然价值评价模型(Ⅱ)

依据自然价值评价的两个层次和两种尺度,提出自然价值评价模型(Ⅱ)。罗尔斯顿制作了如图 5.2 所示价值评价模型——自然价值评价模型(Ⅱ)。

在这里,需要注意的是:

第一,这一模型表示的自然价值主体的利益关系:

横线以上表示在人类的层次,以人的利益为尺度对自然界进行评价,即自然界对人的价值。这是自然界的外在价值,或工具价值。它转化为人的价值,是文化价值。它们之间的关系是:社会利益价值大于社会偏好价值,两者有相互作用的关系;社会利益和社会偏好价值大于个人利益和偏好价值;个人利益和偏好价值大于市场价格价值,两者有相互作用的关系。

横线以下表示生命和自然界的层次,以生命和自然界自身生存为尺度进行评价,是其自身生存的意义。这是生态价值,即自然界的内在价值。

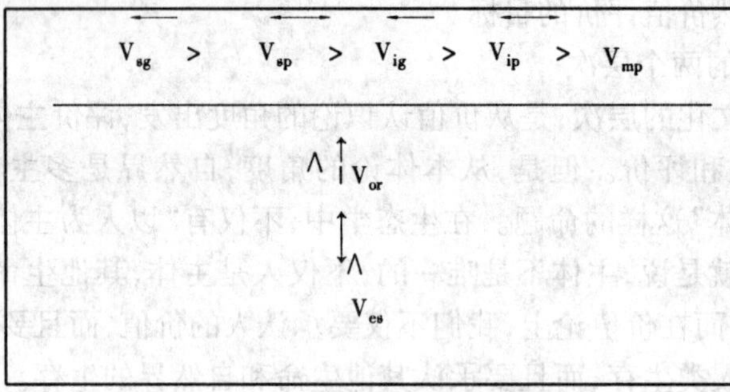

图 5.2　自然价值评价模型(Ⅱ)

图 5.2 中:

v_{ip}——个人偏好价值,作为主体的人,在与自然的关系中,从自己的心理生活和主观体验,所表示的对自然事物的某种个人喜爱,带有心理特征和主观性;但它是以个人利益为基础的。

v_{ig}——个人利益价值,自然事物满足个人需要,符合个人利益,包括根本利益的价值。它会随人对自然的认识(评价)而不断变化,并不断地由自己的偏好加以修正。

v_{sp}——社会偏好价值,通过市场、政治、伦理和宗教等,由众多的个人表达的一种社会意志,即社会对其时间、资源、能量、技艺等的社会最优安排。

v_{sg}——社会利益价值,良好的自然环境和资源,符合最大多数人的利益,以保证社会处于良性运行状态,具有经济、心理、社会、政治等意义。

v_{mp}——市场价格价值,自然事物作为商品的用途,由它的稀缺性、劳动、广告、政府法规等方面的因素决定。由于它能满足人的利益,可以把它作为商品进行交换,从而把自然引入经济活动的范围。

v_{or}——有机体价值,生物有机体有其自身的利益。自然界对此具有重要的生物学意义,如遗传信息,它对有机体的生存;自然条件和资源,对生物的福利作出贡献。这是一种内在价值。

v_{es}——生态系统价值,所有生物生活在生态系统中,每一种生物在其各自的生态位上,起着保持系统繁荣的作用,在进化的生态系统中存在一种创造性,有其稳态机制,形成生物物种和生态系统无限运动的过程,保持它的完整性。这是自然界的内在价值。

横线上下的关系,是自然价值与文化价值的关系:社会的全部活动以生态系统为基础,它支持人、社会和经济发展,为人和社会利益作出贡献,是人类价值的自然基础。

在生态价值中,生态系统的价值比生物个体和物种更根本,因为生物个体和物种只能在生态系统中生存,也只有在生态系统中才有意义;但两者又是相辅相成的。

如果对自然价值作进一步评价,横线以上表示的生命和自然界作为资源,它对人和社会的价值,可分为商品性价值(市场价值),以及多种多样的非商品性价值,它们之间的地位和相互作用是很复杂的。横线以下表示的是生命和自然界的生态价值,自然的生物学价值,表明生物个体、物种和生态系统的关系以及它们与人、社会的关系也是很复杂的。

第二,模型表示的所有价值构成一个有机整体,其中一种价值的根本改变,可能引起整体形式的变化,我们对自然的活动需要不断地评估和及时调整。它的原则是:

一是兼顾各种利益,避免非对抗性价值类型叠加,实现利益最大化;

二是保护荒野地,让残存的荒野地远离市场,保护自然的生物学价值;

三是脆弱的生态系统开发要十分慎重,因为一旦破坏很难恢复,它的保护重于开发;

四是保护少数人的利益,特别是欠发达地区和贫困阶层弱势群体的利益。因为这些人的利益很容易受到忽视;

五是注意选择需求,保留和增加未来可供选择的机会。例如,公有土地作为资源,它可以作为农业用地开发,包括种植业、林业和畜牧业等;它作为建筑基地,可以进行工业开发、商业开发、住宅区开发,以及修筑铁路、公路、机场等运输业开发;它可进行森林开发,提供商品性木材或用于生态保护;对于土地上特有的景观和野生动植物资源,可以建立自然保护区,让土地处于自然状态,或建立国家公园,提供社会舒适性服务,进行旅游开发;它的地下矿藏可以作矿业开发;其上的河流湖泊可以用来发电或发展其他水利事业和养殖业,等等。从哪一方面进行开发,都需要注意选择需求。任何一种重要的但数量有限的资源,不可能同时满足不同的需求,而只能在多种用途中选择一种。当选择了一种被消费之后,也就失去其他方面利用的机会。因此,我们对自然的开发要十分慎重,特别是要避免造成生态系统的根本性破坏,以保护未来的选择需求。

生命和自然界是非常宝贵的。它具有价值,而且是终极的价值。我们要热爱生命,保护自然。这是我们未来的希望所在。

霍尔姆斯·罗尔斯顿说:"如果我们是在拥有了整个世界后很快又会失去它的话,这样的拥有又有什么意义呢?我们可能会在经济价值上有所得,但如果我们会因此失去很多科学、美学、娱乐、宗教等价值,会失去自然历史的一个仙境,失去一个既超越我们又支撑我们的完整野性的领域,甚至在这交易中会失去我们灵魂的一部分的话,获得一点经济利益又有什么意义呢?"

蕾切尔·卡逊说:"我们必须与其他生物共同分享我们的地球",这是关于自然价值研究的科学结论和道德结论。

5.3 自然内在价值的伦理学特征

5.3.1 自然内在价值的论证

自然内在价值,表现生命和自然界的主体性,是以自然本身表现出的价值。这是以它自身为尺度进行评价的。有的论者指出,这是在思考问题时,进行了一种假设自然为其自身评价主体的定位。这里人类评判依据的主观性,决定了对自然内在价值的评判的不可能性,因而是站不住脚的,无以立足的。

自然界的内在价值的问题,是环境伦理问题的讨论中,疑惑最多、论证最困难的问题。但是,这又是不可忽略的、非常重要的问题,需要对它进行存在论。

按照经典的哲学观点,自然界并不是主体,是没有价值的;只有人是主体,离开人无所谓价值可言。退一步说,如果自然条件、自然资源作为人类的生存条件,可供人类利用,实现人的利益,说它有价值还可以理解的话,那么,说它自身有什么内在价值,这是奇怪的、不可理解的。

是的,如果按照传统的科学和哲学,关于自然界没有价值以及只有人是目的,因而只是人具有价值的观点,这是一个非常奇怪的问题。因为按照传统科学和哲学,主体只能是人,其他事物的价值是由人决定的,由人的功利决定的,并由人的目的来定义的。这里,人是目的,而且只有人是目的,人的目的具有唯一性,人的目的是绝对的价值。在自然事物为人的目的服务的意义上,自然界可以是人类实现自己目的的手段或工具。因而如果说它有外在价值,这是可以理解的;但是不能认为,人以外的其他生命和自然界也有什么“目的”、“利益”,或什么“内在价值”。

也就是说,自然界的外在价值的问题,是自然价值的性质和结构的一种客观描述,主要又是一种实践论证,因而是比较容易被接受的。但是,它的内在价值的问题,虽然也包含自然价值的性质和结构的一种客观描述,但更主要的是一种主观的哲学论证,这是比较困难的。

否认自然界的内在价值的人,主要的论据有两点:一是只有人类是主体,因而只有人类有目的;二是人与自然有本质差别,例如,只有人类具有发达的大脑,只有人类有理性、会说话和有文字,只有人类有意识和思维,只有人类具有主动性、积极性和创造性,只有人类具有聪明才智,只有人类能认识世界、改造世界,因而只有人类具有内在价值。而且,依据这种看法认为,人类是生命和自然界的主宰者和统治者,“自然界只有受人改造的份儿”。

5.3.2 自然内在价值的伦理学论证

鉴于在环境伦理学中,关于自然价值问题的讨论中,内在价值是一个不能回避的,而且是非常重要的问题,我们拟不厌其烦地从如下五个方面加以论证。

1. 关于生命和自然界的目的性

自然价值是它的内在价值和外在价值的统一。内在价值是由生存主体的目的性来定义的。因而,关于自然界内在价值问题,需要从生命和自然界的生存角度加以论证。生存是生命和自然界的目的,生存表示它的成功。或者可以这样说,生存是生命和自然界的第一要务,追求生存,实现这种生存就是它的目的,就是它的内在价值。

传统科学和哲学认为,只是人有目的,人的目的是唯一、绝对的,因而只有人具有内在价值,其他生命和自然界没有内在价值。

目的性表示生命主体追求自己的生存。这种生存、这种追求,不仅是客观存在的,而且是一种“善”,是“好”,是合理的。这是人和事物的内在价值的根据。上述关于人、生物和自然界目的性的揭示,是关于自然界内在价值的一种科学论证。

德国哲学家尤纳斯认为,对生命的肯定就是内在价值。所有生命存在皆追求生存,而把“无”即存在的对立面(否定,即毁灭),看作是无处不在的对生命的威胁。这种对生命的追求,或者求生欲望本身,就是对“无”的否定(否定之否定)。每一个有机体皆通过呼吸与吸收营养在肯定自我,否定虚无。这里所表现的对生存的渴望与肯定,即对生命的肯定,是“所有价值的基本价值”,是生命“本身的善源”,是生命的内在价值。

因此,环境伦理学认为,生命和自然界是有内在价值的,道德权利的概念应扩大到自然界的实体的过程,确认它们在一种自然状态中持续存在的权利。我们必须尊重它们,不仅在于把它们视为对人类有利的工具,而且应当视为一种活着的存在。这是自然界内在价值的伦理学论证。

2. 关于生命和自然界的主体性

在自然价值问题的讨论中,我国哲学家刘福森教授认为,生命和自然界只有在同人的利益发生关系时,才对人类具有价值。生态伦理学中,自然界的价值这类概念,混淆了存在命题与价值命题之间的区别,缺少必要的理论基础和根据。

生态哲学对自然内在价值的论证,首先是哲学存在论的论证,也是它的价值论的论证。在这里,存在命题与价值命题是相互联系的,它们不仅具有相关性,而且具有同时性。我们需要把存在论与价值论统一起来,从“主-客关系”统一的角度进行论证。这里的难点是,只有确认生命和自然界的主体性,它的内在价值才能得到说明。

经典哲学认为,只有人具有主体性。这一观点可以超越吗?生命和自然界也具有主体性吗?如何说明生命和自然界的主体性?

我们认为,在现实的世界上,生命和自然界的生存和发展是客观的。这种生存和发展的客观性,表现了它的主体性。

什么是生命和自然界的主体性?我们认为,它的主要表现是生命和自然界的自主生存,即生存和发展的自主性。

科学表明,在现实的世界存在上,并不是只有一种自主存在,不是只有一种主体。地球上不仅人是生存主体,生命和自然界也是生存主体。主体具有层次性。主体与客体的关系是相对的,当说到人对自然的作用时,人是主体,自然是客体;但是,自然不是任人随意摆布的,它对人的作用都作出反应,它可以作为主体。因为在这种相互作用中,虽然人是行动者,自然是行动的对象,是客体;但是同时,人又是自然的反作用的对象,在这个意义上,自然界是主体,人成为客体。

主体的层次性,例如人作为主体,有人类(社会),国家,民族,团体,企业,社区,家庭,个人,等等。但是,这里我们不是在这个意义上说主体的层次性。这是不会有疑问的。我们是在主体是进化的这种意义上来讨论的。

从主体进化的角度,可以把主体分为三个层次:

其一,地球进化的前生物阶段,物质自身是主体,即物质是一切事物存在和变化的主体。

其二,地球进化的生物阶段,生物成为生命主体。这里产生了“生态主体”,它可以是生物个体,或生物种,生物种群与生物群落,各种生态系统,以至全球生态系统(生物圈)等不同层次的主体。

其三,地球进化的人类阶段,人和社会成为生存主体。

也就是说,在世界存在的意义上,主体不是唯一的,不仅人是主体,其他生命形式也是主体,都有主体与客体的关系。

生命和自然界是生存主体,因而它是具有内在价值的。

3. 关于生命和自然界的主动性

人具有主动性、积极性和创造性,因而具有主体性,具有内在价值,这是没有疑问的。

我们认为,物质的主动性是分层次的,可以分为三个层次:无机物的主动性;生物的主动性;人的主动性。

其一,在物质运动的前生物阶段,物质作为运动的负荷者,它在宇宙环境中存在,表示主体与客体的潜在不可分性。这时物质主动性主要表现在它的微观领域,宏观的主动性只是一种潜在的形式,或潜在的主动性。它以物质运动的源泉的形式表现。

世界的存在,物质的存在,是不能与它的活动(运动)分离的。事物运动,事物和现象的相互联系和相互作用,这种动态性表明,它不是全然消极的。否则,生命和精神的产生以及它对物质的作用,是不可能得到解释的。

其二,无生命物质运动存在着向生命发展的方向性。现代科学认为,物质的化学变化产生了生命。这时生物运动形式产生,出现了生物与环境的关系。生物作为生存的主体是物质的一种形态。它作为自然物质进化的产物,是自然界的一部分。它本身是物质、能量、信息的负荷者。在与环境的相互作用中,生物依赖环境生存,在适应环境中成为生存主体;生命生存对环境发生作用,引起环境变化,环境成为客体,是生物赖以生存和发展的基础。生物与环境成为主—客关系,两者相互依赖、相互制约,是进行物质、能量、信息交换的物质关系。在这种关系中,所有生命,任何一个生命有机体,都是自主组织、自主活动、自主维持的系统,它对环境的反应不是被动的,而是具有主动性的。

生物与环境的相互作用,在地球发展的生物阶段,成为一种强大的地质作用力。它改变了原有的地球化学作用,改变原有的地球化学平衡,形成一种新的生物地球化学作用,创造地球上适宜生命生存的条件,形成新的生物地球化学平衡。这是生命主体性以及它的主动性、积极性和创造性的表现。

其三,人在地球上产生,也就产生了以人为主体的生态关系。在这里,主体与客体的本体论意义是,作为主体的人是自然界的一部分,是自然存在物,他靠自然界生活,自然条件和自然资源是人类赖以生存的自然基础,人的生存和发展受一定的自然条件和自然资源的制约。但是,人又是有意识的存在物和社会存在物,他具有智慧,主体性和主动性在这里达到了他的展开了的形式、高级的形式。

人与自然的关系作为主体与客体的关系,在自己的认识和实践活动中,把自己与自然界分开,运用自己制造的工具通过劳动作用于自然界,创造文化价值。人把自然界作为客体,人的主体地位是在实践中被自觉地意识到的,在通过自己的活动改变环境的过程中达到主体与客体的统一。它表现了人的自觉的能动性。这是最高形式的主动性。但是在这里,并没有摆脱主体与客体相互依存相互制约的关系,一方面是人对环境的作用,另一方面是环境对人的作用,特别是人类活动改变了的环境对人的反作用,表现了自然环境的主动性。

同样,生命和自然界的积极性和创造性也是客观存在的。因为它是自然组织系统,自然过程是物质生产过程,是不断地创造价值的过程。只要有太阳能的输入,自然系统就朝有序性不断提高的方向进化,价值不断增值的方向发展,表现它的积极性和创造性,表现生命和自然界是创造价值的主体。

这里,生命和自然界的主动性、积极性和创造性,表明了它的主体性,并表明它是具有内在价值的。

4. 关于生命和自然界的"价值能力"

这是关于自然界内在价值的认识论的论证:生命和自然界有"价值能力",因而是具有内在价值的。

但是大家知道,每一种生物都是一种必然的存在,生存是它的目的。为了生存,对于什么有利于它的生存,什么不利于它的生存以及怎样维护自己的生存,它要对环境进行评价。也就是说,生物"知道"如何去适应环境,例如,某一种植物生长在它所适宜的土地上,它的枝干、叶片和根系有利于吸收阳光、水和其他营养元素;动物的形体、结构和行为,发展出适合于生活、觅食和传代的特征;所有生物在环境发生变化时,都会以改变自己的方式去适应这种变化;所有生物都发展出有利于自己传宗接代的特殊方式;所有生物都"知道"如何要修补创伤、抵御死亡和追求自己的生存。这是以对环境、对自己与环境的关系的认识和评价为前提的。

也就是说,动物作为生存主体,为了追求自己的生存,它具有"价值评价能力",具有认识能力,通过认识达到自己的生存目的。这表明它是具有内在价值的。

5. 关于生命和自然界的智慧

关于生命和自然界智慧的问题,是内在价值论证的另一个问题。我们可以从两个主要层次论证生命和自然界的智慧:一是生物物种的层次;二是生态系统的层次。

(1)人类一直利用生物的这种特殊生存能力

实际上,所有物种都是一部历史,每一种生物都是一种历史的存在。物种生存是它的目的。为了生存,必须具有认识客观事物和解决实际问题的能力,必须有智慧。上面我们说到,对什么有利于它的生存,什么不利于它的生存以及怎样维护自身的生存,它要对环境有所认识,进行评价。也就是说,生物"知道"怎样追求自己的生存。

①关于动物的智慧

有的研究表明,有些高等生物,能表现某种记忆、意识和感情的东西,会使用简单的工具,如黑猩猩剥核桃壳时使用的技术,与我们的远祖使用的去壳技术是一样的;有的动物会撒谎,通过学习、倾听、回答,以适应所处的环境;有的动物在人的帮助下使用简单语言的能力;等等。生物学家报告说,经过长期的研究发现,动物有自己的传统,在动物王国中,黑猩猩是行为方式最为多样化的动物之一,它甚至有自己丰富的文化。他们作出结论:"人类可能不像我们以前所想象的那样与众(生物)不同。"

②植物没有大脑,不会移动,它是否有智能

英国《新科学家》周刊2002年7月27日的文章说,过去人们极大地忽略了植物对外界作出反应的方式的复杂性,其实,它能够以各种方式对细微的感觉输入作出反应,植物不但能预测未来,还能记得曾经历过的事情。如果遇到问题,还能设法回避或者作出智能反应。生长中的植物嫩芽可以感知周围植被的生长情况。100多年前达尔文(C. R. Darwin)就指出:"在某些方面,植物对光的反应,几乎和动物通过神经系统作出的反应如出一辙。"现代分子生物学显示,动物的神经系统和植物的信号系统是非常相似的。英国爱丁堡大学的科学家指出:"没有大脑的植物能够在整体的基础上估量自己的环境。"植物可能改变它的整体形状、叶片的数量和大小、茎的结构,以便处于尽可能最佳的采光位置。他认为,植物具有智慧的证据是,它们不仅具有适应性,而且这种适应性还具有可变性。他发现植物对 15 种以上的感观信号作出反应,包括光、化学物质、水、重力、土壤质地、损害等,并对这些信号加以综合和比较,因此每种反应都是各种因素综合作用的结果。例如,当一种植物感觉到缺水,与动物类似的信号细胞会命令植物建立更多的感觉渠道,关闭气孔并采取其他控制细胞内水分的措施。植物具有感知和回应变化的能力,因而使植物有很强的适应能力。

③关于人类利用生物的智慧

生物的许多能力是人类所不具有的。它令科学家赞叹不已,并正在开发这种能力,为人类的利益服务。例如据报道,美国空间和海上战争系统研究中心,有 75 只海豚、20 只海狮接受训练,这次伊拉克战争中,至少有 4 只海豚,这是一种宽吻海豚,它有非常敏锐的听觉,利用它的声波定位能力,投放在乌姆盖斯尔港口水域,寻找水雷和其他爆炸物;此外,有 1 400 条军犬上战场;有 2 000 只猴子供探雷之用;有 43 只鸡和 41 只鸽子随军作战,称为"化学品辨认禽装置"。美国国防部高级研究计划局,还设置"生物控制系统",利用那些能够用来充当武器的动物的能力,例如用苍蝇酷爱 TNT(三硝基甲苯),用蜜蜂对各种气味的敏感,供扫雷之用;用老鼠、豺狗发达嗅觉发现毒品,抓捕毒品贩子,等等。

(2)仿生学的产生和发展表明人类在学习生物的生存智慧

科学家通过研究生物的结构和功能的特性,发展出一门重要的科学——仿生学。仿生学,通过研究生物的结构、功能及其作用机理,模拟它们的这种机理,实现新的技术设计,制造出新的更好的机械或仪器。例如,青蛙的眼睛有四种神经纤维,因而有四种信息图像识别功能,科学家模拟蛙眼,设计了侦察雷达——蛙眼电子模型;模仿鲎鱼有 2 个单眼和 2 个复眼相互抑制的功能,设计了电视摄影机;模拟电鱼放电机理制造出伏打电池;从对蝙蝠超声定位的研究,设计了超声波定位器;等等。

(3)仿圈学是学习生态系统的智慧设计生态工艺

仿圈学,是关于学习大自然的智慧设计新的生产工艺的学问。人类能否模仿生物圈的物质生产过程,设计人类社会物质生产工艺?这就提出"仿圈学"的问题。它的基本思想是,运用生物圈的发展规律,模拟生物圈物质运动过程,设计人类社会物质生产和生活装置,实现物质生产无废料的生产过程。这可能有助于我们走出环境危机,走向可持续发展的道路。

这种思想应用于新的生产工艺的设计,提出"生态工艺"概念。所谓生态工艺,是把大自然的法则应用于社会物质生产,模拟生物圈物质运动过程(仿圈学),设计无废料的生产,以闭路循环的形式,实现资源充分合理的利用,使生产过程保持生态学上的洁净。它是应用生态学观点,用生态学中物种共生和物质循环、转化和再生的原理,系统工程优化方法以及其他现代科学技术成果,设计物质和能量多层次分级利用的产业技术体系。在这样的生产过程中,输入生产系统的物质,在第一次使用生产第一种产品以后,其剩余物是第二次使用,生产第二种产品的原料;如果仍有剩余物是生产第三种产品的原料,直到全部用完或循环使用;最后不可避免的剩余物,以对生物和环境无毒无害的形式排放,能被环境中的生物吸收利用。它的模式是:"原料—产品—剩余物—产品"它的技术路线是非线性的和循环的。

生态工艺思想的应用，形成生态技术，发展生态工业、生态农业和其他生态产业，建设生态化产业体系。这是人类未来社会物质生产发展的方向。它的特点同传统技术和传统产业比较是优越的。这是人类学习大自然智慧的伟大成就。

(4)人类拥有智慧并不是独一无二的也不是偶然的

所有生物物种，它们在地球上生存已经有非常久远的历史。生存表示它们的成功。之所以能生存，是因为它们有智慧。这种智慧是大自然的创造。对于物种来说，这种智慧是天赋的本能；对于生命个体来说，它来自生命的本性。这是生命生存的本质，也是生存的秘密。

人类从生物进化而来。人是地球上具有最高智慧的物种。但是，智慧不是独一无二的，不仅人类有智慧，其他生命形式也有智慧。智慧是进化的，不是偶然出现的，它具有进化的连续性。当人们说，物质存在不能与它的活动(运动)分离，物质运动、事物和现象的相互联系、相互作用导致它的进化发展，这时，人们表述了自然界是一个创造性的过程。智慧的创造是一个自然历史过程。这一自然历史过程，表现了智慧的演化性和历史性、层次性和阶梯性。人类的智慧是从生命和自然界发展进化来的，不是偶然的。人类、生命和自然界的智慧，是大自然的最重大的天赋的遗产，是最重大的价值。

当然，人类拥有最高的智慧，运用自己的智慧，并学习生命和自然界的智慧，实现自己的生存，充分发挥自己的智慧，人类将创造更美好的生存。这是人类的内在价值，是人的自然本性。同时，这也是大自然通过人表现自己的智慧。

总之，地球上不同组织层次的生命，它同人一样是生存主体，所有物种追求自己的生存，生存表示它们成功，因为它们同人一样，具有“价值评价能力”，具有智慧，具有主动性、积极性和创造性。人与其他生物的区别并不像我们所想象的那么大。我们承认人的内在价值，也要承认生命和自然界的内在价值。

5.4　自然权利的含义及发展

5.4.1　自然权利的含义

要弄清楚自然的权利的概念，首先就要从考察权利的概念出发，选择能够供我们给自然的权利下定义的概念来源。通过对权利概念的考察，我们将选择那些能够适应，或基本适应于自然的权利的本质意义的权利定义。

什么是权利？从法学的角度讲，权利可以指法权，即作为某一社会群体共同约定的合法的权利。如公民有人身安全、财产安全的权利等。从伦理科学的角度讲，权利是指社会道德权利。这种道德权利是与义务和责任相辅相成的。在社会道德生活中，人与人之间的社会关系是一种相互的权利与义务关系，既有社会和他人对个人的行为要求，也有个人对社会和他人行为的要求。前者是个人对他人和社会应尽的义务和责任；后者是属于道德范围的，便是社会道德权利。显然，这种道德权利的基础是社会和他人对个人利益应负的责任。从生存的角度讲，权利是一种生存权利，是指人生具有的权利，又称自然权利(natural rights，亦称天赋权利)。这里所说的自然权利并不是指自然界的权利。自然权利是指人不可被剥夺的权利。如正常人生来具有不被杀死、不受虐待、不被强迫的权利，有受教育的权利等。自然权利是人的自然权，是维持人类生存的基本权利，也是维持人类文化属性的基本权利。从政治的角度讲，权利是指一种能力,指有权确立和豁免人或物的名分或合法关系能力,在这个意义上,权利与权力和权位的意义综合上述对权利的不同看法,可以发现两个特点:一是权利概念的多意性。因此,使用权利一词易引起歧义。二是权利概念的多层次性。这种情况,一方面说明权利概念包含的学科非常丰富,不同的学科,如法律、伦理、经济和政治等学科对权利概念的定义都有不同的侧重,是对人际生活社会的真实反映;另一方面也给我们选择适合人与自然关系层面的“自然的权利”带来了难度。我们只有找到多样性的权利概念中的共性和统一性的构成要素,才能够进一步选择我们需要的权利概念。

权利包含五个要素,这些要素中的任何一个都可以表示权利的某种本质。第一个要素是利益。一项权利之所以成立,是为了保护某种利益,是由于利在其中。利益既可能是个人的,也可能是群体、社会的;既可能是物质的,也可能是精神的;既可能是权利主体自己的,又可能是与权利主体相关的他人的。第二个要素是主张。一种利益若无人提出对它的主张或要求,就不可能成为权利。一种利益之所以要由利益主体通过表达意思或其他行为来主张,是因为它可能受到侵犯或随时处在受侵犯的威胁中。第三个要素是资格。提出利益主张要有所凭据,即要有资格提出要求。资格有两种:一是道德资格,二是法律资格。第四个要素是力量。包括权威和能力。一种利益、主张和资格必须具有力量才能成为权利。力量首先是从不容侵犯的权威或强力意义上讲的,其次是从能力的意义上讲的。第五个要素是自由。

根据这种权利概念的本质观点,比照自然界生物和生态系统的固有价值的认识,可以说,自然界的一切生物都有其福利或利益。人对自然界尽责任,开展环境保护运动,其目的之一可以认为是为了保护野生生物的福利和利益。而要实现这个目标,就要有人主张,不是某个人的主张,某个国家的主张,而是在世界范围内的全人类的主张。要落实这种主张,或者是通过法律的强制力,或者是通过社会道德舆论的力量,甚至是通过不断出现“大自然报复”的“铁”的事实。由此看来,自然界的权利是指为维护自然界的利益而提出的合法的,或合理的主张,并通过法律的强制、道德的舆论和“大自然报复”的力量得以实现的。

5.4.2 自然权利的发展

从人类文明发展史的角度考察权利扩展,人们可以发现,人类随着物质文明和精神文明水平的不断提高,对自身权利的认识不断深化,人权的要领所包含的范围,也从特定种类的人扩展到一般种类的人和非正常的人,进而认识到非人类生物,首先是家养的宠物、牲畜,而后是有感觉的动物、无感觉的动物、野生生物乃至山水、空气等生态过程都具有存在的权利。从哲学史的角度审视权利概念,从人类社会范围扩展到自然界、生物圈,人们可以发现,一些生物学家的生态哲学研究,为转变权利的观念,从人类主义到非人类中心主义,作出了重要的贡献。

权利概念,作为一种不容侵犯并应引起他人尊重的思想意识,可以说远古时代就有了萌芽,我们在这里以古希腊罗马时期为起点,重点对当代生态权利的概念进行考察。

1. 天赋权利

古希腊罗马的哲学家有关自然的概念,是相对于人为法则而言的,尽管他们并没有直接讲“自然界的权利”,但是他们认识到人的存在先于政府,人的权利先于政府存在的自然状态,根据一定的定向于生存的生物原则组织起来,在拉丁语中,这定向生存的生物原则被称为法律所保证的自然权。

2. 人类中心的自然权利

在古希腊罗马衰落以后,基督教关于对自然界无所恐惧的伦理思想逐渐抬头。一些宗教神学家认为,自然界、动物都没有权利,非人类的存在是为人类服务的,伦理社会的概念并不涉及人与自然的关系,强调人类在经济上的收支和利益关系,因此,人类对待非人类的行为不必有负罪的良心发现。这种关于自然只有工具价值的界定,其理论依据是基督教《圣经》的教义,即设定了人类统治、开发自然的正当权利,而人类根本不受任何限制。R. 纳什考察了早期的哲学家如格劳秀斯(Hugo Grotius,1583～1645)和普芬德弗(Samuel Pufendorf,1632～1694)的伦理哲学观点,发现他们认为自然权并不起源于当前社会的自然状态,而只是人类自然的产物,这意味着法律并非起源于对人和动物都正当、公正的原则,而是一套人造的规则,它反映了人类的利益。因此,他们认为,在人和兽之间不存在共同的权利和法律。在 17 世纪的 60 年代,以笛卡儿《动物是机器》的著作为代表,标志着在哲学上拒斥动物权利的极端观点。

笛卡儿认为,动物是无感觉的、无理性的机器,它们的运动像钟表,没有痛感,缺乏思想,因此人对待动物无所谓伤害。相反,人类有精神、头脑,能思考并限定人类的存在。“我思故我在”是笛卡儿的基本信条。笛卡儿借此把人与动物区别开来,认为人类是自然的主人,是自然界的占有者,而非人类自然界只是附属人类的一种“东西”。这显然是极端人类中心主义的早期表现形式。

对人类中心主义伦理观的挑战,源于古希腊罗马人的哲学思想:动物是自然国家的一部分,是自然法则的主体。尽管基督教使这种扩展到动物共同体的思想减弱,但是,在 17 世纪,动物受法律保护的原则在欧洲人的思想中仍然占有地位。

到 17 世纪初,人们反对虐待动物,其实质是为了保护人类;占主导的舆论,倾向于自然是人为存在的观点,但是强调人类统治自然时要尽可能文明,保持绅士风度。

3. 非人类中心的自然权利

在 18 世纪这个人类中心主义占统治地位的时期,也有学者提出扩展共同体的边界,阐发了革命性的思想,成为生态伦理的基石。

具有代表性的观点有莫尔(Henry More,1614～1687)、莱布尼兹(Gottfried Leibnitz. 1646～1716)和斯宾诺莎(Baruch Spinoza,1632～1677)的生物哲学观点。莫尔从神学的角度达到了对自然的整体性的认识。例如莫尔写道:“存在着‘世界之灵’或‘自然界的精神’,它呈现在自然界的每部分中,这种神圣的塑造力把整个世界结合起来”,莱布尼兹则不仅放弃人和自然之间的区别,而且拒斥生物与非生物环境的分离。

莱布尼兹相信一切事物都是相互联系的,而斯宾诺莎则进一步探究了一切事物相互联系的具体内容。他认为,任何存在,如枫树、人类、岩石和天上的繁星都是神从宇宙中创造出来的暂时的具体表现形式。当一个人死了,机体的物质变成别的东西,成为植物的养分,植物又使鹿繁盛起来,而鹿又是狼和人的食物。斯宾诺莎认识到这些事物的相互联系,他把最基本的伦理价值放在自然整体或自然系统方面,而不是放在个体或某整体的转换部分方面。在斯宾诺莎的哲学里,没有最高贵的和最低贱的区别,一棵树和岩石有如同人一样的价值和存在的权利。显然,斯宾诺莎已经从神学的角度猜测到了自然事物整体相互关联和物质封闭循环的生态规律。

关于动植物的权利,在西方经历了由人类中心到非人类中心,功利主义到自然主义的转变。边沁和摩尔都认为,动物有趋乐避苦的权利。边沁曾预言,人类会把他的保护伞扩展到能呼吸的一切事物。R.纳什认为,保护伞,意指道德地位和法律保护。阿尔贝特·史怀泽从人类文明发展的角度提出敬畏生命的伦理,论证了一切生命内在的生存权利。此后,辛格和汤姆·雷根从动物解放方面阐释了动物存在的权利;沃伦(Mary Anne Warren)揭示了驯化了的动物与野生动物权利的差异性,把动物解放主义(功利主义)伦理和大地伦理(自然主义)统一起来;克里斯托夫·斯通(Christoptel D. Stone)第一次提出在法律上应该把植物和人类环境纳入伦理考虑范围,论证了人类道德代理者有责任为它们伸张权利和法律保护;杜泊斯(Rene Dubos)则提出微生物也有存在的合法权利;J. B. 克里考特提出并论证了应从人类、大地生态系统和动物这三者的三角关系,综合平衡动物的权利。至此,动物权利的理论观点被系统化。

这些在道德哲学上和生态学上的一些理论突破,暗示着深刻的生态伦理思想:第一,生物与环境构成一个有机体,有其发育、生长的客观规律,人类不能破坏这些规律,从而暗示着生物与环境之间的关系潜在着人类不容侵犯的权利;第二,人类的权位,在食物链金字塔的排列上,被倒转过来,即在维持物质循环和能量有序流动的生态过程方面,人类没有至高无上的权利,相反,绿色植物、土壤腐殖质是最根本的基础,具有不可剥夺的生存权利;第三,任一有机体并不是有助或有碍人类而存在的,而只是扮演某种它们各自的特征所必需的适应相应环境的角色而已。这种有机体扮演的角色是不能被人所取代的,更不能毁灭。这些可贵的思想,为人类的观念从自然权到自然界的权利的转变,奠定了理论基础。

4. 扩展自然界权利的意义

激进的思想总是超前于时代的,又总是对时代的车轮有一定的引导作用。回顾自然界生态权利的主要思想发展过程,可以发现人类关于权利的概念始终在不断地扩展。

在人类漫长的发展史中,伦理思考的边界首先是自我,而后是家庭、部落和部落群(地区),伦理的尺度由个人利益、家庭利益扩展到部落和某一地区的局部利益。这在人类发展的原始社会、奴隶社会和封建社会都有明显的体现。随着伦理学的发展,伦理思考的边界又从局部地区的道德原则,扩展到国家种族、人类,现在开始思考动植物的道德身份和生态系统对人类的约束原则。R.纳什在《伦理学的扩展和激进的环境主义》一文中列出了美国关于权利概念,由自然权、人权扩展到自然界的权利的历史重大事件,在某种程度上能够大体上说明人类伦理思考边界的扩展,特别是道德权利的扩展趋势。

其次,由人际道德扩展到生态道德,这是人类文明史上的重大转折。以往人类道德只涉及人与人之间的社会关系,个人之间以“对人如己”相待;个人与社会之间的利益冲突以公共的长远利益为尺度来调节。道德社会包括了外人、陌生人、孩子、黑人、犹太人、奴隶、妇女、土著印第安人、失去自由的人、精神病患者、畸形人等,现在又重新提起自然界的权利问题。生态学家和生物学家也都从不同的科学研究领域,确证人与其他生物在生命机理上的统一性以及共处在一个“社会”之中的相互依存性,揭示了人类行为受自然约束和限制的科学事实,映射出自然有一些不可侵犯的权利。特别是人为造成的全球生态危机对人类生存的威胁,致使人们把生存平等、公正的道德概念应用到自然界,促使人们进一步发现人类是大地生态系统中的一员,人类的行为应符合大地生态系统的行为规则。从而,在人类文明发展史上实现了对自然的认识和对自身认识的重大转变。即自然界生物圈不仅是供人类消费的物质资源,而且重要的是包容人类在内的活着的生态系统;人类也不是自然的征服者和主宰者,而是其中的生物成员、道德代理者和管理者。越来越多的人开始认识到,人类社会的矛盾冲突有一定的社会弹性限度，相应地，人类社会与自然的矛盾冲突，自然界也有一定的自然弹性限度，这种相对于约束和限制人类行为的自然界的弹性限度，就是人们应尊重的自然界的权力。人们这种认识上的提高和观念上的转变，必然会引发一系列人类思维方式、行为方式、生活方式以及社会生产方式的重大变革，今天我们已经看到了这种变革的文明形式和人类。

5.5 自然权利的类型

5.5.1 人类的自然权利

人的自然权利是指在立法中确认并固定下来的，保证在人与自然的交互作用过程中满足人的各种需要的个人权利，以及在生态伦理道德原则和规范的指导下，自觉地履行生态道德的权利与对自然的责任和义务。这种在自然界中的人类自然权利主要有以下三个方面。

1. 人类享有自然的权利

所有的人享有满足生存、享受和发展需要的权利。但是人类的自然权利是需要严格限定的，并不是个人的一切需要和利益都可以作为这种正权利。奢靡的消费就不能纳入人类生态正权利的范畴。人类生态的正权利包括个体和群体两个层次。个体生态权利是指任何人都有维持生存而获取新鲜空气、淡水和食物的权利，有在生态阈限内创造性地参与改造自然获取基本文化生活的权利。这里需要说明两点：一是人类有食用动植物的权利，因为人也是动物，食用动植物是自然的。但是，人类没有权利灭绝物种，没有权利阻断生态过程。二是人类个体生态的正权利只有在不违背它的有机体——社会整体的权利时，才是现实有效的。也就是说，个体的权利只有符合群体的公共利益时，才是真正的个体权利。如人有食用清新淡水的权利，社会倾向于保护人的基本生存需要，因此，凡是造成清新淡水污染的行为，都是对人的基本生态权利的侵犯。相反，人没有食用金丝猴（国家一级重点保护物种）的生态权利，因为社会倾向于保护濒危的金丝猴。从群体生态权利上看，“明智地利用”自然资源，满足人类社会生活的需要，是群体生态权利的基础和出发点。而要明智地利用自然，就必须放弃单纯的经济观点，放弃急功近利的思想方法，用人类长远利益来评价对自然是否利用得明智，最终达到自然资源为我永续利用的目的。除了从人类长远利益限定群体生态权利的名分外，还可以从群体公共心理或社会心理的公众倾向来限定群体的生态权利。例如人类有享受自然美、热爱自然美的权利，而要落实这个权利，人们就必须谴责那些破坏自然景观、乱捕滥猎野生动物的行为，提倡保持自然风光，保护野生动物的栖息地和荒野，保持自然的完整和美丽。再如，人们的公众心理趋向于趋乐避苦，在某种意义上说，人有谋求欢乐的权利，如人谋求心理、生理健康的权利，谋求人的休闲、幸福和自由的权利等，但这要注意限度，决不能把人的欢乐建立在其他生命形式不必要的痛苦之上，这就要参照社会群体舆论扬善避恶。遵循人类的生存利益高于其他生物种的非生存利益，其他生物种的生存利益高于人类的非生存利益的原则，使人在不违背自然生态规律和社会经济规律的前提下，有谋取基本生存条件和基本社会需要的权利，有参与自然进化的权利。人类生态的正权利还有许多种形式，国内外学者多有阐发。归结起来，人类享有生态的权利主要应当包括：享受良好环境的权利；获得关于环境状况的可靠信息的权利；要求赔偿因生态环境破坏所导致的人们身心健康损害和财产损失的权利；土地和其他自然资源的所有权。

2. 人类对自然的责任和义务

人类享有自然的权利是一种“正权利”，有能满足人类需要的属性。人类对自然的责任和义务是人类生态的“负权利”，这是指自然对人类行为的道德要求，或人类对自然所应该具有的工具价值。人类生态的“负权利”，表明人类在自然面前，有必须克制自己的需求、意愿的权利。如不应当猎杀梅花鹿，这是一条伦理规则，要求人们不仅把梅花鹿看成是国家一级保护物种，而且从道义上应当有恻隐之心，不忍心刺杀它。再如，在公园绿地里的标语牌上写着：“请珍惜我，多谢您的爱心！”示意人们应该不破坏绿地。这种社会公共道德的提示，设定人们应尽的道德义务，并通过社会舆论逐渐转化为人们的日常生活习惯。这些当代人对自己周边生态的责任和义务，往往有相应的法律规范和经济处罚措施，而且随着全民环境意识水平的不断提高而形成浓厚的保护环境社会舆论。

3. 人类生态的自然权利

人类生态的自然权利，与人类自然的“正权利”、“负权利”比较，是人类生态的“零权利”。这种“零权利”是借用数学上的坐标原点，或指物理学上的起点、初始点和参照点的寓意，依据一系列初始条件确定坐标原点或参照点。

这里的“零权利”概念，是指人类作为生物共同体中的一员，自然界有机体赋予人类的生态权利。“零权利”是人与生物具有同一属性，在自然有机整体中形成分工与协同的权利。人类生态的“零权利”，是人类权利的特例，即在人类生存层次上的生态权利。人类生态“零权利”的性质和界定，是基于生物圈整体与部分的关系。就人类社会生态系统而言，人类的行为要受到社会规则和公众舆论的限定，人应该尊重社会，社会赋予人以生活的权利；而就自然生物圈系统而言，人类是其中另一种动物，人的行为和社会活动也必然要受到生物圈整体生态规律的制约和强制，人应尊重自然，自然也赋予人类生存和活动的权利。这就是人类生态的“零权利”。

以往人类社会生活，往往只关注了人在社会经济关系中遵守社会经济规律而得到的人类社会权利，并把这种权利外推到自然界，从而形成人类绝对优势的权利——主宰自然的权利，忽视了自然对人类这种社会权利的制约和强制。实际上人类在地球上生活就必须遵循两类整体主义的行为规则：一类是在人类社会中的行为规则；另一类则是在生物共同体中的行为规则。在地球生物圈中，人类权. 利的正当性，并不仅仅只取决于人类的利益和需要，而且还取决于人类在这个生态系统中所处的地位和作用。人类生态的“零权利”，揭示了人类生存的基点，只有站在这个基点上，才有助于揭示不以人的意志为转移的客观权利。

人类生态的“零权利”与人类社会的法权，既有联系又有区别，联系主要表现在前者是后者的基础。现行的野生动物保护法、森林法和自然资源法，都可以从生态伦理理论中找到根据；人的生存的权利和其他生物物种持续存在的权利，都受到生物圈整体与部分关系的制约，并且纳入人类社会合法的权利。

5.5.2　生物的三大基本权利

1. 人类应尊重生物生存的权利

任何生物都有生存的愿望，都珍惜自己的生命。地球上的沙漠、冻原、盐碱滩涂、海岸泥沼、峭壁裸岩，甚至在极地，我们都可以发现顽强生存的生物。这些生物以其生机向人们展示了各自种类持续存在的能力。它们值得我们珍惜敬畏。

生物的生机是生物个体存在的固有价值。个体固有价值是种群、群落和生态系统固有价值的组成部分并受到这些整体固有价值的选择和制约。因此，在地球生态系统中现存的生物个体，总要经过其整体的自然选择，个体生物的生存权利，是参与生存竞争并接受自然选择的权利。

生物参与生存竞争接受自然选择的权利，既有正权利，即获取生存资源、利用环境条件的权利；也有负权利，即成为其他生物生存资源并被环境同化的权利。在人与自然关系中，人类应尊重生物生存的正权利，不应该把人类的意愿强加给它们。然而，在现实生活中以人的利益为尺度决定生物是好、是坏，是保护还是不保护，这种人类主观臆断多有发生。如我国现在仍然奉行鼓励打狼的政策，狼种群濒临灭绝，国家也还没有把狼作为重点保护动物。人们习惯地认为，狼是坏动物。这种传统观念，仍然没有破除。正如奥尔多·利奥波德所说的那样，捕食者是生物群落的成员，任何人没有特权为了他自身的某种实际利益或想象的利益毁灭它们。人类应该与狼共存。相互依存，是生物圈生物之间结构关系的特点。当然，我们并不是说，狼有不容侵犯的权利。狼也有负权利，也有成为人类生存资源的"权利"，但是，人类利用狼资源不能破坏狼的种群延续，不能破坏与狼有关的生物生态平衡。因为无论是狼的生存还是人类的生存，都不是由狼或我们人类决定的，而是由生物圈有机整体与部分的关系支配并决定的。灭绝了狼以及其他"坏动物"，造成整体水平的生态失调；反过来，恶化的有机整体生态必然危及人类自身的生存。

美国有位著名的经济学家曾对人们仅根据自身的好恶来保护野生濒危动物的做法，提出质疑。他说，大多数美国人都希望保护那些性情温和、羽毛丰美、与人最亲近的濒危动物，而对那些已处于极度濒危，但性情暴烈、外观丑陋、不受人喜爱的离人疏远的动物，人们却疏于保护。1994 年美国保护濒危野生动物的投资份额来说明这种心理偏向。他说，美国投入保护人们喜好的濒危动物的资金是 150 万美元，而其他众多濒危动物的投入只有 50 万美元。他认为，在自然界大量存在的动物是离人较远、人们还没有来得及研究的动物，真正濒危的正是它们。这种观点是非常有意义的，自然本来与人的好恶无关，可今天人类的好恶正在决定地球自然的未来。

2. 人类应该尊重生物自主的权利

所谓生物自主的权利，是指任何生物，都有按其种群的生态活动方式，追求自由的权利，但这种权利的实现应该适应生态系统整体支配并决定部分的自然选择机制，否则，就谈不上生物的自主权利。例如，老虎有在山林中自由活动的权利；候鸟有依据物候变化迁徙的权利；中华鲟有在江河中出生并洄游到海里发育成长的权利；大鸨有在山区溪流、沼泽、江河滩涂啄食小动物的权利等等。生物正是以其不同的自主性活动反映不同种类的特征。破坏自主性，本质上是破坏不同种类生物各自的生态习性，而不是毁坏个体本身。

在人与自然关系中，人类对生物自主性的影响主要是改变生物栖息的环境条件。如大型水利工程、大规模改造沿海滩涂和沼泽以及大面积砍伐原始森林等。现在，人们多关注大型工程项目的环境保护论证，而对滩涂、沼泽和森林的改造所带来的生态环境的恶化、生物自主性的破坏则很少有人问及。通常，后者对生物多样性及其自主性的影响更大。当然，人类生存和社会发展必然要改变环境，但是，在改造活动进行之前，应该进行环境评价，应该弄清可能对哪些生物的习性带来不良影响，能否有补救措施等。应尽量顺应不同种类生物的自主性，尊重它们自主的权利。为此,我们必须对生物自主性有深入的了解。

通常生物的自主性有三种类型:其一,可塑型。这种类型的生物相对人为变化了的环境,能够自调节,适应性强。如我国的胡枝子、茶条槭,从黑龙江到广东都有分布,而且生长正常,这些树种既能忍受东北的酷寒干燥,又能适应南方的高温多湿。此外,如荒草也属可塑型自主性植物。其二,不可塑型。这种类型的生物受环境条件制约,基本上不能在异地生存。如我国的红松,仅限于东北地区的小兴安岭,在东北其他地区长势不好,更不能南下生长。其三,相对弹性型。这种生物既受环境的限制,又不受环境的限制,通常取决于人为改变环境后为这些生物创造的栖息环境的条件。这类弹性型生物,其自主性在一定条件下有伸缩余地,相对前两种自调控能力而言,属于中间层次。一般动物,特别是脊椎动物具有这类自主性特征。如我国的特有物种麋鹿,自20世纪初被英国人迁至国外饲养,至今已超过1 400头。再如,我国长江中华鲟人工辅助繁殖鱼苗成功。这些,都是顺应不同种类自主性的典型。我们人类应该在了解不同生物种的自主性特点后,实施环境改造计划,并对不同生物种自主性的弹性范围,如耐污染、耐噪声、耐异常温升等方面的限度,有较细致地把握,否则,有可能破坏生物自主性,影响物种的延续。如我国饲养麋鹿从1956年春开始,当时英国伦敦动物学会决定让阔别祖国半个多世纪的麋鹿回归故土,选出两对赠与中国动物学会。北京动物园的鹿园面积并不算小,生活也不算差,可惜还不适合它们的特殊要求,所以未能顺利繁殖后代。因此,即使脊椎动物有较宽的弹性自主性,人们也要在弄清它们的适应机制后,方能很好地利用它们。如我国麋鹿的繁殖和饲养,20世纪80年代以后有了重大进展,现在已基本上掌握了它的自主性特点和适应性范围,已经开始实施放归大自然的计划。

尊重生物自主的权利,在人类社会经济高速发展的今天,具有特殊的重要的意义。一方面人类改造自然必然触及生物的自主性,但是,应该不超过生物的自主性的耐受范围,从而顺应自然、利用自然;另一方面,当代全球面临生态危机,人类有责任挽救濒危物种,研究它们的自主性特点和适应性范围,是决定保护方式(就地保护还是迁地保护)的理论依据。

3. 人类应尊重生物生态安全的权利

所谓生物生态安全的权利,是指生物维持种类协同和进化所必需的生态条件有不受人类破坏的权利。它包括生物所需要的一般生态安全权利和特殊生态安全权利。

任何生物所必需的特定的气候、温度、湿度、光照通量等生态条件,是在地球上几十亿年漫长的生物与环境协同进化过程中形成的。生物适应这些基本的生态参数变化,有一定的自然波动阈限,任何生物,包括人类,没有权利破坏这些生态参数的稳态,保持并促进这些生态参数的稳态发展,是一切生物拥有的一般生态安全的权利。

生物参与生存竞争,接受自然选择,占据特定的生态位,从而在种间呈现明显的生态时间节律和空间秩序。生物的多样性,既维持着生物群落和生态系统的稳定性,也映射着生态条件的多样性和特殊性。人类在与自然形成相干作用时,应该尊重不同物种生态条件的特殊性。人类有责任不破坏这些不同生物种类所必需的特殊生态条件,这是维持物种延续的特殊生态安全的权利。

人类要尊重生物生态安全的权利,就应该关注并综合治理臭氧层的破坏全球气候的变化、酸雨以及大气污染等一系列人为的严重问题,主动地放弃一些破坏自然的行为,坚持不干扰和破坏那些生态极限。在自然荒野中人应顺应自发展和演变;在人与自然相互作用的领域中,人应承担起谨慎地改造自然的责任和义务,既促进生物生态安全也促进人类社会经济的发展。

建立自然保护区是保护生物生态安全权利的重要途径。我国现已有野生自然保护区 100 多处,这对保护濒危动物种群起到了重要的作用。但是值得注意的是,全球化学污染已经穿越了保护区的围墙,有机氯农药、杀虫剂沉降,已悄然渗透到野生动物体内。值得特别注意的是,被污染的河流、土壤,对野生生物是直接加害源。我们有责任对自然保护区内野生动物的来源加以研究,有责任保护野生生物的生态安全。

非人类生态权利的概念,不同于自然价值的概念,后者是由自然界结构和生物与环境的关系决定的,具有不以人的意志为转移的特征,人们从对自然的描述中发现它们;前者,并不是自然的,而是人与自然关系的产物取决于人类对自然价值的认识、尊重和热爱。承认非人类的生态权利,就是人类保护并尊重其他生物的义务和责任。非人类的生态权利是人类历史发展的重要标志。

第6章 环境伦理学的基本原则

6.1 全面公平原则

6.1.1 公正与平等在法学上的意义

公正、公道、公平、正义这些词虽不同,但所表达的意思基本一致,都是人类所追求的一种理想状态。在伦理上,公正即善,被看成是个人的美德和人的需要的一种合理的、公平的满足。社会生活仅仅靠个人的美德不足以维持,必须依靠社会制度上的措施和手段来促进。道德正义必须同社会正义包括政治的、经济的、法律的正义相结合。

从传统上看,公正这一概念是社会制度的中心规范。它是为了分配社会“共同体”中的利益和负担而建立起来的。那么,社会生活中的利益和负担是怎样被分配的呢? 什么是利益和负担的公正分配呢? 在西方,对这些问题的回答往往要追溯到亚里士多德的主张:公正要求平等对待每个同等的个体。公正原则认为每个个体应被平等的对待,除非他们之间存在着足以要求不同对待的差异。

在政治、经济上,公正指一种与社会发展的理想相符合、足以保证人们的合理需要和利益的制度。人们造成争端甚至社会冲突时,又怎样合理地、公正地加以解决。

从法与正义的关系来看:法是实现正义的手段,法的价值之一就在于实现正义。在法理学中,平等和公正属于法律责任的范畴。法律责任是一个由法律和责任组成的合成词。在法学上,法律责任是因侵犯法定权利或违反法定义务而依法发生的、由有责主体承担的义务。在实施或追究法律责任过程中必须遵循某些法律责任的原则,其中就包括责任平等原则与公正原则。

责任平等原则是“法律面前,人人平等”原则在法律责任领域的基本体现。在我国,法律责任平等原则具体是指:第一,我国法律中有关法律责任的规定对任何责任主体,不分所有制性质,不分机关和个人,不分公民的民族、种族、性别、职业、出身、宗教信仰等的不同,不分财产情况和组织大小,都是统一适用的。第二,任何责任主体都依法对自己的违法行为承担相应的法律责任。任何责任主体不得享有规避。

6.1.2 人类与非人类存在物的平等

人类与非人类存在的平等问题,是环境伦理学中最具争议的问题之一。非人类存在物是否有资格获得与人类平等的地位,如果有资格的话,其范围又如何界定。

1. 人类中心主义的平等观

人类中心主义认为,一切非人类存在物均不享有与人类平等的地位,人只对人负有直接的道德义务。人所负有的保护环境的义务,只是对人的一种间接义务,即人类保护环境,归根到底是为了自己的切身利益。不赋予非人类存在物以任何道德地位,并不意味着保护环境就没有了理论根据。采取人类中心主义也不意味着允许破坏环境。真正有利于人类的作法应当是人类在扩大自身福利的同时,不以牺牲环境为代价。这也就是所说的弱人类中心主义。

2. 动物中心主义的平等观

动物解放论和动物权利论主张把与人类平等的地位赋予人类之外的动物。动物解放论标榜的是边沁的功利主义。在功利主义看来,快乐是一种内在的善,痛苦是一种内在的恶;凡带来快乐的就是道德的,凡带来痛苦的就是不道德的,而且,在计算一个行为的道德后果时,必须把受此行为影响的所有个体的利益都同等地考虑进去。感受痛苦和享受愉快的能力是拥有利益的充分条件,也是获得道德关怀的充分条件。不管一个存在物的本性如何,平等原则都要求我们把它的苦乐看得和其他存在物的苦乐同样重要。如果一个存在物不能感受苦乐,那么,它就没有什么需要我们加以考虑的了。这就是为什么感觉能力是关心其他存在物利益的唯一可靠的界限原因。动物解放论者把能否感受痛苦和快乐作为是否享有与人类平等地位的标准。在他们看来,具有感觉能力的存在物至少拥有一种利益,即体验愉快和避免痛苦的利益。平等原则所关心的是"利益",而不管这个利益的主体是谁。如果我们既不想违背平等原理,也不想违背功利主义原理,而把平等原理和功利原理贯彻到底,那么我们就必须把动物的苦乐利益也当作道德计算的相关因素,即它们也应享有与人类平等的地位。

由于我们每个人都是一个拥有某种对我们自身而言是或好或坏的生活的生命主体,因而每个人都具有相同的、没有程度区别的"天赋价值"。然而,成为生命主体的上述特征,动物也具有,因而,动物也拥有值得人们予以尊重的"天赋价值"。动物身上的这种价值赋予了它们一种道德权利,即不遭受不应遭受的痛苦的权利。它们的这种权利决定了人类不能仅仅把它们当作一种能促进其福利的工具来对待,而必须以一种尊重它们的"天赋价值"的方式来对待它们。"

动物解放论及动物权利论虽然主张动物应享有与人类平等的地位,但并不认为给予动物的待遇或权利必须绝对地一致。动物解放论者认为,应根据动物的感觉能力和心理能力的复杂程度,区别对待它们。这样做的理由主要是基于功利主义的考虑。同样的行为,给感觉和心理能力不同的动物所带来的功利是各不相同的;加在人和动物身上数量相同的痛苦给二者所带来的负面功利后果是非常不同的;挽救一个人的生命和挽救一个动物的生命所带来的肯定性功利后果也不可同日而语。动物解放论者承认,要精确地比较不同动物之间的功利是有一定困难的,但这种困难并不比我们在比较不同人之间的功利时所遇到的大。既然我们能对人际间的功利作大致的比较,那么,我们也可以对动物之间的功利进行大致的比较。

动物权利论者也认为,动物的权利与人的权利虽然都是不应侵犯的,但在特殊情况下,个体的权利也可以被侵犯。不过,这种侵犯必须同时满足下述三个条件:第一,对该个体权利的侵犯将阻止(而且是唯一现实的阻止方式)对其他无辜个体的更大伤害;第二,对该个体权利的侵犯是一系列措施中的一个必要环节,这些措施将从总体上阻止(而且是惟一现实的阻止方式)对其他无辜个体的更大伤害;第三,只有侵犯该个体的权利,我们才有希望阻止对其他无辜个体的更大伤害。

3. 生物中心主义的平等观

生物中心论者的道德视野还要宽,他们认为动物之外的生命也应当享有与人类平等的地位。他们的立场是基于以下四个信念:

(1)人是地球生物共同体的成员

人和其他生物都起源于一个共同的演化过程,而且也面对着相同的自然环境。他作为地球生命共同体的平等成员的资格,是与其他生物共享的。人的产生是演化史上一个较晚的事件,人类是晚来者;在他出现之前,地球上的各个物种之间就已建立了相互适应、相互依赖的关系,人这个迟到的物种不过是这个既定的关系网上的一个网结。人的生存要依赖于其他生物,但其他生物的生存却不依赖于人类。人的消亡不会使其他物种遭受损失,也不会给自然环境带来不良影响。甚至,"从生命共同体及其真实利益的角度看,人在地球上消失无疑是值得庆幸的'大好事'"。

(2)自然界是一个相互依赖的系统

人类和其他物种一样,都是这个相互依赖的系统有机的构成要素。在这个系统中,每一生命的生存及其生存的质量,不仅依赖于它所生存的环境的物理条件,还依赖于它与其他生命之间的关系。生存于特定生态系统中的任何一个生命或生命共同体都不是一座孤岛。任何一个生命或生命共同体的重大变化或灭绝,都会通过系统结构对其他生命或生命共同体发生影响。因此,人类对生命网的干预不应过大。

(3)有机体是生命的目的中心

有机体的内部功能和外部行为都是有目标的:维持有机体的长久生存,并成功地使它的生物学功能得到正常发挥,使它的种类得到繁殖,并不断地适应正在变化着的环境。正是有机体拥有这样一些协调、完整的功能,它才能够成为这些活动的目的中心。说有机体是生命的目的中心,却不意味着有机体是有意识的,而是说有机体是一个具有目标导向的、实现有机体的生长、完整有序而又协调的活动系统,它的所有活动都指向一个目标实现生长、发育、延续和繁殖。

(4)人并非天生就比其他生物优越

大多数人具有这样的信念:人拥有某种价值和尊严,这种价值和尊严是那些"低级"的生命所不具有的。为人的优越感提供证明的理由主要有两个:一是秉赋论。认为人所具有的如理性思考、审美创造、自主决定等比其他生命所具有的如速度、警觉、耐力等能力更有价值。然而,人所具有的那些能力只对人来说才具有价值,其他生命的生存并不需要这些能力;二是天赋价值等级论。认为人之所以比其他生命更优越是由于人因其本性就比后者拥有更多的天赋价值。

然而,在等级森严的社会中,处于不同社会等级的人所拥有的天赋价值也是不同的。那些出生于社会上层的人,天生就被认为应比那些出生于社会下层的人获得更多的尊重。可是,生活在现代民主制度下的大多数人,当他们在比较人和其他生命时,并未坚持这种平等主义的世界观,仍然认为我们这个物种比所有其他物种都优越。对人的优越性观念或动物物种优越性观念的抛弃,就是对物种平等观念的接受。根据物种平等原理,一个生物,不管它属于哪个物种,它都应获得道德代理人的平等关心和关怀;在这个意义上,每一个物种都拥有同等的价值。每一个生物的"好"都被认为是值得当作目的本身、且为了该生物而加以维护和促进的。道德代理人对它们所采取的唯一合适的态度就只能是尊重。

6.1.3　人类内部的代际平等和代内平等

1. 代际平等问题的探讨

代际平等即当代人与后代人之间的平等，是可持续发展观的核心内容之一，也是其基本目标。它要求在当代人与后代人之间共同分担发展的权利与代价。这种平等保证了经济、社会、生态系统的持续性以及人类未来的发展空间。坚持代际平等是基于以下的考虑：首先，持续生存和不断发展是人类社会的两个根本目标，符合人类的根本利益。人的自然属性是人从动物那里继承下来的生物特性；人的社会属性是人作为“有意识的存在物”所具有的属性。在这个意义上看，人不仅具有生理特点，还具有心理特点，即可以通过思想、智慧和自主行为，有意识地改造自然，从数量和质量两个方面来满足自己不断增长的需求，并维系种的繁衍和发展。

其次，自然环境制约着人类社会的发展。自然环境是人类赖以生存的基本条件，为人类提供必需的自然资源和活动空间，在任何情况下，人都要受到自然的影响。另外，人类和自然属性决定了人类始终是地球生态系统的一部分。生态系统具有自我调节的功能，但其承载力、缓冲力和恢复力都是有限度的，如果超过这个限度，整个系统将会失衡、甚至崩溃。上述三个限度综合起来决定了人类社会发展的环境容量，这是自然环境给人类活动设下的不可超越的界限。

最后是人类社会发展的历史教训。在农业文明时代，由于发展不当带来生态环境恶化从而使文明衰落的例子屡见不鲜。最典型的要数发祥于幼发拉底河和底格里斯河流域的古巴比伦国，巴比伦人在创造灿烂文明的同时忽视了对生态环境的保护，大自然的报复终于降临了，漫漫黄沙使巴比伦国销声匿迹。

实行可持续发展原则必然要求坚持代际平等。尤其对于广大发展中国家来说，一方面面临着人口、资源、环境和经济基础薄弱的沉重压力；另一方面，这些国家从来没有、将来也不可能有发达国家工业化过程中所享有的资源和环境容量。快速稳定的经济增长要求与相当有限的资源和环境支持能力之间的尖锐矛盾，始终无法回避。

2. 代内平等问题的探讨

从伦理学上看，可持续发展观念的核心是平等与和谐：平等包括代际平等以及不同地域、不同人群之间的代内平等；和谐则是指全球范围的人与自然的和谐。因此，代内平等问题也是可持续发展观的重要内容，它要求在区域内部不同利益集团之间、不同区域之间、不同国家之间以及穷人富人之间，对资源利用和环境保护所带来的收益与支付的代价，进行公平的负担和分配。事实上，人与自然的和谐，当代人与后代人的之间平等，都以同代人内部的平等为前提。

代内平等要求在区域内部的不同利益集团之间、不同区域之间、不同国家之间以及穷人和富人之间，对资源利用和环境保护所带来的收益与支付的代价，进行公平的负担和分配。在当代社会中，代内不平等的现象主要表现在以下几个方面。

(1)执法方面的不平等。美国政府清理有毒垃圾和处罚污染者时，存在着种族上的差别。对白人社区比对黑人、西班牙人及少数民族社区，其行动更快、结果更好、惩罚更严厉。这种不平等的保 护常常根据社区是穷还是富来决定。

(2)使用环境资源的收益与支付的代价之间的不平等。环境资源不仅具有作为商品而被人类直接利用的功能，还有间接为人类利用的其他功能，以及维护和支持自然界生存、演化的功能。环境资源的总存量不会递增,只会随着人类耗用量的增长而趋于减少,当某些环境资源下降到一定的阈值之下时,将会导致这些资源的灭绝。而传统市场制度无法正确地评价、处置和管理环境资源。一方面,环境资源的价值获得市场认可的只是其中的经济价值,环境资源的其他价值因处于市场之外而被弃之不顾;另一方面,在环境资源耗用时,它的收益和成本是分离的。环境资源的非私有性质容易导致"公用权悲剧"的出现。

(3)环境资源经济利益分配方面的不平等。统计资料表明,发达国家与发展中国家的人均消费比,化学品8: 1,木材和能源10: 1,粮食和淡水3: 1,主要欧洲能源人均消费是非洲的10倍,美洲则是20倍。由此可见发达国家无论是人均消费量,还是消费总量,都远超过发展中国家。

(4)国际贸易与跨国公司的环境规则方面的不平等。貌似公正的国际贸易和跨国公司的活动,已导致发展中国家环境资源的过度耗用,以及污染物随污染型产业向发展中国家转移。发达国家依仗他们已积累的财富和权势,在世界市场和国际金融货币体系中拥有地位,甚至充当国际争端的仲裁人。他们制定和实施的政策对发展中国家往往是不公正的。如我国钨矿资源丰富,但由于加工技术水平低,目前只能廉价出口钨砂,而又不得不以三四十倍于钨砂的价格去进口钨丝。发达国家向发展中国家转移劳动密集型和污染严重型产业,把本国的环境净化建立在别国环境恶化的基础上。

(5)污染物的处置和转移方面的不平等。绿色和平组织1990年的报告指出,在美国,焚化炉所在地居住的有色人种比全国平均水平高出89% ,拟建焚化炉地区的少数民族比全国平均水平高6%,焚化炉所在地的平均收入水平低于全国平均水平15%。

(6)借口环境保护干涉他国内政。例如,为迫使发展中国家在二氧化碳联合减排问题上接受发达国家的主张,亚当森提出接受发达国家的主张,戴维的手段是:如果劝说无效,在某些条件下提出"绿色条件"可能成为解决问题的办法,尽管这样做可能不受欢迎;对于确实难办的事情,只要有足够的支持,工业化世界又没有在制止温室气体问题上陷入不可救药的宿命论,则可以采取制裁措施。这里所谓的"绿色条件"是,不准砍伐自己的森林,不准修筑水坝,不准兴建发电站,不准发展自己的工业等等;所谓的"制裁措施"是,国际金融机构如国际货币基金组织和世界银行,将取消一切援助和贷款,世贸组织将加强贸易封锁和禁运,不准进口你的产品,等等。

3. 代内国际间不平等的基本因素

(1)经济因素。解决环境问题,需要有先进的技术支持和大量的资金投入。发达国家率先实现了工业化,积累了巨大的社会财富,取得了相当的经济和技术优势,它们有实力进行产业结构的调整与升级,有条件率先发展环境科学、资源科学、生态技术和绿色产业。发展中国家不得不面对一个更为巨大的双重环境压力:既要承受大得多的环境污染破坏,又要承受大得多的环境资源耗用。

(2)社会因素。人口是制约环境问题解决的关键因素之一。发展中国家巨大的人口数量及其过快的增长速度,引发了一系列经济和社会问题,对环境产生了巨大的冲击和沉重的压力。庞大的人口数量通过对粮食、衣着等基本生存条件的巨大需求,转化为对农业资源的沉重压力,通过对工业产品的大量需求而导致对矿藏、森林、草原、海洋等生态资源的过度开发,这一切过程又都转化为对环境质量的严重损害。同时低素质的人口结构,在很大程度上降低了一系列保护和改善环境的政策的效力。

(3)政治因素。政治因素也制约着环境问题的解决。例如,在冷战时代,美苏争夺世界霸权,追求军事政治优势,不仅无暇顾及国际环境的保护,而且以战争的方式加速国际环境的破坏,越南战争、海湾战争就是其中的典型。国际政治关注经济利益,以及与经济发展相关的环境问题。霸权主义、殖民主义又有了新的形态,表现为借口环境问题干涉别国内政,向发展中国家输出有毒废物、转移高污染产业。在一国内部,许多资本主义国家在环境问题上推行种族主义政策,使穷人、少数民族、土著居民等社会弱势人群饱受环境污染之害。因此,要从根本上解决环境问题,必然要消除这些政治制约因素的影响。

4. 国际间处理代内平等问题的原则

为了克服环境问题中的代内不平等现象,在国家之间处理相关问题时应遵循以下原则:

(1)发展选择权的平等原则。由于各国的发展先后不同,发展条件不同,发展水平不同,他们在选择继续发展的道路时,应有平等的自由选择权利,包括发展目标、发展方式、发展手段、发展速度等方面的自由选择权利。尤其对于广大发展中国家,更应如此。这些国家不是发展过度,而是发展得远远不足。世界上每5个人中就有一人缺少最起码的食品,有的人喝不到符合卫生标准的净水,每年有数以百万计的儿童,由于营养不良或得不到及时救治而夭折。这是极大的不公平。如果仍有数亿人连基本的生存条件都得不到满足,那么代内平等只是一句空话。

(2)地球公共资源享用权的平等原则。属于全球共有的资源,各国都应有平等享用的权利,这种享用权可以用享用量的方式来表示。

(3)资源耗用效益的平等原则。这包含两重含义:一,确保发展中国家的资源耗用效益不低于发达国家历史上的相应时期,这是效益的阈值性原则;二,力争发展中国家的资源耗用效益高于发达国家历史上的相应时期,这是效益的进步性原则。

(4)环境成本分摊的平等原则。在合法的范围内,对全球公共资源的享用是免费的;如果超出了合法范围,将应计算成本问题,成本由当事国承担。至于是否合法的判定,应以发达国家历史上相应时期的效益为标准。

(5)国际经济技术合作的平等原则。发达国家比发展中国家早一、二百年进入工业化,在其工业化过程中,廉价地占有、掠夺、消耗世界上绝大部分的资源,率先大面积污染世界上大部分土地、空气和水体,直至现在它们仍是世界资源的主要消耗者和污染物的排放者。发达国家对全球环境问题负有主要责任。只有在发达国家真诚地、理智地和公平地支付资源与环境保护经费的前提下,才能从道义上动员发展中国家支付合理的资源环境保护经费。这种同代人之间、代与代之间的不公平所造成的日益积累的恶果,最终会招致包括发达国家在内的全人类的毁灭。从这个意义上讲,发达国家应从自身生存和发展的切身利益出发,向发展中国家提供环境保护方面的经济与技术援助,帮助它们加强经济实力,提高技术水平,以增强环境保护的支持能力。

(6)国际贸易中环境规则的平等原则。在世界经济走向全球化的时代,即使是发达国家对发展中国家依赖性尤其是对发展中国家相对丰富的不可再生的资源和廉价劳动力的依赖性也日益增强。因此,国际贸易中环境规则的平等显得尤为重要。这种平等包括两项内容:一是防止污染物的国际转移,即生态垃圾倾泻,这主要是针对发达国家和跨国公司而言的;二是防止在商品产销过程中过度地占用环境资产,这主要是针对发展中国家而言的。为了反对生态垃圾倾泻,除了需执行巴塞尔公约以外,还必须对跨国公司的经营活动有环境约束,一个跨国公司在投资国的经营活动所遵循的环境标准应取跨国母国与投资国的环境标准中的较高者。

(7)国际环境政治的平等原则。对于全球环境问题,应建立相应的国际政治保障制度。环境保护应成为这种政治保障制度服务的目标,而不改变成超越环境的政治目标的借口与工具。国际环境政治的平等原则应包含3个方面:第一,确保各国(不论大小贫富)对自身环境与发展问题的主权地位,确保他们平等地参与解决国际与全球环境问题的权利;第二,在解决国际与全球环境问题中,应倡导协调与合作,反对各种形式的对抗;第三,应把环境问题上的国际合作与其他国际政治问题有机地结合起来。

6.2 综合效率原则

效率是可持续发展所追求的社会目标之一。它关系着财富增加的速度及质量。可持续发展环境伦理的效率原则是一种综合效率原则，是经济效率、生态效率和社会效率的统一。

6.2.1 经济效率

在市场经济下，经济发展是中心任务，为此提高效率，增加社会财富符合市场经济发展的前提,是可持续发展的主要目标。所谓经济效率就是用最少的成本获取较大利润的行为,即少投入、多产出。市场经济给社会个体提供了趋利的空间，而资源又是稀缺的，所以才要依靠竞争,在竞争的优胜劣汰中实现资源的优化配置，产生高效率,效率原则是合乎道德的,是用未评判工商活动和经济制度重要的伦理原则。从经济效率的角度看，不道德的金融活动显然是无效率的，不道德的融资行为既然是一种骗取别人钱财的行为，就谈不上效率。而且由于不道德的融资行为，会损害投资人的权益，而引起利益冲突和信任危机，打击投资人的热情，甚至导致投资人撤资。只有当企业追求利润最大化而不损害他人的权益时，它才符合经济效率原则，才是合理的，但在追求经济效率过程中，一定要关注生态效率，同时要考虑伦理效率。例如，在市场经济中，随着经济效率的提高，效率低的企业面临破产，被淘汰下来的那一部分人将面临失业，对这部分人，要考虑公平原则，保障他们生存发展的机会，制度保护性的规则，利益分配上的高收入者开征税收，用于社会福利保障上，这是效率之得弥补了公平的损失上，只有当效率得到了高程度的发展，才能让更大范围的人享受到公平。

6.2.2 生态效率

生态效率概念最近在OECD国家用得较多,是当前OECD国家使用的一种全新的环境管理方式。生态效率是指生态资源满足人类需求的效率，它可看作是一种产出投入的比值，其中“产出”是指一个企业、行业或整个经济体提供的产品与服务的价值,“投入”指由企业、行业或经济体造成的环境压力。在这个概念中强调了产品与资源的价值问题，它的目标是增强企业的经济质量，即为社会提供更多的价值，而不是把更多的原材料和能源变为更多的废物。生态效率分为个体生态效率和群体生态效率及生态系统效率三大类：个体生态效率一般指生物或非生物个体的物质及能量的转换和利用效率；生物及非生物的群体生态效率和生态系统的生态效率的物质与能量的转换效率很高，其系统中的物质与能量得到了充分的循环利用，不至于产生资源的不合理利用或存在资源浪费的环节，输出环境污染。目前，人们比较关注的是对环境影响的总体状况，这样一个企业或产品对环境造成的影响的概念是比较抽象的;同时，在发展的过程中必然要消耗，将对环境造成影响，尤其是成长中的企业。生态效率这个概念能缓解上述矛盾。生态效率在这里强调的是单位生产或消费造成的影响，也就是企业要考虑单个产品在生命周期中出现的环境问题，并要求企业充分利用现有资源，发挥资源的最大效益。发挥资源的最大效益表现在两个方面，一是产品质量的提高意味着资源价值的提高；二是每个产品的平均资源使用减少。所以，这个概念满足了经济、社会、环境三者之间的平衡发展的要求。要想提高生态效率，实行循环经济是关键。循环经济即生态经济，它要实现的是最为理想的生态效率。生态效率追求物质和能源利用效率的最大化和物质产量的最小化。循环经济的根本之源就是保护日益稀缺的环境资源，提高环境资源的配置效率，从而达到效益的最大化。

6.2.3　伦理效率

在人的各种社会活动中都存在效率问题，伦理效率最主要是伦理思想和伦理制度所产生的效率。如果整个社会的伦理思想及伦理制度表现出不能激发人类创造性及工作热情，从而限制生产力发展，对社会造成低效率甚至是负效率的一面,那么这样的伦理思想及伦理制度具有较低的伦理效率，需要改革。可持续发展环境伦理要求有较高的伦理效率，高伦理效率要求，各经济主体之间、经济主体与自然间要有正当的伦理关系。市场经济就是在宏观调控下对资源的配置起基础性作用。使科技和经济遵循科学规律和价值规律，通过价格杠杆和市场竞争机制将资源配置到有效的地方去。因而，它是一种效率经济,它要通过市场达到资源配置与利益分配的最优化。人尽其财、力尽其种，物尽其用,以提高劳动生产力，取得最大的经济效益，这就是最优化。最优化通过竞争保持的优胜劣汰来实现,所谓投入少少益善，产出多多益善，这就是高的经济效率。但如果仅仅追求一时的经济效率，而忽视了生态效率、伦理效率，那么所谓的经济效率是暂时的是不可持续的。只有在社会发展的过程中坚持经济效率、生态效率和伦理效率相统一的综合效率原则，才可真正实现可持续发展的发展效率。

6.3　互动和谐原则

可持续发展环境伦理既不是人类中心主义,也不是非人类中心主义，而是以人与自然和谐统一的整体为中心的。和谐原则要求在人地和谐统一的系统价值观基础上,对自然的开发利用保持在自然生态系统限制之中，实现人类的持续发展和自然环境有序进化，实现人地良性互动、共同繁荣,即“人地双赢”。因此和谐原则是可持续发展环境伦理的最高层次的原则,是解决不和谐问题的首要准则。我国前一时期过分着重于国内生产总值的增长，甚至把发展等同于增长，把许多无可回避、必须解决的经济、社会和政治问题留在了后面，这些问题包括：城乡和地厂发展差距扩大，贫富差距扩大，经济发展与社会发展失衡，资源环境与发展不协调。要想解决这些“不协调”，就需要以互动和谐原则为指导。所谓和谐原则，就是指可持续发展环境伦理理念将实现和发展整个人类内部的和睦相处、协调发展和人类与自然的共同生存、互相促进作为要达到的重要目标。人与人的和谐是公平、正义的进一步提炼和深化、升华，是一种整体性的把握和观察的角度；人与自然的和谐是主体和谐关系的扩大化。总之和谐原则体现出一种尊重万物自在本性的可持续发展环境伦理。可持续发展环境伦理的和谐原则表现为互动和谐原则，具体体现为经济和谐、生态和谐和社会和谐相贯通的互动和谐原则。

6.3.1 经济和谐

经济和谐是整个社会和谐的基础，没有经济和谐就没有经济效率，必然整个社会的运转也就失去了必要的物质支撑。在经济系统内部，生产、交换、分配、消费各个环节必须有机衔接起来，顺畅循环，否则，再生产过程就不能正常进行。实现经济和谐，必须处理好一些重大的经济关系问题。比如，生产与分配之间的关系，积累与消费之间的关系，基础设施部门与直接生产部门之间的关系，实体经济与虚拟经济之间的关系，国有经济与民营经济之间的关系，国内市场与国际市场之间的关系等等。只有把这些重大经济关系处理好了，不出大的问题，整个经济系统才能处于良性运转之中。

6.3.2 生态和谐

生态和谐，是经济和谐和社会和谐的生态基础。生态环境是人类社会赖以生存的自然基础。减少污染，净化环境，保持物种的多样性，让人类与自然生态和谐相处，这是我们必须坚持的发展原则。生态和谐是指在一定的地域空间内，所有的生态要素之间具有较好的质和量的合理配置。其中包括人与自然的生态和谐以及自然要素之间的生态和谐。要想实现可持续发展必须以生态和谐为基础，这已取得全球共识。这一认识的获得是以工业化对人类生存环境的严重破坏为代价。生态和谐强调人对自然的依赖性和两者的统一性，主张人应同自然和谐相处，人类社会的发展不应以破坏和牺牲自然的平衡态为代价而应使之得到应有的维持和保护。自然要素之间的和谐是指各自然要素之间时空上配置合理，能为人类提供较好的自然综合条件。如中国降水资源丰富，但空间和时间上的配置不合理，和谐度较低，北方缺水，南方水比较多；冬季降水少，降水集中于夏季，有时甚至引起洪涝灾害。对于这种不和谐状况要通过工程措施提高生态和谐度，如南水北调工程的实施就是为了解决自然生态上的不和谐。随着经济发展，人的生活质量提高，需要一种比较稳定的资源供给与消费，这就要求一种和谐度高的生态系统。

6.3.3 社会和谐

社会和谐主要指人与人之间的和谐，它是人类社会系统内部各层次系统之间的和谐关系的简称。人类社会系统内部各层次系统之间的关系表现为部分与部分以及部分与整体之间的关系，即个人与个人、家庭与家庭、团体与团体、民族与民族、国家与国家、种族与种族、文化与文化、文明与文明的部分与部分的关系；个人与家庭、团体、民族、国家、种族以及家庭与团体、民族、国家、种族或团体与民族、国家等等的部分与整体的关系。整个人类社会系统是由多个多层次人类社会子系统所组成的。系统的稳定存在要求其内部各层次子系统之间和谐共存。在系统的内部，相同级别层次的子系统之间是平等的关系，而下层子系统是作为其上层系统的一部分而存在的。因此，人与人的和谐表现为相同级别的各个社会系统之间是平等的关系，即个人与个人平等、家庭与家庭平等、民族与民族平等、国家与国家平等。种族与种族平等、文化与文化平等、文明与文明平等；而不同层次社会系统之间是部分从属于整体、整体包含部分的关系，即个人从属于家庭、家庭包含个人，家庭从属于民族、民族包含各家庭，民族从属于国家、国家包含各民族，国家从属于文明、文明包含各国家，文明从属于全人类、全人类包含各文明。由于人类是一个具有自主行为能力的自然的认知系统，因此，人类社会系统内部能否和谐共存取决于人类认知系统是否真正反映了世界和谐的规律。人类认知系统的主要困惑在于如何正确识别人类社会各层次系统以及如何正确地找到自我认同。人类和谐的认同原则是“向上认同原则”，即由低层次级别社会系统向高层次级别的社会系统认同。人类认同层次越高则人类社会越和谐，反之，认同层次越低人类社会则越不和谐，矛盾冲突越剧烈。人类认同的最高层次是人类一家，即人类作为一个整体的自我而得到认同。生态和谐、经济和谐和社会和谐是可持续发展环境伦理和谐原则不可分割的三个方面，但更重要的是三种和谐的互动，最终实现互动和谐。首先是社会与生态的和谐，生态是社会发展的基础，社会的发展需要一定的生态占有量，例如人均资源占有量：人均多少水、多少地、多少森林等，表明环境容量状况；人均资源消耗量：每个人消耗多少电、多少水、多少其他矿物资源。如果在社会发展、经济增长中无视这个总容量，那么生态就可能制约社会的发展或制约社会的可持续发展。其次是经济与社会之间的和谐，经济发展是社会进步的物质基础，社会和谐对经济发展有促进作用，同时社会和谐是实现可持续发展的必要条件及重要目标之一。最后是经济与生态之间的和谐。发展经济一定要与生态相协调，实现生态与经济的“双赢”。

总之，全面公平原则、综合效率原则和互动和谐原则共同构成了可持续发展环境伦理的原则系统，三者互为补充。全面公平原则、综合效率原则是两个基础原则，互动和谐原则是前两个原则的升华。互动和谐原则具有全面公平原则，综合效率原则所要求的因素，同时也超越了原有原则的要求，具备全面公平原则、综合效率原则所不具有的内涵。它与全面公平原则，综合效率原则相联系、相平衡，共同组成可持续发展环境伦理的原则系统。

6.4 协同进化原则

6.4.1 协同进化的概念

协同进化概念是达尔文生物进化论发展过程中提出来的新概念，也是一个伦理学的新概念，要表明一种在人与自然关系中的“利己与利他”相统一的伦理原则。协同进化也具有哲学意义，强调异中求同的认识论和整体支配并决定部分的协同学。

1. 协同进化的哲学意义

协同进化是一般生态规律，人与自然协同进化，则既是协同进化规律在人与自然关系层面的应用，也是人对自然关系的行为规范。人与自然协同进化作为新概念，在《环境科学大辞典》中的定义要点是：一是反对“极限论”。即反对那种把地球环境的承载能力看成是固定不变的，只有停止经济增长才能与环境保持和谐的观点。二是主张环境的限度对于某一特定的种群是固定不变的，但对人类没有绝对化的意义。相信社会可使用科学技术和生产力，按环境演化的客观规律促进环境定向发展，从而增强地球环境的承载能力。即增强社会发展的自然基础，在社会发展与环境进化的动态过程中寻求互惠共生。

探讨人与自然协同进化，必须以地球生态系统的协同进化规律原型作为参照，一方面考察自然环境作用于人，使人自然化，即自然属性、自然规律成为人们实践的自觉的意识，人的活动遵从自然规律并打上自然的烙印。另一方面，考察人作用于自然，使自然人化，即人类能动地参与改造、修补和完善自然生态结构和过程，使之更适于生物的生存和生态过程的良性运转。

可以发现,无论是前者还是后者,地球生态系统的整体结构属性和整体规律,都在以显在或潜在的形式,支配着人的能动性,制约着人与非人类自然合作的方向、水平和规模。探讨人与自然协同进化的科学内涵,也必须到协同进化的自然生态整体属性、关系和规律中去寻找和发现。

2. 协同进化的环境伦理

人与自然协同进化是人类仿效生物与自然协同进化的规律,概括出来的伟大的生存智慧。它指导我们正确地定位人与自然的伦理关系:对于人类世界的生存与发展而言,非人类世界的可持续是根基。没有非人类世界稳态的生态关系就不可能有人类世界的可持续价值。

在人类看来,非人类世界是一个不以人类的意志而转移的生态系统,这个系统,从局部透视,是达尔文所谓的"自然选择"价值系统;从系统整体上观察,是一个协同进化的价值系统。这个价值系统在自然过程中自为自在。即是以能量和物质为基础的食物链网方式存在,以及以生物群落与其环境依存和作用的方式存在。相对非人类动物物种之间而言,物种间的信息交流是通过粪便、形体动作、声音变化和吃什么东西的中介表达出来。物种之间构成的生态系统乃至整个地球生态"世界",与人类世界人与人、人与社会的共同体关系有着本质上的区别,但是,也有本质上的内在联系。然而,我们以往只看到本质区别,却没有看到本质联系。比如我们习惯于人类自己的善恶尺度,认为人的需要、利益、价值是真实的,应当被满足。自然界的任何事物就是人类施展才能的舞台,它们本身没有意义,只对人类有意义,更没有发现它们哪个生物共同体实质上不仅仅是人类上演戏剧的舞台,它们本身也上演着固有价值的生命历史戏剧。

综合上述观点,人与自然协同进化的哲学概念,其根基在于协同进化的地球生态属性,它是整体支配并决定部分的生态原理在人与自然生态关系方面的应用,它也是一种新的伦理,反映人类的特征,相信人能谨慎地利用科学技术不断地促进自然过程的自然方向性与人类生活活动目的性的统一,以实现人与自然的共同创造的过程。

6.4.2 协同进化的环境伦理方法论

人与自然协同进化的环境伦理也是一种"对话论"的伦理。"对话论"寄予交流论(communicationism)而非决定论(determinism),是指人与自然伦理的真正解决,不能仅仅靠环境道德代理人自己与自然的"对话"(这充其量是理人自己进人"物我同一"的道德境界),还要靠当事人与人之间、人与社会之在利益平台上的"对话"。其特点有以下三个方面。

1."双向伦理"模式

"双向伦理"模式是人与自然协同进化的环境伦理模式,这种模式是指考虑人与自然关系的伦理问题时,也必须考虑到相应的人与人关系的伦理题,从而,从人与自然和人与人这两个方面寻求解决途径的方法。事实也是此。人与自然的关系和人与人的关系是密切相关的。人与人之间的社会关系是人与自然之间关系的前提;人与自然之间的生态关系,是人与人之间社会关系的基础,环境伦理学的主要任务之一就是通过这两种关系的思考解决好环境伦理问题。

2. 不拒斥任何理论

人类在人与自然关系中的一切活动,无论是个体还是集体的活动,都是有目的的,但是有目的的人的活动不一定都是合理的,而要使人的有目的活动同时也具有合理性的意义,人们总是要追究合目的性与合理性的理由和根据。

一些环境伦理学者把这样一些理由和根据归结为人类利益和价值,另一些人追求生物的利益、生态系统的价值等,这就是所谓人与自然伦理关系的人类中心主义和非人类中心主义的价值根基。

3. 对环境法理的意义

人类中心论,从"单面论"走向"对话论"是伦理模式的根本质变:一是从人类中心伦理到非人类中心伦理(生物中心伦理、生态中心伦理等)的转变,是一种价值参考系的转变,其价值论基础是从个体论转变到整体论。人类中心伦理与生态中心伦理的联系和区别,类似于牛顿力学与爱因斯坦相对论力学之间的部分与整体的整合关系。牛顿力学是爱因斯坦相对论力学的特例,人类中心价值论也是生态中心价值论的特例,从来没有,今后也不会完全否定任何一个学说的特殊性,包括人类中心主义的伦理理论。二是这种整体关系是人在自然中的环境权利与义务关系。对于今天开展的环境革命而言,以人类利益为中心向人与自然协同进化的生态中心的环境权利观的转变,并不仅仅是认识上的渐变,而是质变。这一点类似于托勒密的地心说向哥白尼日心说的转变,并不是仅仅为了管理上的方便,而是揭示了一种新的生态法哲学的逻辑起点。

6.4.3　协同进化的环境伦理原则

人与自然协同进化是环境伦理立论的基础、根据和最终目标。人与自然协同进化的环境伦理的标准,就是看是否有利于人类,是否有利于生态,也就是所谓"双标尺度"。这种"双标尺度"相对与人类中心主义的单标尺度,有怎样的区别,这种"双标尺度"在调节人与自然伦理关系中作为最基本的伦理原则。

1. 人与自然协同进化的环境伦理的标准尺度

(1)"双标尺度"是根本尺度

人类保护自然究竟是为了什么,通常,人们回答:保护自然是为了人类利益!有人甚至进一步肯定地说:保护自然只是为了人类利益!这种只考虑人类利益的单标尺度认为,人类利益在人与自然关系中是最根本的利益,人类利益是判定人对自然的态度和行为善恶的根本标准。也就是说,有人把人类利益作为环境伦理评价的根本标准。

我们认为,保护自然是为了人类利益有其合理性,如保护大熊猫和一些濒危的生物种,不是为了生态,而是为了人类利益。因为自然正在淘汰这样的物种,而人类千方百计地救护它,就是要留传给我们子孙后代。但是,断言保护自然只是为了人类利益,则令人难以置信。例如,美国狩猎协会决定,为了避免狩猎所击毙的水鸟被其他动物所食导致铅中毒而死亡,狩猎用的铅弹一律废除,代之以钢弹。这项决定就是为了生物生态利益。否则,只是为了人类利益就没有必要考虑子弹材料的改变。

提出"人类保护自然究竟是为了什么"的问题,具有模糊性,因为要回答这个问题,首先就要理清人与自然关系是什么性质的问题,显然,不同时期人与自然关系的性质不同。在古希腊时期,决定人与自然关系的性质,主要是与认识自然有关的问题;在近代工业革命时期,决定人与自然关系的性质,主要是与人类改造自然有关的问题;在20世纪50年代的新科技革命时期,决定人与自然关系的性质,主要是与人类造成的生态危机有关的问题。所以,就古希腊和近代而言,人类谈不上保护自然,因为当时没有提出像今天这样来保护自然的要求,即使局部地区有保护自然的行动,那也只能是为了人的利益。但是,在后来的新科技革命时期,提出保护自然的呼吁,是相对人类对自然的破坏——人为造成的生态危机而言的。所谓生态危机是指自然生态结构的破坏及其对人类生存的威胁。因此,要保护自然就既要恢复自然,也要维持人类生存。所以,我们现在提出保护自然的目的,就不仅仅是为了人的利益,还为了自然的利益,这是评价环境伦理的双标尺度,也是根本尺度,体现了人与自然利益的统一。

(2)“双标尺度”是科学尺度

以人类利益作为评价环境伦理的根本标准,割裂了环境伦理学的内在目的和外在目的整体关系,混淆了环境伦理学外在效果和内在评价尺度的差异。一方面,我们熟知,人类认识自然和改造自然是通过各门具体科学的中介实现的,如数学为人类提供把握自然界各种物质运动形式的定量关系的理论;物理学为人类提供把握自然界各种物质运动及其相互作用规律的理论;动物学为人类提供把握野生动物、驯化动物的生理生态的理论。可以说,任何一门具体科学都是为了达到人类认识自然、改造自然的目标而确立起来的,它们都是为了人类利益。另一方面,每一门具体科学都有其自身的客体研究对象,都有其自身的科学规律。这些不同科学内在的研究对象及其科学规律,是对相应自然界的某一特殊性的规律性的描述。要评价各门具体科学的描述是否有价值,通常依据具有并协性的双标尺。即描述是否客观,描述是否有用,也就是说,各门具体科学的规律既要经过科学实证和科学逻辑的证明,也要经过对人类是否有益的检验。通常一门科学经过科学实证和逻辑检验就表明这门科学是否符合学科的内在目的,这门科学是否成立和有科学价值。如果它也能被应用于解决问题,证明对人类有益,那么,这门科学也符合学科的外在目的,具有人类价值。显然,任何一个创立的科学都具有学科的内在目的和外在目的。环境伦理学和其他各门具体科学一样,也是为了人类利益而确立的新兴科学。它研究人与自然的伦理道德关系,其最终评价的标准也同样是具有并协性的双标尺。即伦理是否客观,伦理是否有用,也就是说环境伦理是否客观地反映了生态规律,是否有益人类的生存,益于人类,促进生态,是评价人与自然伦理道德关系的根本标准。人类中心主义环境伦理以人类利益作为评价人与自然伦理关系的根本标准,显然是只考虑了该科学的外在目的,忽视了它的内在目的,割裂了环境伦理学内在目的和外在目的的整体并协性关系。进一步深入分析,我们也会发现:促进生态并益于人类,其中促进生态是环境伦理学的内在评价尺度。如人类利益的实现不能破坏生态,人类高速的经济发展不能超过生态阈限。环境伦理学的特殊性在于:它不像社会伦理学和人类学那样从肯定和张扬人类价值方面达到实现人类利益的目的,而是从肯定和张扬非人类价值的方面达到实现人类利益的目的。因此,非人类价值的内在评价尺度与这门环境伦理科学的外在效果(实现人类利益)是有明显区别的。如人类和非人类生物各自的善是不同的。人类需要安全、休闲、个人实现,而狼、虎、狮、鹿需要占领它们各自生态位并需要一定的物质、能量和信息联系以及相应的生态环境条件。不能用人类利益去评价人与它们的关系,因为不同种类用不同的评价标准。在人类社会或人工自然范围内,人把驯化的动植物看成是人类的附属物,这时可用人类利益去评价,但在荒野自然和自然生物共同体中就不能用人类利益评价,有人把荒野自然说成是人类利益的一部分——人类环境,这是不确切的,也是片面的。荒野是人类了解甚少的,是被科学几乎遗忘了的角落。霍尔姆斯·罗尔斯顿写道:“荒野是一个庞大的食物金字塔,在这里以一种冷酷无情的方式确立价值,是受死亡约束的丛林,到处都是屠宰场。伴随着生命活动,有害的气氛掩盖了尸体散发的恶臭。我们在那里找不到在文化中评价的同情和道德,也没有任何事物只是为了另外事物的利益服务,为了人类利益服务的可能性就更小。所有这些荒野的特点,都离我们人类社会在思想上觉得应该评价的事情非常遥远。"因此,人类开展野生物实践活动能够发现野生物的独特利益,也会懂得野生物生态稳态的自然内在机制,就会自然而然地用野生物生态的内在尺度去评价它们,而不会闹出用人类利益去评价非人类利益的笑话。如果硬要用人类环境的概念套用荒野和无机自然界,那么,有适于人类生存和发展的环境,也有不适于人类生存和发展的环境,荒野就是属于后者。

(3)"双标尺度"是终极关怀尺度

我们知道,社会伦理以人的利益作为调节人与人之间、人与社会之间道德关系的评价标准,这里所说的人的利益是指社会群体人的利益。个人的利益与整体利益相冲突时要服从整体利益。把这种观点类推到自然界的生态活动,就会得出:人与自然伦理关系的实现,是由于人对自然行为的后果涉及人类利益,因此,为了人类利益我们应该讲究对自然的行为方式,以环境道德规范的形式,限制一些人类对自然的行为。这样建立起来的环境伦理是以人类的利益得失来作为伦理的根据。这就遇到两个方面的挑战:一是这种基于人类利益之上的伦理,只抓住了通过人的利益的调节实现人与自然和谐的重要方面,但却忽视了基于其他生物利益之上的另一方面。这是有失偏颇的,社会伦理是人类社会生态组织程度的黏合剂,是管理社会的重要手段之一。环境伦理不局限于人类社会组织,它扩展到地球生物圈有机体,是生物共同体社会生态组织程度的黏合型生物之间的关系。用人类利益作为环境道德规范的标准,衡量或调节生物之间的关系。如被人破坏了的生态稳态,人类不是依据人类利益去调节、补偿和建设它们,而是根据生物生态利益去实施。这种管理和调控生物生态稳态的实践活动是环境伦理不应该忽视的重要研究内容。也就是说,不能仅用人类利益衡量人与自然的关系,还有生物生态机制,是这二者支配着人类管理自然的实践。如野生生物生态的管理、野生生物种种群人类繁殖和放归大自然计划的实施以及动物园动物的饲养和繁殖,等等。因此,仅以人类利益为尺度的环境伦理是不够的,不是本质意义的生态管理的伦理。人类中心主义环境伦理宣称以生态规律为基础调整人与自然的生态关系,实质上生态规律是更根本的,它决定人类行为也决定自然的生态过程。因此,生态规律是评价人与自然生态关系的尺度而不是人类利益。生物与环境协同进化是一条生态规律,人与自然协同进化是生态规律的具体化。所以评价人与自然的环境伦理关系,不仅有人类利益的因素,而且也有自然利益的因素,人与自然协同进化作为环境伦理的终极关怀,是评价环境伦理的根本标准和基本尺度。

2. 协同进化的环境伦理原则

(1)有利于人类的尺度

有利于人类,作为环境伦理的根本标准之一,是指在人与自然关系中自然界满足人类合理性要求,实现人类价值和正当权益的根本伦理。这个伦理之所以称为根本伦理是由于有利于人类的伦理是多种多样,千差万别的,我们在人与自然协同进化的环境伦理意义上讲的有利于人类的伦理也包含不同的结构层次,但是从评价尺度的意义上讲,这里突出的是人类两大活动中的根本伦理尺度。一是突出人类日常生活中的环境伦理尺度;二是突出人类在野外特殊生活活动中的环境伦理尺度。

(2)有利于生态的尺度

有利于生态是人与自然协同进化的环境伦理学坚持的又一个根本伦理原则。什么是有利于生态，要阐释清楚这个原则首先就要阐明什么是生态，生态是指生物与环境之间的关系，这种存在关系是唯独地球上才有的生命的存在，至少是迄今为止，我们还没有在宇宙中发现其他星球上有类似地球上的生命。所以，我们认为，唯独地球有生态，而且也是地球呈现出来的区别于其他星球的特色。

(3)人与自然协同进化的可持续发展的环境伦理

人与自然协同进化的环境伦理试图成为推进可持续发展的伦理，是新世纪新的生态时代的伦理，它倡导的伦理要求，应当从始至终地坚持有利于人类，有利于生态的伦理行为，要求人们应当遵循这样一条伦理尺度。但是，在现实生活中人类要发展，生态环境要保护，冲突在所难免，协调这种冲突的总的原则是要适度，也就是人类的发展不得超过自然生态的限度。倡导人类的一切行为，只要有助于人与自然环境道德共同体的完整、稳定和美丽，就是对的，反之就是错的。其中要点有三个方面：

第一，禁止破坏人与自然关系的完整性。所谓完整就是人与自然关系的系统结构要素不破坏。这个要求是一个硬性的，没有修补性条款。原因是人类今天参与下的地球生态系统其结构性要素通常是指物种和关键性环境因素(气候、水、温度等)。以往人类已经造成了一些局部和整体生态系统的结构性破坏，表现为野生物种加速灭绝，气候异常变化等等，已经给人与自然生态带来难以恢复的恶果。遵循这条伦理原则，意味着承担对自然的责任和义务。

第二，应当在保持稳定的基点下，获取人类利益。地球生态系统是一个人与自然相互作用的稳定系统，这个系统有其稳定性和波动性，当人类作用的方位、强度和频率在稳定性限度范围之内时，系统的波动性始终在受控之中，此时的人类作用是属于保持自然意义的对自然的利用，是合理利用。反之，人类作用超过稳定性范围，就是对自然的误用。

第三，人类对自然的利用应当保持在自然之美丽。这一条伦理基本原则突出了两点：一是在特定生态系统中，多样性色彩意味着美。如在秋季，小兴安岭的高山上，远远望去色彩斑斓，当地人称“五花山景观”。如果是被砍伐后的荒山就不会有这样的美景，因为丧失了多样性色彩，留下的是破碎的黑土遗迹。这种单一性不是美，在自然界很少有单一性的东西。人工林往往是单一性树种，但弊端很多，其中“三北防护林”虫灾，就是例证。二是物种的多样性存在是美。在大兴安岭，主要镶嵌着多种多样的天然树种，有落叶松、樟子松、槭树、杨树、柞树、枫树、桦树、黄菠萝树等，它们以异龄结构在水平结构上形成一个接一个相互依存的不同种群的斑块；高大的树木、林下灌丛和地衣杂草，形成错落有致的垂直结构。高大的松树是建群物种，对其他林木和植被乃至林中的动物群落产生关键性影响。这种自然生态图景，给人以结构紧凑、和谐的感觉，同时，这种多样性物种有较强的抵御各种自然环境条件变化的自我调控能力。

第7章　环境道德的本质及主要规范

7.1　环境道德本质结构

在我国古代的典籍中，西周时期就有“道”和“德”这两个字，它们是被分开使用的。“道德”一词的含义，除了主要是指调整人们之间的关系和行准则外，有时也指人的善恶评价，人的道德品质、个人的道德修养和理想境界道德学，即“伦理学”。正是在这个意义上，环境伦理学被许多环境伦理学家看成是一种革命性“新伦理学”，而不是传统伦理学的扩展。应当说，这种看法是有道理的。从某些方面看，环境伦理学不是传统意义上的伦理学，传统伦理学只关注人与人的关系问题，而环境伦理学则试图用道德来约束人对自然存在物的行为。

道德二字连用，始于春秋战国时代的《管子》、《庄子》、《荀子》等书。管子说：“君亡国都也”，“若心之在身体也，道德定于上，则百姓话于下矣。”荀子说：“礼着，法之大分，类之纲纪也，故学至乎礼而止矣。夫是之谓道德之极。”在某种意义上，“伦理”和“道德”是相通的。一般认为，“伦理学”专门用作道德理论的命名，在西方开始于希腊的亚里士多德，在中国则开始于近代资产阶级启蒙学者（如严复）。其实伦理和道德这两个概念的内涵是有很大差异的，“伦理最初就是指人与人之间的微妙复杂而又和谐有序的辈分关系；后来进一步发展演变，泛指人与人之间以道德手段调节的，和谐有序的关系。”而道德，“是指人们根据人际关系的内在要求，制定一系列的道德规范，以此来调节各自的行为和彼此的关系，从而表现出良好的道德品质，形成良好的道德风尚”。道德一般包括人们在社会生活中所形成的道德品质、道德境界和调整人与人之间关系的道德原则和规范的总和。

道德作为一种与人类共存的社会现象，是衡量一个人、一个社会、一个国家文明程度的重要标准。与社会心理所具有的自发性、零散性相比，道德则具有自觉性和系统性。它不像法律那样，对人的行为采用强制手段，而是采取感化和劝诫的方式。它也不像政治方式的直接形式反作用于社会经济关系，而是通过社会舆论、传统习惯、内心信念等许多中间环节来反作用于社会的经济基础。从调节的尺度来看，政治、法律等以“必须怎样”的准则为调节尺度，是对当时全体社会成员或全体当事人都必须达到的最基本的起码要求，又包括非基本的、更高层次的要求。

环境道德作为调整人与人、人与自然及其相互关系的社会规范，是由环境道德原则、环境道德规范和环境范畴以及环境道德行为选择、评价等道德要求所组成的完整体系。其中，环境道德的基本原则、规范和范畴是构成环境道德体系的核心部分，是建立具体的环境道德规范的主旋律，研究这些问题对中国在新世纪的社会发展和建设具有特别重要的意义。第一，必须承认某些非人类存在物拥有的道德地位；第二，必须主张拥有道德地位的存在物不仅限于那些拥有意识的存在物。如果不能满足这两个基本条件，再好的理论也不是环境伦理学，甚至连虚假的环境伦理学也算不上。如果一种伦理学声称,只有人的利益只与道德有关,保护环境仅仅是为了使人的生活质量得到提高,那么,这种伦理学只能算得上是一种"利用环境的伦理学";而真正的环境伦理学"要求我们承认非人类存在物的道德地位"。

我们必须认识到,道德的社会作用是通过引导社会心理,通过与法律、政治、文化等社会意识形态之间的相互补充的方式,来丰富人类社会的精神生活,从而促进社会精神成果的积累和精神文明建设的发展。人是生产力中最活跃的因素,是进行物质生产的主体。人的一切活动总是要受一定思想,尤其是道德观念的支配。人的道德面貌和精神状态直接影响人们的劳动态度、工作效率和生产的积极性。从这种意义上说,道德是影响社会生产力发展和科技进步的重要精神动力。道德对人来说起着不可替代的行为指南的作用,它使人能够在社会生活中有效地识别方向和确定人在世界中的地位,它唤醒并引导着作为历史主体的人的社会历史积极性,它通过目标、准则、禁令、评价、理想的体系调整人们的行为。具体地说,首先,要将伦理、道德看作人与自然、文化与自然相互作用的产物,将人道德化的伦理相结合,形成一种新的世界观。如果说伦理学从属于世界观,那么环境伦理学是以生态世界观为基础的道德,它是自然价值哲学。因为它是从自然价值导出道德,以及对道德代理者有约束力的义务。它作为一种伦理信念,是自然哲学与生存哲学的结合。

作为地球上的道德的代理人或道德的监督者,人要诗意般的栖息于地球上,拥抱、热爱、尊重和保护地球。为此,就要把环境伦理学作为自己的世界观,实践它的理论和原则,把它作为自己的生存之道。总之,这种新的世界观,主张把道德对象的范围从人扩大到生命和自然界,承认生命和自然界的价值和权利,其目标是保护环境,保护地球,并且只有这样才能保护自身。

早在古希腊时期,苏格拉底就对人类提出了一个最基本的问题:我们应该怎样生活?两千多年来,随着人类生存环境的恶化,人们对这古老命题的回答引发了更深层次的思考。像所有的文化一样,希腊人具有一系列的信仰、态度和价值来指导他们的生活。我们需要的不是某种新伦理学,而是需要一种新的道德手段。现在的问题并不出在伦理学本身,而是我未能按伦理学的要求去生活,因为任何一种真正完整的伦理学都或多或少地包含着环境伦理学的内容,或者至少是间接地告诉了我们,我们对植物、湖泊、无机物等可以或不可以、应该或不应该做些什么。对于古希腊人来说,一种符合伦理道德的生活就是符合他们文化的习惯、信念、态度和价值。按照道德主体的不同就可以分为社会伦理学和个体伦理学。如果说良心、义务、责任、修养、慎独等德行与活动大多是针对个人而言的,属于个体道德范畴的话,那么,公平、公正、正义、合理性则主要是对社会、机构、制度、组织的要求,直接涉及国家和社团组织的职能、性质及其伦理意义,因而属于社会伦理范畴。

由于当代环境问题是人类经济活动的结果,而经济活动又联系着人类的社会、政治、文化等各个方面,因此,应当使环境道德观在社会各个领域尤其是经济与政治领域,实现对传统伦理的更新。在此基础上,构建环境伦理的基本规范,促进经济社会的可持续发展。

自工业革命以来,传统的经济发展观一直驱使着人们为了自己的物质追求,忽视自然界固有的规律性和自然生态环境的价值,对自然资源进行疯狂的开发,从而形成了现代社会发展推向举步维艰的困境。特别是随着日益增加的人口数量以及对自然资源的开发,造成了生态环境的恶化,给经济发展和人民的生活与健康带来一系列恶果。因此,只有确立一种新的环境道德观,重新规划人与自然环境的关系,才能使人类的共同利益关系得以合理地调整。这是对传统道德观念的突破和拓展。

7.2　环境道德的功能

从今天我们面临的巨大的生态危机来看,人与自然之间的道德伦理关系不仅可能而且也是必然地。人类需要建立起一种人对自然的道德伦理关系。因为人与其他生物不同,生物只是简单地适应环境,而人类不仅能主动地适应环境,并且已经大大地改变和重建了其生存的环境。但是,从根本上讲,人与自然是统一的。人不过是自然之子,是作为整体的自然的一个部分,或者说是自然实体的样式之一,因此,人类本身就是一种自然存在。人能够能动地改变自然,却永远不能脱离自然。我们说人与自然中的其他具体存在物的存在不同,却不能说人类这种独特的自然存在已经超越了自然本身,因为人必须依赖自然。在我们的历史上,任何文化都或明或暗地拥有某种关于自然的观念。迄今为止,工业文明所建立的一切都是在自然环境中取得或发展起来的。现代人的生活虽然充满了色彩,但仍然依赖于自然生态系统。这个系统中的所有资源,土壤、空气、水、光合作用、气候等等,对于人来说都是生死攸关的。人类文明和大自然的命运已相互交织在一起,就如同心灵与身体密不可分一样。今天,我们更应当认识到,人类不可能像征服者那样对自然发号施令。只有维护自然系统的稳定与和谐,才能保证人类生存的幸福和繁荣。在人类作用于自然力量迅速增长的条件下,人类更应当自觉地充当自然稳定与和谐的调节者。应当由自然的征服者变成自然自觉的调节者,这是一次深刻的角色转换,实现这一角色的转换不仅需要强制性的政策法规,更需要道德的力量。人类需要一种新的道德伦理学,以便为人类适应这种新的角色建立起系统的道德准则和行为规范。

7.3　环境道德的原则

7.3.1　环境道德基本原则的概念

环境伦理学中的理论各有差异,但它们都倾向于把传统伦理学的正当行为概念扩大到尊重所有生命和自然界,把道德权利概念扩大到自然界实体的过程,这就必然要求用新的道德原则和道德规范来约束人的行为。环境伦理学的道德原则和道德规范,正是指导和评价人类在对待自然上的行为价值取向的标准。因此,建立环境伦理的基本道德原则和道德规范,便成为环境伦理学研究的一个重要任务和内容。

在道德规范体系中,道德原则和道德规范在本质上是一致的。道德原则是道德规范体系中的最高层次,道德规范则是道德原则的具体演绎。因此,有什么样的道德原则就必然有什么样的道德规范。因此,环境伦理学应首先确立环境伦理的基本原则。

环境伦理的基本原则,应该遵循的一个基本前提就是:人与自然的协同发展。这一前提要求人类转变以人为中心的价值取向,它暗含着对生命和自然界的尊重和人对生命和自然界的义务。正如霍尔姆斯·罗尔斯顿所指出的,为了人类的发展和同时保护好自然环境的目的,在人和自然相互作用过程中,人类必须同时兼顾两个基本原则:“有利于人类生存”和“有利于生态系统的动态平衡”。

环境道德基本原则是指人们在其社会活动中逐渐形成的,调整人与人、人与自然的相互关系所应遵循的基本行为准则。它是环境道德本质的集中概括,是人们在日常活动中必须认真履行的指导的原则,也是区别于不同类型的道德的重要标志。

环境道德伦理学之所以被看成是一门新的伦理学,首先在于它具有的革命性。这种革命性表现在它对根深蒂固的人类中心主义思想提出了挑战,其主流意识形态是非人类中心主义的。它强调自然界具有的内在价值,并把道德关怀的对象从人这一单一物种扩展到了人之外的其他物种和整个生态系统。环境道德伦理学对现代工业社会的物质主义、享乐主义和消费主义持批判态度,它倡导一种与大自然协调相处的“绿色生活方式”,主张用节制物质欲望的“生活质量”(living quality)概念来代替工业社会的“生活标准”(living standard)概念。在社会政治领域,环境道德伦理学要求建立一种更有利于环境保护的公平的分配模式,主张一种多元化的,以自治的共同体为主要形式的政治结构,其基本原则是自由、平等和直接参与。它认为较之传统模式,非中心化的、地方自治形式更符合生态学原则,更有利于人与人、人与自然建立起直接接触的亲密关系,更易实现直接民主。

研究和掌握环境道德基本原则具有多方面的重要性。环境道德基本原则在整个环境道德规范体系中居于主导的地位,他决定和支配这环境道德规范和范畴的确立,它贯穿于环境道德规范和范畴之中。

环境道德的基本原则集中体现了现代人与人、人与自然关系的道德要求,是现代人们的社会经济生活条件的反映。从总体上看,每个人不仅要认识和确定环境伦理学的基本原则,而且还应该遵循环境道德原则。

7.3.2 环境道德基本原则的客观依据

环境道德的基本原则在环境道德规范体系中居于主导地位,是环境道德调整人与人、人与自然之间关系所应遵循的根本指导原则。环境道德基本原则的确立主要有四个方面的客观依据。

1. 它要体现人和自然之间最根本和最重要的道德关系

现代环境意识必须以对人与自然之间的关系为理解基础。面对现实生活中日益严峻的环境现状,迫使人们树立人与自然和谐相处的环境意识。对自然环境整体性规律的认识,以及人类为维持对生命有益的自然界状态在活动中必须考虑的其他规律的认识是对现代人与自然关系认识的主要方面。走可持续发展道路、维护人与自然关系的和谐发展、环境平等理念是最基本最普遍的具有指导性和约束力的原则。它体现了最基本和最重要的环境道德关系。环境道德活动的主体是人。所以,在人与自然的关系中,人具有调节相互关系的全部责任和义务。依据最新的环境道德原则,人们便可以发挥特有的主观能动性,采取积极而有效的方法去认识和把握自然规律,探求到协调人与自然的关系和持续生存与发展的基本方法和出路。

2. 它要体现现实时代人类的根本利益,并有利于自然界的长期发展

人是自然界的存在物,人是自然界的一部分,自然界是人类社会存在和发展的必要条件,因而人必须服从自然规律。人类与自然界的关系是一种相互作用、相互补充的关系。劳动是人与自然界发生关系的桥梁。人类的生产劳动,创造力“人化自然”,推动了自然界的进化,同时它又反过来推动社会的文明和进步。现在科学技术革命使人的活动范围和影响能力空前扩大了,人与自然之间的矛盾也日益加剧。这就迫使人需要建立一种人与自然的新型道德伦理关系,从而把道德伦理规范扩大到人与自然的关系。从而可持续地开发和利用自然、维护人与自然的和谐发展、平等的对待所有的生命,正是使自然界能够长久地发展,尽可能完善地为现代人类服务,调节和维护人类生存和发展的根本利益的体现。

3. 它从整体上直接体现人类利益和自然利益的一致性

人类社会和自然界是一个有机的系统,这个系统是沿着“平衡—不平衡—新的平衡”的规律进化和发展的。人类的活动是在人与自然系统的平衡下进行的。人们认识人与自然关系的规律,是要通过建立人与自然界的平衡发展状态,促使系统内部各因素的协调发展。

由于现在人们掠夺式地“征服自然、改造自然”,人与自然的整体性被忽视了,使得自然界遭到破坏,出现了全球性的环境危机。环境危机的出现表明,人与自然系统的结构和功能的破坏,使生命维持系统瓦解,从而危害整个人类的利益和自然的利益。由此可见,按照客观规律办事,自觉地创造各种适合的条件,是人类的利益和整个自然的利益得到一致性的发展,乃是环境道德伦理的主要任务。

维护可持续发展的原则、人类生存与自然环境的协调和环境平等理念的原则,关心自然的命运,就是关心自己的命运。这就直接体现了人类利益和自然利益的一致性关系。据此,我们完全可以把可持续发展原则、人类生存与自然环境的协调原则以及环境平等理念看作是环境道德规范体系的基本原则。

4. 它是从根本上使环境道德区别于其他道德类型的标志

不同的道德类型之间是有其相似或相同的部分的,但作为一门独立的伦理学科,它与其他类型的道德是有着本质区别的。其最根本的标志,主要表现在:一是科学地规范人类自身的行为,从调解人与人的关系到改善人与自然的关系,是人类社会共同的道德责任;其二是维护和改善人类的生存环境,关爱自然,是每个公民应当具有的环境道德理念;其三是人与自然的道德关系,是人们在生产力和进行科学技术革命的实践活动中,必须遵守的行为规范;其四是人与自然道德所反映的现实关系,是人与自然界的关系,它要调节和维护的是人类与自然界的共同利益。总之,可持续发展原则、人类生存与自然环境的协调原则和环境平等理念是环境道德的基本原则。环境道德原则作为一种律令,在任何环境和任何条件下,都要求人类去执行、去遵守。它是人类环境道德行为所要遵循的基本纲领,它指明了人类环境道德行为的总方向,这就是树立人与自然交往的行为标准和理想人格类型的标准,形成善待自然、热爱自然、合理地开发利用自然和保护环境等的社会道德风尚,提高人类精神文明的水准和环境道德境界的最高本质要求。

7.3.3　环境道德基本原则的内容

环境道德的基本原则是环境伦理学的核心思想,它包括可持续发展原则、人类生存与自然环境的协调原则、环境平等理念等内容。

1. 可持续发展原则

可持续发展是一种新的发展观,他蕴含着丰富的伦理内涵和新的伦理观点,这就是可持续发展道德观。坚持可持续发展原则是环境伦理学首先要确立的核心思想。可持续发展的宗旨在于创造一个可持续发展的社会。人们只有确立可持续发展道德观才能更好地实现社会的可持续发展。

首先,要确立可持续发展的普遍联系的环境道德观。整个物质世界是一个普遍联系的整体,联系对于事物的存在和发展具有极为重要的意义。

其次,要确立可持续发展的系统的环境道德观。任何事物都是以"系统"而存在的。所谓"系统"是指有一定部分的组成,具有一定的层次和结构、并与环境相互作用着的整体。可持续发展充分强调局部的价值,但处理事情又不能仅着眼于某个局部,而又要考虑整个系统的整体利益。只有系统的整体效应最佳才是可能的,才能从根本上为局部的发展提供条件。可持续发展的系统的环境道德观要求我们,要摆正人与自然的关系、个人与经济、社会的关系,从整个生态系统、整个社会、整个组织和全局的利益着眼决定和评价人们的道德行为。

再次,要确立可持续发展的具体的历史的环境道德观。可持续发展的一个最重要的观点就是,今日的发展,不应该以损害未来的发展为需要的条件,而是为未来的发展提供良好的充分条件,这才是真正的发展。它所反映的历史的环境道德观:善,乃是不但有益于人类的今天,而且必须有益于人类的明天。只有保持和发展生命绝对而普遍的合目的性才是合乎道德的。这就要求我们以新的姿态处理好当前利益和长远利益的关系,正确面对未来,满足当代人的利益也不损害后代人的利益,甚至拿自己的利益去换取后代的利益。

2. 可持续发展道德观的基本原则

可持续发展的含义:"持续发展是既满足当代人的需要,又不会对后代人满足其需要的能力构成危害的发展。"可持续发展就是立足于现实,着眼于未来的发展。人类既要满足自己当前的需要,又不能危害子孙后代的生存利益,使他们失去满足生存和发展需要的条件。可持续发展不但体现在以资源利用和环境保护为主的环境生活领域,更能体现在经济生活和社会生活的道德价值观当中。走可持续发展的道路,必须遵循可持续道德观的基本原则:第一,公平性原则;第二,持续性原则;第三,共同性原则。从根本上说,贯彻可持续发展就是要促进人与人及人类与自然之间的和谐。如果每个人都能真诚地按"共同性原则"办事,那么人类内部与自然之间就能保持互惠共生的关系,从而实现可持续发展。

3. 确立可持续发展的环境思想的意义

可持续发展道德思想,与传统道德思想是根本不同的,它强调"人与人的协调""人与自然的协调""当前与未来的协调",是一种全新的道德价值理念。

可持续发展在处理个人与个人、个人与群体的关系时,应尊重个人的个性、尊严、价值,保护和关心个体的利益,把最大多数人的利益和整体利益放在首位,把社会的整体利益看作是个人利益的道德价值导向,并且通过整体的发展去实现个人的利益。并且把人的道德行为必须扩大到包括对自然界本身的关怀。当今,人类面临的生态环境问题,体现出了人与自然的矛盾,人类有责任调节人类社会与自然环境的关系。从道德意义上讲,研究人与人的道德关系应扩大到研究人与自然界的道德关系,当一种行为趋向于保护整体生态环境的完整、稳定和完善时,它是善的、道德的,反之是恶、不道德的。

可持续发展必须调节当前利益与未来利益。确立可持续发展的环境道德价值,在现实的行为中既要考虑到近期结果又要考虑到长远结果,从而把善的概念从有益于人类的今天扩展到有益于人类的明天,只有这样才能为人类的生存与发展提供无限的广阔空间。最后,协调好国与国之间的利益,在环境问题上,转移污染,损害他国环境,最终也会损害自己的利益。

7.3.4 人类生存与自然环境的协调原则

环境污染严重损害人体健康,并引起生物栖息地破坏乃至物种灭绝,从而降低了地球支持生命的能力,从根本上威胁着生命的生存。人与自然关系的活动中,在对待自然的态度上,面临着日益严重的道德冲突。自然与环境对人类有巨大的价值,人与自然关系是一种生存关系,维护人类的持续生存与发展,确立人类与自然环境的协调是环境伦理学最核心的思想支柱。

人与自然协同进化原则提出的道德要求,需要通过具体的规范体现出来,并使人们意识到这些规范的存在并遵从它们。依据人与自然协同进化的伦理原则,环境伦理提出以下环境道德的主要规范:保护环境、生态公正、尊重生命、善待自然、适度消费,以此作为处理人与自然环境关系中的道德标准,进行环境道德评价,判断人们行为的善恶。

1. 环境危机与人类生存发展

人类在开发和利用自然的过程中,表现出了巨大的能动性和伟大的力量。但是人们与自然地关系存在着严重的片面认识和狭隘思想,以至于出现盲目开发甚至掠夺自然,这就造成了严重的后果。

目前人类面临的问题是:其一人与自然之间不和谐程度扩大,表现为人口与资源的矛盾愈来愈紧张。由于人口不断地增加,资源消耗量日益加大,人均耕地、淡水、化石燃料、矿产等资源占有量逐渐减少。另一方面随着人均收入的提高,人的生活水平不断提高,但环境质量却日益恶化,水土流失、沙漠化现象在扩展,森林、物种在消失灭亡,人类排放的大量废物再不断地增加,全球环境面临着严重的挑战。

生态环境的破坏,是人类面临的主要危机。它带给人类的将是多方面的、深远的,甚至是难以预料的,这些主要表现在:一是全球气候正在变暖和海平面上升;二是水土流失和土地沙漠化;三是森林资源日益锐减;四是酸雨的危害越来越严重,造成的损失越来越大;五是物种的灭绝,动植物资源急剧减少;六是人类用水量急剧增加,淡水供给不足,而水污染又在加大;七是固体废物、危险废物包围着人类;八是人口迅速增长,对资源和环境的压力与日俱增。

人类与自然界的有着密不可分的关系。认识自然界的产物,自然界又是人类及其社会赖以生存发展的空间。从长远看,人类从来都没有脱离过自然的怀抱,也没有摆脱过自然的约束,更没有完全逃脱过自然的惩罚。当今在科学技术高度发展的情况下,只有我们警惕、合理的利用科学技术,用科学技术来增进人类社会和自然界的福利,这样才能实现人与自然的协调发展。其次,应该树立尊重自然、遵循自然规律的思想。顺应自然是服从自然在新的基础上的“复归”,即人类全面地按自然规律与自然界和谐相处。

2. 协调人类生存与自然环境的道德责任

协调人类生存与自然环境的关系是人类道德发展的一种新境界,目的是维护人类的持续生存。作为环境道德准则,他强调人类追求健康而富有生活时坚持与自然和谐方式统一的,而不应该凭借技术和投资,采取耗资资源、破坏生态环境和污染环境的方式来追求发展或满足人类的欲望。它应该强调当代人在创造与追求当今发展和消费的时候,应努力做到使自己的机会与后代人的机会相平等,而不应该对后代人的生存和发展构成危害。协调人类与自然的关系,维护人类持续生存的原则,为树立正确人与自然的道德关系,作出明确的价值导向和道德标准,将这种道德应用的范围从人际界限扩大到广阔的自然环境领域。通过道德评价,选择公正的环境道德行为,实现保护生命和保护自然的道德使命。

3. 环境平等理念

环境道德观是一种全新的道德观,它是新时代人类道德领域的延伸与拓展。在人与自然的关系上,它要求确立人与自然的平等观,倡导人与自然的和谐发展;在人与人的关系上,它强调确立人类的平等,实现人类利益的平等;在人与动物的关系上,它强调人的生存要依赖其他的生物,从而主张动物的平等。

人与自然发展相应的新道德所提倡的是一种认同自然协调发展的新的环境文明,这是一种既开发自然又保护自然的环境文明,与之相应的环境道德,必然要求规范人类对自然的态度和行为的善恶,维护人与自然的和谐发展的秩序。以人类为中心的,从人类的利益和价值出发去对待自然,这并不是将人与自然平等看待,这种人与自然之间不平等的关系必然加强了人类之间的不平等的关系。人与自然之间不平等必然造成人与自然关系的不和谐,从而加强人与人之间的不平等。这不利于保护自然环境,因此要超越人类中心主义,把人类的利益和自然系统及所有生物的利益通过相互依存关系协调为一个有机的整体。所以,必须考虑整个自然的利益和其他部分利益,以此约束人类的利益。不超越人类中心主义,地球生命维持系统就不会最终得到保护,人类也最终要不可避免地走向灭亡。

我们反对人类中心主义,那是因为以人类为中心的道德观,把人的利益看成是唯一的、绝对的,把自然界看成人类获取自身利益的工具,人类可以任意使用的工具。由此应该坚持人与自然平等的道德原则,就是要不再以人唯一的尺度,以人的利益为出发点和归宿,它把道德扩展到自然界,承认自然界与人有同等的存在和发展的权利,强调人与自然的平等关系,建立人与自然协调发展的平等的道德原则,这就是可持续发展的必然要求。需要指出的是,人与自然的平等相处、和谐发展,并不是等于主张价值主体非人化,主张取消人的主观能动性。相反,这也体现了现代人在文明时代的处境和地位、责任和义务,重新突出了人的主体地位。

环境伦理学不仅要求建立人与自然平等的环境道德观,而且还提倡人与人平等的环境道德观。在人与人之间的关系上,它要求发展破除"自我中心主义",而以人类生存的整体利益和长远利益为视角,对自己的发展行为实行利益平等和权利平等。因此,为了维护人类长远利益,必须平等地对待代际间的人际具有既满足当代人需求,又满足后代人需求的能力。唯有这样,才能使当代人的发展惠及当代或至少不应该损害后代人的利益,通过可持续发展,以改善和优化当代人与后代人之间的关系。除此之外,尊重生物以及处理好人与动物的关系,是环境伦理学的基本道德信念和道德要求。提出动物平等的环境道德观的原因有:第一,人的生命只是地球生物圈自然秩序的一个有机部分。面对相同的自然环境,人作为地球生命共同体的平等成员的资格,是与其他生物共享的。人类的生存要依赖于其他生物,但其他的生物的生存却不依赖于人类。第二,自然界是一个相互依赖的系统。人类和其他物种一样,都是一个相互依赖的系统的有机构成要素,在这个系统中,每一个生命的生存及其生存的质量,都不仅依赖于它所生存的环境的物理条件,还依赖于它与其他生命之间的关系。任何一个生命或生命共同体的重大变化或灭绝,都会通过系统结构对其他生命体或生命共同体发生影响。这就意味着道德关系不再局限于人与人之间,而必须扩展到自然环境。人应该善待自然环境,对自然环境应该负道德责任。

第8章　环境教育与环境道德教育

8.1　现代环境教育

8.1.1　现代环境教育的发展历程

1. 世界环境教育的发展

国际性的现代环境教育，应该认为是从1972年斯德哥尔摩联合国人类环境会议通过《国际人类环境宣言》后开始的。该宣言发表的7项共同看法和26项原则中，第19项明确提到“为了更广泛地扩大个人、企业和基层社会保护和改善人类各种环境方面进行舆论监督和采取负责行为的基础，必须对年青一代进行环境问题的教育，同时应该考虑到对不能享受正当权益的人进行这方面的教育。”根据斯德哥尔摩人类环境会议的96号文件精神，1975年，由联合国环境规划署和联合国教科文组织共同颁布了一项国际环境教育计划（IEEP），旨在环境教育领域内，促进经验和信息的交流、研究和实验、人员培训、课程和题材发展及国际合作。1975年10月，在贝尔格莱德召开了国际环境教育专家研讨会，会议通过宪章提出了一系列关于环境教育计划的指导方针，强调环境教育应该是一个连续终身教育的过程，也是一种跨学科的交叉学习的过程；作为一个整体来考虑环境问题，强调积极主动参加防治和解决环境问题的活动；从全球范围内出发考虑环境问题，并重视区域差别，在解决环境问题中，宣传地区、国家和国际间的相互合作。以后，各国政府、政治家、专家和有识之士的关注、领导和组织下，定期和不定期地举行全国性、地区性和国际性环境教育的专题研讨，联合国有关机构和组织给予了支持和协调，使环境教育在世界范围内迅速而广泛地向纵深发展，提高了全球对环境教育事业必要性的认识。现在，世界上许多国家，无论大小，不分贫富，不论是发达国家还是发展中国家，都很重视开展环境教育的研讨和培训，并纳入了国家宏观的整体教育体系。

英国的现代环境教育不仅行动早，而且起点高，目标明确。英国把环境教育的内涵定义为“环境教育就是在环境中或通过环境而教育，从而达到对当前环境现状的新的认识，教育的目标是使人认识和理解人类生存发展与环境的相互关系和作用过程，对当前的环境问题有所理解和认识环境管理与保护的重要性”，形成了完整的环境教育体系。教育的目标是培养人们掌握对环境问题及有关信息进行调查、分析、解决等一系列实践活动技能，培养“为了环境”的个人集体的责任心。“为了环境的教育”是一种态度教育。目标是培养人们珍视环境，并且懂得自己对于保护未来环境的作用和责任，培养他们形成对环境的积极态度，形成个人对待环境的优良品质。他们指出只将环境教育的眼光停留在对环境中一些过程和事实材料的介绍这种水平上是不够的，甚至将眼光放在人类对环境造成的负效应的批评上也是不够的，而应该提供有利于培养学生对环境认识的知识。特别强调了使受教育者实际参与到有利于提高环境质量的环境活动中，并参加到环境规划的环境活动中去，积极参与社区、学校的环境管理事务，除了达到对学生环境教育目的外，还要达到扩大环境教育影响力。

综上所述,我们可以看到英国的环境教育已大大超出了我们前面谈到当前普遍存在的环境教育水平层次不高的局限。环境教育不仅仅停留在环境知识和技能的水平上,而且上升到了对人进行环境价值观、人生观及个人环境行为品格和习惯的养成和规范教育。后者已实际上进入了环境道德教育的范畴。

2. 中国的现代环境教育

世界现代环境教育正式开始于1972年的斯德哥尔摩第一次人类环境会议之后。但此前从20世纪40年代开始先后出现的世界8大公害事件,已引起世人对环境问题的极大关注,为第一次人类环境大会召开作了铺垫。特别是美国,1969年,联邦政府颁布了《国家环境政策法》。1970年4月22日,还举行了后来被联合国定为“地球日”的全国性环境示威,但正当发达的工业化国家在普遍关注环境问题时,环境意识逐渐高涨情况下,中国却陷人了从1958年至1976年的极“左”思潮泛滥的怪圈。一方面对国外的环境污染状况幸灾乐祸,认为那是资本主义制度的必然产物;另一方面,对国内的环境破坏情况熟视无睹,认为在社会主义条件下不存在环境污染问题,因此以“大跃进”运动为集中表现的炼钢、毁林、毁草、围湖造地。在毫无资源价值观念作用下对自然资源的疯狂掠夺和破坏,不仅直接损毁了全国的人类生境中的自然环境系统,更重要的是因此极大地冲淡甚至荡涤了中国人几千年形成的“天人合一”,善待环境的人天观,为全民族今天现代环境意识的淡薄和难以确立,埋下了深深的思想根源,使中国的现代环境教育事业比国外落后了近20年。

8.1.2 现代环境教育的目的和意义

现代环境教育是旨在培育人类个体和群体环境保护意识、知识和技能的一种特殊教育。真正科学的环境教育在人类发展史及教育史上的出现,只有多半个世纪左右时间,是20世纪70年代以来,人类社会中出现的新生事物。但是它的发展速度和影响,已超过了人类历史上任何一种社会现象。已有半个世纪发展历程的现代环境教育,已经成为一种超越人类种族、民族、阶级和国家制度利益的,是全人类的普适性共同的社会行为。现代环境教育直接地向人们灌输现代环境道德原则、规范。在传统的意义上,以认识和了解自然为目的环境教育是古已有之的。特别是以辨析人和自然关系为主题的自然哲学思维,无论古今中外,都是史不绝书的。原因是人类的生存,一刻也离不开自然环境,人类个体自从他来到世界上那一刻起,他首先感知的就是周围生存环境的变化。从儿童时代开始,他从成年人那里得到的最初教育就是在自然环境中怎样趋利避害,而获得自身的安全、生长和发育。为了使人的身体在生存过程中从自然环境束缚下获得“自由”,这就使得认识人和环境的主客体关系便成了所有古代哲人最关注的问题。对此问题的答案,古今中外虽然大致相同但人不能脱离环境独立存在的意识,无论从哪一种立场和角度来认识都应该是相同的。但其中由于对人与自然环境主客体关系认识的不同,在人与自然环境依存的共同认识基础上,形成了截然不同的理论与派别,并导致了人类行为的巨大差异。特别是近20年来,由于沿袭西方早期经济发展模式,盲目发展经济,重演了西方历史上曾发生过的先污染后治理的悲剧,人和环境的矛盾也不断的增加。从20世纪80年代开始,中国也被迫把现代环境教育提到重要议事的日程上。

环境教育最早的完整和科学的定义及其内涵,是由1977年在第比利斯召开的政府间环境教育会议宣言提出来的。该宣言提出:环境教育是“利用科技新发现而开展的教育,在促进人们认识并更好地理解环境问题方面应发挥主要作用”。“环境教育应面向各个层次的所有年龄的人,并应包括正规教育和非正规教育,环境教育应是一种全面的终身教育,能够对这瞬息万变的世界中出现的各种环境变化作出反应”。环境教育是客观的环境道德原则、规范转化为人们个人环境道德品质的必要前提,是培养人们良好环境道德素质不可缺少的环境道德实践活动。

8.2　环境道德的主要规范

规范,是一种标准,一种准则,是事物运动内在逻辑轨迹的表现。道德规范,是人类道德行为所遵循的自然内在的准则。道德行为规范一般是不成文的,世代相传,具有一种约定俗成的特征。在不同的社会历史发展阶段,特别是在阶级社会中,占统治地位的阶级为了本阶级的利益,往往提出某些希望众人共同遵守的规范性原则,但这些原则能否实现和实现的程度如何,主要靠大众的自觉自愿执行,不具有法律效力。环境道德因为主客体和传统道德的差异,及其正式出现和形成时间尚短,很多规范还未定型,更谈不上已经被人们普遍接受,或者成为“约定俗成”,因此很有必要认真探讨。

在环境道德规范的体系中,环境道德规范不仅是基本的成分和主要的内容,而且居于突出地位。在一定意义上可以说,环境道德主要是通过一系列道德规范来具体表达它的根本指导原则,直接评价和调整个人和社会以及任何自然之间的相互关系。

8.2.1　环境道德规范的概念

道德规范是一定社会中人们所共同遵守的行为规范。它是通过各种形式的教育和社会舆论的力量,逐渐形成的一定信念、习惯、传统,是用来指导和约束人们的行为,调整人与人、人与社会、人与自然之间的关系。

环境道德规范是在环境道德原则指导下建立起来的,用来调整人们在环境社会中所形成的应当普遍遵守的行为准则,是人们环境道德行为选择与评价的主要依据。环境道德规范有以下的几个特征。

(1)客观性。环境道德规范的产生和形成,有着深刻的社会经济根源,它与一定的社会物质生活条件和社会关系有关。社会经济形态决定着人们的社会生活和精神生活,决定着人们的道德关系和道德面貌。社会生产力发展到一定程度引起生产方式的改变和人们社会关系的变化。在社会实践中,按照人们的社会关系,道德关系的行为要求,逐渐形成了反映道德关系要求的道德规范。环境道德规范是通过社会生活、道德生活的长期实践,自然而然地形成并通过某些风俗习惯和传统方式固定下来的。

(2)普遍性。环境污染和环境破坏——环境不道德行为的主体,具有最大的普适性。它可以发生在任何人身上。尤其重要的是,环境不道德行为客体的反馈作用也是不具有选择性的。环境道德规范是人们普遍遵循的评价和判断善恶的标准,不是对社会物质生活和社会关系的简单的、直观的、个别的反映,而是经一定社会的思想家对这种社会环境道德关系的本质及其必然联系的集中概括,是对于社会物质生活条件的能动的反映,它具有特定的内容,是具有普遍性的、社会性的行为标准,而不是某个抽象的单个的行为准则。所以环境道德规范是客观要求和主管认识的统一,它对人的行为具有普遍的指导意义。在一个上升和发达的社会环境中,一些具有普遍意义的道德规范,如良心、礼仪、诚信、孝悌等得到人们的普遍遵守。在一个动荡、停滞、转轨,甚至下降的社会环境中,连最一般的道德规范往往都受到践踏而无人遵循,最大特征就是表现为良心的普遍泯灭。

(3)指令性。环境道德规范既然是一定社会关系在长期共同生活中相互交往而形成的以某种风俗、习惯、传统、内心信念固定下来的“应当”和“不应当”的关系,既体现着一定社会对实际存在的环境道德关系的认识,又是人们经过集中、概括、提炼形成的普遍遵循的环境道德准则。

(4)他律性和自律性。道德规范的他律性是道德规范的源泉,即社会需要决定的。道德规范是为了调节人际关系而约定俗成的人类共同生活准则的形态之一。它一旦形成,便对人类群体具有一种共同的约束功能,对行为主体形成了一种外在的要求。人能否遵守和遵守程度如何那是另一回事。但道德规范对人类行为道德的客观存在本质是不变的。在特定社会环境条件下,该规范一旦形成,对人们的行为便具有一种外在的约束力,这就是所谓道德的他律性。因此任何人或群体在生活过程中不能无视道德规范的作用,对于社会群体公然违反道德规范的人或事虽能像法律那样对其采取断然的强制措施,但任何人都有权利为了维护群体共同的利益而对他进行谴责。这就是人们常说的道德法庭——社会舆论。这种谴责的证据,就是已经约定俗成的道德规范。但是无论道德规范这种他律性作用发挥到何种程度,它只是一种不成文的,不具有法律权威和强制性特征的“软”性准则,它的最终实现并在现实生活中能否起到应有的社会功能,还得靠人们内在的主观意识对道德规范的感应和承认,即依靠道德行为主体的自律性行为才能实现。道德规范从他律向自律的转变,是人类道德意识从低级向高级发展,是人类道德意识成熟的一种表现,也是人类社会发展完善程度的一种表现。这时,道德规范已经从外在的社会契约变成了人们内在的价值观念和道德信念。要做到这一点,关键是要使人们的道德意识实行从义务到责任和良心的转变。

道德规范的终极目的是为了协调人际关系,优化人类共生的社会环境,是为大多数人的利益服务的。社会中的每个人都可以约束自己道德行为使之规范化,以实现人类良好共生社会环境。个人的社会权利与义务,应该局限在社会义务的范围内去追求,即实现个人社会权利和社会义务的统一。当然,人不能承担无权利的义务,在维护少数独裁者利益专制的社会里,在人们的社会权利被剥夺尽净的情况下,迫使人们遵守所谓的道德规范是不现实的。但同样,也不能让无政府主义和个人主义绝对泛滥,只要求个人权利而不承担社会义务。这样社会环境也会因为道德规范失衡,而表现得分崩离析。所以一个良好的社会环境必然是公民具有较高道德责任感,能自觉将道德义务内化为个人道德责任的社会。

(5)无阶级性。在阶级社会中,大多数主要的、基本的道德规范有较强的阶级性,但环境道德规范不同,它是社会成员必须共同遵守的生活准则,没有阶级性。

(6)特殊性。环境道德规范作为道德规范的一种特殊表现形式,它在很多方面和传统道德规范有所不同。首先,传统道德规范的客体是可以和主体互相转换的能动的个人。但环境道德就不同环境道德的行为主体是人,客体或受体是自然界或社会环境,客体对主体行为反馈一般并不是直接的和及时的。只有当主体行为超过环境容忍度之后,环境客体以突发性事件形式对人类(环境道德行为主体)实行“报复”。所以主客体之间价值关系、道德关系,完全要由人类自觉去代理,因此这就对人的环境道德行为提出了更高的要求。

环境道德规范是对传统道德规范的继承和发展,也就是维系人类与生存环境系统之间协调发展的准则和手段。环境道德规范是传统的道德规范发展的新的更高阶段。如能在人类群体中得到普遍的承认，并由外在的制约力量内化为人们的普遍环境道德良心的话，在现代科学技术背景上，这还会把人类推向一个物质文明和精神文明更加繁荣的新阶段，并能保证人类的可持续发展。反之，在科学技术高度发达的今天，环境道德规范失衡的话，这将会使人类陷入巨大的环境灾难。

(7)相关性。环境道德是人们在环境活动中对其行为的客观要求，这种行为对人类和社会的生存与发展都有着重大的影响。如果人们违反环境道德，不仅会带来环境污染和环境危机，也会给他人、社会和自然造成损害，这不仅受到道德的谴责，而且会受到法律的制裁。因此，违反环境道德和破坏环境是紧密相连的，环境道德规范和环境活动具有密切的相关性。

8.2.2　环境道德规范的主要内容

道德规范是行为善恶的准则，是人们在长期的共同生活和相互交往中形成的某种风俗、习惯和传统等形式固定下来的“应当”、“不应当”的关系，它是人们的自觉行为准则。根据道德原则的基本精神，环境道德规范主要包括以下几点：

1. 人口增长与环境承载力相协调原则

(1)人口增长的相对无限性特征

世界人口总量的快速增长，这已经成为人们普遍认同而不争的事实。人们对这个问题严重性的认识不单是直接从人口数量增长本身，而是从人口增长数量和环境承载力之间的矛盾关系中去感知和认定的。如果环境承载力是一个无限大的变量，那么人口增长本身将不会成为问题，遗憾的是环境对人口的承载力不仅是一个有限的常量，而且由于人类在大量开发利用环境资源过程中，大大地削弱了环境因素的整体功能作用，从而不断降低了环境对人口总量的承载能力，加剧了人口增长与环境之间的矛盾。当前世界人类所面临的人口、粮食、资源、环境、发展问题，说到底都是由人口总量增长过速引起的问题。

人口的快速增长是由人的生物学本质决定的。作为自然生物的人类，和任何生物一样，都具有极力繁衍后代的本能，以此来保持种类的存在。某些较低等动植物为了繁衍后代，一次生产和散布的卵子和种子是成千上万的。这是一种经过自然选择后形成并出现的本能，为了保持种类存在的典型的“广种薄收”现象。因此人类为了保持种类的存在，通过性爱方式延续后代是合乎常情的。在中世纪欧洲的基督教义对此就曾加以肯定，当时著名的教会思想家圣·托马斯·阿奎那在其《神学大全》中指出，男女两性结合与生儿育女是出自人类的自然本性，是合乎自然的，是人类与生俱来的自然权利的一个重要方面，应当受到尊重和理解。

然而就在早期社会，人口增长速度是非常迅速的，这种情况很容易理解，一是当时是农业社会，农业生产需要较多的劳动力；二是当时的可耕地资源还相当丰富；三是当时各诸侯小国和城邦国家间战争频繁，需要较多的兵士。所以孔子说“地有余而民不足，君子耻之”(《礼记·亲记下》)；四是对于古时侯战争来说，除了人口众多之外，还有什么东西更为有利呢?”所以在当时的社会条件下主张人口大量增加，把人口单纯看成了增加社会财富和促进对外贸易的劳动力。然而这种把人口作为劳动力资本投入国民经济增长机制，希望以此达到富国强民的目的完全是一种人类偏见，因为他们忽视了经济增长的资源、区位、技术、资金、市场等诸多条件，特别是人类文明进入工业时代以后，普通劳动力已逐渐被机器挤出生产过程，成为相对过剩、甚至绝对过剩人口。虽然在某些西方工业发达国家，人口已开始出现零增长甚至是负增长势头，如一些发达国家出现人口老龄化现象。但作为世界整体来说，人口总量无限增长的势头仍没有得到遏止或抑制。特别是在部分贫穷的第三世界国家，人口增长和经济落后的马太效应还在继续发挥着作用。

事实上自人类发展进入文明时代以来，人口的增殖已在很大程度上成为社会现象，是一种在社会规律作用下的社会行为。例如，中国20世纪50年代以后近30年人口的快速增长，不是说当时中国人的自然生殖能力有了突然的提高，而是由于当时的人口指导思想、相对安定的社会环境条件、逐渐提高的生活水平和医疗卫生条件决定的。看不到这一点，对于怎样抑制中国人口总量的无限快速增长，将缺乏明晰的思路、行动纲领和组织措施。

从环境道德角度看问题，放任人口无限增长，是一种威胁到人类作为类存在的不负责任的不道德行为，甚至是一种恶行。因为放任自流盲目增殖人口，特别是在无力进行良好抚育的情况下，除了在总量上增加对自然界资源的耗损和生态环境的破坏，加剧人类的生存危机外，对于承受贫困生活的后代也是一种不道德行为。人类无权把后代陷入贫困和苦难的深渊，给予一种非人的生活待遇。此外，由于人口总量的迅速增加和西方国家人口老龄化的趋势，使大量老龄人口陷入晚年孤苦无助的尴尬境地，这也是一种环境不道德行为。中国目前便同时面临着人口总量迅速增长和老化的双重环境危机。

(2)环境承载力的相对有限性特征

这里的环境承载力是指对于人口总量的承载力来说的，即指人类生存系统中，人类赖以生存的自然环境和社会环境对人口的承载量。环境科学一般把它称为环境容量，并定义为“在一定环境条件下，全球或地区生态系统所能维持的最高人口数”。环境承载力和环境容量这两个概念有相通的地方，但并不完全一致。关键在于生态系统与人类生存系统的区别。生态系统一般只指自然环境系统而言，并且是以生物学所主要瞩目的生物为中心的。虽然作为生物的人类也被纳入了其视角范围，但并不占据主导地位。地球生态系统的承载能力不是无穷无尽的，人类要生存，就要向大自然索取生活物资，不可能不干预并改造周围环境以利于自身的生存与发展，但人类在寻求经济及享用资源时，必须注意到自然资源有限的事实，不能超过生态系统的承载力。人类的生存环境还包括了人为的和“后生的”社会环境成分。在相同的自然环境条件下，由于社会环境不同，相同大小区域范围内可承载的人口容量也是完全不同的。因此在环境伦理学中，采用包括自然环境和社会环境相统一的环境承载力概念更为准确一些，如果片面强调以自然环境因子构成为主的生态系统观念，则容易导致忽视人在生态系统中的主观能动的道德行为作用，甚至导致非道德主义。这就要求我们持久地和节俭地使用地球上的资源，最大限度地预防和减少有害物质的排放，合理消费，反对浪费和挥霍的不道德行为。这在“纯自然”环境科学家的论著中是常常可以看到的。从严格意义上来说，人的数量增长不仅是自然生物行为，在今天已变成了一种具有强烈社会属性的社会行为。今天人类控制人口数量无限增长的难度，主要也表现在人类社会结构及人类“性道德”行为方面。因此在研究人口环境容量时，特别关注社会环境系统的承载力具有十分重要的意义。

2. 善待自然，热爱自然

只有自然才是人类得以生存和发展的真正基础。无论人类自身多么强大，多么无畏，多么充满智慧，但只要一旦脱离大自然，脱离对于其他物种的依赖关系，便失去了存在的可能，甚至就是死亡。人们在对待和处理人类和自然关系时，都应当遵循热爱自然的环境道德的规范，这一规范至少包含以下几个方面的基本要求。

(1)维护人与自然的和谐共存与发展

自然缓解过程不仅对人具有价值,而且其自身具有价值。人对自然环境的态度带有强烈的道德意义。善待自然,合理的利用自然,就要建立人与自然和谐共存与发展的关系。对自然界产生一种强烈的道德责任感,人类应当爱护、珍惜自然环境。

(2)一切向自然负责

善待自然,热爱自然,要把一切向自然负责作为自己言行的最高准则。对生态环境不应该有任何轻视的态度,更不应该有急功近利、有意无意损害自然的行为和倾向。

(3)关心和爱护自然

人如何对待自然界的问题,实质上就是人如何对待自身的问题。人和自然界是一种平等的关系,而不是征服和被征服的关系,应该是“共存共荣”、“互利互惠”的关系。在人与自然道德关系的基础上,我们不仅要关心和爱护自然,甚至要关心自然比关心人类自身更重要。这就要求我们不但要从自身利益出发,更要从子孙万代的长远利益出发去处理人和自然界的关系,从而保证了人类与自然界是同荣共存、共同进化的生态关系。

(4)合理地开发和利用自然

合理地开发和利用自然,作为环境道德的规范之一,在现实生活中,有着特殊的重要的意义。这就要求我们要处理好“索取”与“给予”的关系。要让自然界持续地造福于人类,就不能只向自然界索取,而应当让大自然有生息的机会。其次,也要把保护自然资源和保护环境相结合,对自然环境资源的利用,要把当前利益和长远利益有机地结合起来,按照客观规律的要求合理地开发和利用。最后,要进行合理地开发和利用自然的教育。维护、改善和建设人类的生存环境,是每个公民需要树立的环境道德观。只有这样做,才能有利于开发自然和保护自然,也才能保护和爱护人类自身。

8.3　环境道德教育

8.3.1　环境道德教育的含义

环境道德教育,是现代环境教育最高层次的教育,是塑造人们关于环境道德的精神品格的根本性教育措施。为人们环境道德教育培养和提高,奠定了深厚的思想基础。环境教育像传统道德教育一样,是根据环境道德原则和环境道德规范,有组织、有计划地向社会成员进行影响,用环境价值准则灌输或诱导社会成员的内心,使之转化成为个人内在道德的一种教育行为。通过环境道德教育,使人们明确做一个合格环境公民应当具备的良好的品质。教育的目的是使受教育者最终建立起正确的人生观和环境价值观,在生产和生活实践中尊重环境和保护环境,自觉协调人类和生存环境的关系,由此激发受教育者的环境道德情感,提高受教育者的环境道德认识水平,为人们自觉进行环境道德修养、扫清思想障碍,提供精神动力。实现人类与生存环境系统共生和共同可持续发展的目的。

与传统道德教育不同,环境道德教育由于历时尚短,还未受到人们的普遍重视,甚至在环境学界,也还未形成普遍的共识。大量有关环境问题研究的文章,甚至政府法令,都只把视角聚焦在环境保护的具体措施上,没有把塑造人们的环境公德,作为防治环境污染,实现环境保护的根本措施去认识和贯彻。

传统道德教育在古今中外的教育史上一直是占据着显赫地位的。历史上任何一个国家政权拥有者,往往都自觉或不自觉地扮演着道德说教者的角色,力图把稳固自己权力的愿望,转化成为一种所谓“忠君爱国”的道德教化。然后旁及到各种具体的人际关系道德行为准则的宣教,因为任何国家和民族,如果没有共同的人生观、价值观和道德准则维系,很难做到长治久安。因此历史上出现了那么多各种流派的大道德学家,竖起了一座座思想丰碑,引领着人民大众思想、言论和行动的方向。但是深观众多道德大家们的思想和理论宝库,其中有关环境道德教化的闪光点竟是那样地稀若晨星。这种情况的出现,是由于他们生活的特定生存环境系统特征决定的。想当年高吟“白日依山尽,黄河入海流,欲穷千里目,更上一层楼”的王之涣,何曾想到有一天黄河会断流。甚至包括在中国传统多子多福思想基础上提出“人多好办事”的毛泽东,又可曾想到中国的人口,今天正成为他梦寐以求建成的“新中国”发展的沉重包袱,因此现代环境还需要人们对它精心呵护和培育。环境道德教育因此便具有十分重大的理论意义和现实意义。

环境道德教育在历史上发展滞后还有一个重要原因,是因为环境道德规范是以抑制个人物质贪欲行为为主要特征的,这与所有统治者阶层及特权阶层的个人贪欲本性是相违背相冲突的,因此不易被当政者或当权者和“社会主流人士”接受和青睐,便成了历史的必然。穷奢极侈是一切权势者和富有者阶层的本质属性,抑制贪欲和靡费与他们的社会属性是格格不入的。因此环境道德教育很难在上层社会中自觉形成和产生,也很难被他们接受,并约束他们的行为。因为上层社会的贪欲和靡费造成的环境灾难的直接后果一般都被转嫁到了下层人民,特别是贫困者身上。例如五星级宾馆中的客人,特别是总统套房中的客人,是绝对感受不到城市的热岛效应和汽车尾气污染的。但贫困者却被推进了环境破坏与经济贫困的“马太效应”旋涡中不能自拔。“衣食足才知荣辱”的说法是有几分道理的。对物质生活都无法满足,在死亡线上挣扎的极贫者们,为了防止水土流失,不准在土里扒食,这无异于对他们宣判立即执行死刑——剥夺他们生存的权利。因而,贫困者有很多环境不道德行为,这也是被眼前的生存利益逼迫的。当然,这里面不可避免地也包含有环境不道德的成分。但能不能因此绝对地认为,由于经济基础决定思想意识,现实的经济发展状况就决定了人们的环境意识水平,即“经济水平—生活质量—环境质量—环境意识”。也因此得出环境保护的主要动力来自上层社会富裕人士,那么治理环境的费用,也主要由这部分人来承担的结论就大谬不然了。

当今人类所面临共同的环境污染和环境破坏,是人们在追逐利润的过程中进行过度生产和过度消费引起的。过度生产投入的巨大环境成本,包括了贫困者理应享有的自然环境资本成分。贫困者的贫困在很大程度上是由于被富有者利用手中的权力剥夺了他们生存的天然的环境资本后造成的。所以说,今天世界上所存在的环境不道德行为和现象,首先是由发达国家和发展中国家内部的富裕者阶层造成的,世界环境道德的形成缓慢和难以实现,首先就是遭到他们的拒斥。从最深层次去认识环境道德问题,人为造成的贫富分化并日益加剧,本身就是最大的环境不道德现象。也就是从这个意义上才体现出了当前进行环境道德教育,对于实现人类社会和生存环境可持续发展的迫切性和重大意义。

8.3.2 环境道德教育的特点

1. 环境道德教育的长期性

环境道德教育是一种长期的终身教育。不能企图通过短期的培训教育来完成,毕其功于一役，一次性完成。一个人的环境道德观念的养成和确立，要终身接受外在的社会教育和内在的自我教育才能实现。因为环境道德教育的终极目的是要克服和抑制个人对环境物质利益的贪欲，为了个人及他人的生存利益善待自然环境和社会环境。物质利益引诱是无处不在的，所以抑制贪欲应该贯彻人一生的始终，具有长期性特征。其次教育的内容和对人要求的长期性。传统道德教育在人的一生中不同阶段的内容和要求是有所不同的。例如对幼童和青年人要进行“尊老”教育，对成年人和老年人却要进行“爱幼”教育。虽然年龄有差异，但环境道德教育对任何人都是一样的。环境道德教育要求人类必须尊重生命、尊重环境、保护和爱护人类赖以生存的整体环境，这对于任何年龄层的人都是一样的，尽管不同年龄段的人对环境可能产生的不道德具体行为有所不同，但对环境损害的后果是一样的。对环境的任何污染和破坏，最终都是会造成人类及人类社会的不可持续发展，即造成可持续发展链条的中断。所以环境教育应该贯穿人的始终，实现终生教育。

2. 环境道德教育实践的艰巨性

环境道德教育实践的艰巨性，指的是一个人的环境道德观念及意识的养成需要付诸终生的实践，是一个非常艰巨的过程，它并不是指教育过程实践行为本身的艰巨。为什么环境道德教育的实践比较困难和艰巨呢？因为：(1)直接物质利益欲望心理的难以克服追求物质利益欲望的心理定势，这是由利己主义的价值目标所决定的。极端利己主义是人类放纵自己，屈从人的自然本能的一种表现。作为自然的人，为了活着，人必须向自然或社会获取维系生命的物质。当这种获取行为过程能与别人的利益一致，并具有义务感时，这种行为就是“善”的；当与别人的利益不一致，或者缺乏义务感时，则是“坏”的。在当今市场经济制度下，一切行为最终无不是为了追求个人的物质欲望——金钱利益。这时，以克制个人物欲为特征的环境道德要成为社会主流，这将谈何容易。这些现象的普遍存在，都反证了环境道德教育中克服物质利益欲望心理的无比艰难性。

3. 环境道德教育的反复性

环境道德教育不可能一蹴而就。因为人们的环境道德品质的形成和提高，包含着许多因素，它不仅是认识的提高，更重要的是习惯的培养，这就是教育过程的反复性。环境实践是不断发展变化的，这也决定了环境道德教育要不断反复地进行才能完善和提高。

4. 环境道德教育的综合性

人的环境道德成长是一个多因素综合起作用的过程，要受到多方面社会因素的制约。环境道德教育作为社会教育中的一种，它与政治教育、文化知识教育、审美教育以及自然科学等教育也是相互渗透，互为手段，构成统一的社会教育体系。这就要求我们必须把环境道德教育与其他社会教育有机地结合起来。反之，孤立的环境道德教育，是不可能获得预期效果的。

8.3.3　环境道德教育的方法

要完成环境道德教育的任务，实现环境道德教育的目的，就必须解决环境道德教育的方法问题。进行环境道德教育主要有以下几种方法。

系统地、准确地普及环境道德知识，是环境道德教育的基本方法。事实证明，一些人违背环境道德，破坏环境，甚至触犯了环境刑事法律，就是因为环境道德知识的缺乏和迷茫造成的。所以，要采取各种手段，利用各种途径，向人们传播和灌输环境道德的基本知识，举办系列环境道德知识讲座,在各类学校开设环境伦理学课程。还可以动用今天拥有的全部传媒手段,包括文学、艺术、音像、甚至网上传输等方式进行全民性的广泛宣传教育。通过系统地学习,逐步提高人们的环境道德水准,已经具有非常现实和紧迫的意义。

采取榜样引导和典型案例剖析相结合的方法。道德教育一般都坚持正面教育,采取正面传授、优秀道德教育榜样引导方法,环境道德也不例外。道德榜样通过现实生活中的具体人物,集中体现了时代环境道德的原则,规范的精华,在群众中有广泛的影响,对群众有潜移默化的引导、激励、启发和鼓舞的作用,能使人们目标明确地向着一定的方向努力。然而,这种榜样引导还不够,还必须采取反面典型案例剖析的方法,通过一些不遵守环境道德的典型案例的剖析,引起人们对环境的关注,起到警戒的作用,引导人们树立环境危机意识。

采取适当的奖励或惩罚相结合的方法。群众对环境行为的监督评论是一种强大的舆论力量。是一种群众性的环境道德教育活动,是人们进行环境道德教育、抑恶扬善的有力武器。在群众舆论的基础上,对保护环境、遵守环境道德作出成效的先进人士给以表彰和奖励,对环境破坏,影响恶劣、造成恶果的有关人员给以相应的惩罚,这对宣传环境道德、巩固环境道德教育的成果有着积极的意义。

8.4 环境道德教育在中国的发展

21世纪是人类发展史上发生重大变革和科技取得巨大进步的世纪。变革和进步的正面形象,就是人类和生存环境发生联系的中介手段——科学技术发生了一般人难以想象的巨大进步。就像任何事物都具有两重性一样,在科学技术突飞猛进的过程中,作为科学技术的负面作用——人类对生存环境系统结构及功能的破坏,也已经充分暴露无遗。因此有人把21世纪又称之为"环境破坏"的世纪,这是一点也不过分的。因此,出现了与环境相关的低碳经济和环境可持续发展的论题。

科学技术的进步,极大地增强了人们向自然环境索取资源和能量的能力以及加工制造自然界原来没有的物质产品的能力,为人们带来了巨大的物质财富和丰富了人们的生活内容,但同时,也就在人类生存环境内部破坏了自然界的动态平衡,即资源的大量浪费和工业垃圾急剧增多,特别是社会环境中的财富分配不公。这就是人类自己留给21世纪可持续发展中的全部环境灾难的重要导因。如果仅仅看到了自然环境中面临的资源枯竭、气候变暖、生物多样性减少等是十分不够的。更严重的是极端贫困化对人类的威胁,远胜于自然生境的恶化。自然生境的破坏,在很大程度上可以通过科学技术发展的可能性去部分解决。然而可能性怎样变成现实,就超出科学技术本身的范畴,这就属于人类的环境道德问题了,特别是世界上愈演愈烈的两极分化,这已完全是属于"纯道德"领域的问题。如果这个问题得不到解决,科学技术的进一步发展,将会使问题的严重性更加是火上加油。科学技术进步引发的环境问题实质是一个环境道德问题,是人类的自然环境价值观的问题。特别是对过度消费与消费不足引发的环境破坏性质的认定及不同处理方式问题,里面都包含着复杂的环境道德关系成分,是不能一概而论的。可持续发展,这是21世纪人类所面临的共同机遇和挑战,对于具有6 000多年文明历史的中华民族,这个问题显得更加现实和严峻。

中国环境问题是全球性环境问题的一个重要的组成部分。中国历来十分重视发展经济的同时提倡环境保护。在当今形势下环境遭到人为破坏正处在不断下降的态势之中,中国怎样才能摆脱这种困境，以获得持续发展的良机呢？这是摆在每一个中国人面前，值得深深思索的问题。然而这也是问题的难点，由于中国目前正处在一个史无前例的社会转型期，人们受到西方富裕国家强烈的刺激，在经济基础薄弱，科技水平不高的情况下，对环境疯狂的掠夺达到不可恢复的程度。由于教育水平的限制和基础薄弱，人们普遍缺乏环境危机意识。功利主义和极端个人主义如一叶障目，将中国的可持续发展迅速推到了环境容量的临界点上。

然而随着环保低碳、环境可持续发展的提出，中国怎样解决严峻的环境问题？中国怎样才能摆脱这一困境呢？一方面，我们不能因噎废食，不去继续打开国门，我们应该学习发达国家，引进先进的科技，加快科学技术的发展，迎接知识经济时代的来临；另一方面我们又必须继承和发扬中华民族优秀的人天观和传统伦理道德观念，环境伦理应该遵循存天理、灭人欲，即遵循自然规律，克服极端个人主义物质欲望。加强环境道德教育，把环境道德教育提升到一个新的起点，发扬利己利他主义的传统美德。这样我们中华民族才有可能实现人与生存环境系统的和谐共处。

随着科技的发展，带来了各种各样难以解决的环境问题。中国政府非常重视环境问题，在这个过程中，如果我们能自觉地把这些环境问题提高到环境伦理道德高度上去认识，把中国传统的"天人合一"环境道德观念进一步发扬光大，把现代环境伦理道德观念和原则贯彻到我们的建设事业中去。这样，我们就能达到事半功倍的效果，搞好中国当前的环境保护工作，为子孙后代留下一个美好的生存环境系统，而且能够在实践中不断提高全民族的环境道德意识和道德水准，将中国建设成为全世界人与人之间，人与社会环境系统之间和人与自然环境系统之间最和谐的人类生存环境系统，为人类的持续发展作出更大的贡献。

第9章　环境伦理与可持续发展

9.1　环境道德与人类生存系统的可持续发展

利益是道德的基础，道德与利益是统一的。正确对待利益问题也是一切道德的出发点。环境道德作为调节人与人、人与社会之间关于生态环境利益关系的规范，其基本原则就是生态整体利益和长远利益高于一切，也就是实现人类生存系统的可持续发展。

环境道德的基本内涵包括：第一，热爱自然、尊重自然、保护自然（包括人化自然）；第二，珍惜自然资源，合理开发利用资源，尤其是珍惜和节制非再生资源的使用与开发；第三，维护生态平衡，珍惜与善待生命，尤其是动物生命和濒危生命；第四，有节制地谋求人类自身发展和需求的满足，不以损害环境作为发展的代价；第五，积极美化自然，促进环境的良性循环。人类的生存和发展离不开自然的支持，人们应该热爱自然、尊重自然、了解自然，与自然为友；只有掌握了自然规律，才有可能正确利用规律，满足人类自身需求，改善和提高人类生活质量。

人们应该注意到环境道德的主要特征：一是全人类性，即不分阶级、民族和地区，是全人类所要共同遵守的；二是单向性，即道德主体向自然环境的道德承诺，其对象是自然，而其他的道德关系均在人与人的双向联系下发生；三是低层次与高要求的二重性，它低于社会公德层次，并且缺少道德对象（自然）的直接反应与主动评价，这就要求人们有高度的自觉、自省与自律性；四是相对稳定性，它一旦形成，就会成为社会长期的行为准则，尽管这些准则还在不断的发展并完善着。

判断环境道德行为的善恶标准是以人类的整体利益为基础的。所以，我们普遍可以遵循的道德原则和规范是维护人类生存系统的可持续发展。即从根本上改变原来的以破坏生态环境为代价的生产与发展，谋求人类生存系统的可持续发展，这是立足于人与自然关系提出的道德准则。它提倡人类在满足追求物质与精神满足的同时应当努力保持人与自然的和谐，而不是凭借人们手中的技术和投资，采取耗尽资源，破坏生态和污染环境的方式来追求这种物质与精神上的满足。它强调当代人在发展自己的同时，不应对后代人的生存与发展构成危害，实现人类生存系统的可持续发展。

要实现人类生存系统的可持续发展，要求人们将道德应用的范围从人与人之间扩大到人与自然之间，努力做到：第一，热爱人类共同生存的家园，建立人与自然的和谐关系；第二，保护自然生命系统，维护生物多样性；第三，承认自然生态系统承载能力的有限性，反对浪费和挥霍资源的不道德行为；第四，合理利用自然资源，反对损人利己的行为，应着眼于民族、国家、人类的长远利益。

这种道德观不仅要对人类讲道德，而且要对生命和自然界讲道德。它把道德对象的范围从人与人的社会关系扩展到人类与自然的生态关系，对自然界的价值和自然界权利的确认、制订和实施新的道德原则。特别是可持续发展理念的提出，大大拓展了传统价值观的内涵。首先，它向人们揭示了自然的内在价值，使人们能够将自然视为人类的伙伴，并产生一种尊重自然的态度,产生对自然的亲近感情和关怀。其次引导当代人要自觉维护下一代的发展权利,学会正确处理当代人之间、当代人与子孙后代人之间、人与自然之间的利益关系,从而在平等的基础上实现资源的最大化利用。

环境道德,从不同的角度,有多种不同的定义。环境道德,又被称为生态道德或地球道德。是社会调整人与自然之间的关系的道德规范的总和,是人与自然和谐相处的行为准则。其核心是有关人类尊重,爱护、保护自然和环境的道德。有学者认为环境道德,指人们为维护人类生存和可持续发展所必须正确处理的人与环境关系的行为准则和规范。是全人类的社会公德。有学者把环境道德称为除了家庭道德、职业道德、社会道德这三大道德之外的"第四道德",而且认为第四道德实际应该成为第一道德。还有学者认为,环境道德作为人类可持续生活的道德,是一种新的世界道德。

环境道德是广义道德的一部分,其内容主要表现在两方面,一是正确对待人与自然的关系:二是正确对待体现在环境方面的人与人之间的关系。

人是地球大家庭中的一员,人产生于自然、存在于自然,正如人不能脱离社会而存在,人也不能脱离自然而生存,人与自然的关系应该是和谐的、共存的。为了处理好人与自然的关系,人应该摆脱人类中心主义的羁绊,尊重自然及其发展规律,爱护自然及存在于其中的生命,珍惜自然中已被利用或待开发的资源,而不应该以自然的主宰者、征服者、统治者自居,对其无度地索取、无忌地破坏,对其中的生命无端地杀戮。为了人与自然的和谐共存,我们视维护地球的生态为道德行为,视保护地球上的生命——物种多样性为道德行为,视节约使用地球上的各种资源为道德行为,与之相反,我们把那些为了一己之私利,为了一时的所谓"政绩",而无视自然规律、无视生态平衡、无视其他生命的种种不良行为认定为不道德行为,把那些肆意攫取、挥霍浪费自然资源的行为视为不道德行为。

就正确对待体现在环境方面的人与人之间的关系来说,涉及两个方面,一是处理代际之间的关系必须是道德的;二是处理代内之间的关系也必须是道德的。环境道德水平的高低已经成为衡量国家和地区以及社区文明程度和道德风尚的标志,这已经成为全社会的共识。

而环境道德论则包括环境道德行为主体、环境道德观念、环境道德情感、环境道德信念、环境道德原则、环境道德规范、环境道德评价、环境道德教育等一系列人类主观的环境道德问题。广义的环境道德还包括作为评价人类环境道德是非标准的及环境道德行为的计量值控制指标体系——环境政策、环境法规等。

环境道德水平高低,直接关系到能否可持续发展,乃至关系到人类的存亡和兴衰。环境道德超越制度、国家、民族、宗教、信仰之不同的时间、地域之差异,60多亿人都必须恪守。但是,过去长时期只重视调节、规范人与人、人与社会关系的道德教育,而忽视了调节、规范人与自然关系的环境道德教育。

随着人与自然关系的演进,人对环境的影响作用日益增强。特别是自19世纪后半叶以后,社会生产力突飞猛进,人类征服自然的一系列活动节节胜利。人类对自然的改造性、适应性演化为对自然进行掠夺式征服,忽视了人与自然生态系统的和谐性与统一性,逐步酿成了一系列生态灾难,导致了现代人与自然界关系的深刻危机:环境污染、生态破坏、资源短缺、粮食危机、气候恶化、物种灭绝、土地沙化等威胁着人类的生存和持续发展。

联合国1980年发布的《世界自然资源保护大纲》也明确地指出:"如果要保证达到资源保护的目的,就必须根本改变整个社会对生物圈的态度,人类社会若要和他们得以生存和得到幸福的自然界融合地共存,就需要有新的合乎道德规范的、相互接受的动植物和人。”早在20世纪二三十年代,以法国哲学家施韦泽尔《文明的哲学:文化与伦理学》(1923年)和美国生态学家莱奥波德《大地伦理学》(1933年)为标志,即诞生了环境伦理(或生态伦理学),明确提出了许多关于人与自然关系的伦理思想,主张将道德从人与人、人与社会的关系领域扩展到人与生物、人与环境(自然)的关系领域,这就是环境道德。20世纪70年代以来,蓬勃发展的环保运动使环境道德得到了日益明确而自觉的伸张。

在东、西方传统伦理学中,都没有提出过明确的“环境道德”或“生态伦理”等概念。但是,人与环境相互作用下的自然生态系统是人与人、人与社会关系存在的环境基础,人与环境的相互依存、互惠共生、协同进化关系本身也是非常重要的社会存在。道德作为反映社会存在的一种社会意识现象,人与环境的关系在其中也必然有所反映。特别是中国传统文化和传统道德的理论根基是“天人合一”的哲学思想,“天人合一”观视天地人为一体,强调天道与人道统一、自然界与人类紧密相联不可分离,追求“天—地—人”整体和谐,即人与自然的整体和谐;而人与自然和谐共生、协同进化,正是今日环境伦理学的基本要义和根本目标,故“天人合一”观具有深刻的环境道德意蕴。中华传统文化和中国传统道德的理论根基竟然是表达了极其深刻的环境伦理思想的“天人合一”观,堪称人类文明史上的奇观和人类思想史上的奇迹。从“天人合一”这一根本观点出发,中国历史上许多思想家、教育家总结人类开发自然、利用自然、改造环境、建设环境的经验,在人与环境的关系问题上,提出了许多伦理道德方面的观点和主张,构成了中国传统伦理思想中的环境道德思想。中国传统环境道德就是中国传统伦理思想中关于调整人与环境的关系、规范人对自然的行为方面的观点和主张,包括环境道德的理论基础、基本原则、基本规范、教育修养等方面。

古人认为:一切开发利用自然的生产活动和经济活动,都应当有利于国计民生;万物是人类赖以生存发展的物质基础,破坏自然资源、浪费资源、浪费劳动成果,都是损害人类自身的恶行。“利用厚生、质朴勤俭”,体现了中华民族勤劳勇敢、厚德载物的根本立世精神和民族性格特质,成为中国传统环境道德的基本原则。先人们正是依照这一美德原则,自强不息,创造了光辉灿烂、绵延不衰的中华文化,成为世界文明史上唯一的不败奇葩。

9.2 环境伦理与可持续发展

效率是可持续发展所追求的社会目标之一。它关系着财富增加的速度和质量。可持续发展环境伦理的效率原则是一种综合效率原则,是经济效率、生态效率和社会效率的统一。

1. 经济效率

高效率会增加社会财富,这符合市场经济发展的前提条件,是可持续发展的主要目标之一。所谓经济效率就是用最少的成本获取较大利润的行为,即少投入、多产出。市场经济给社会个体提供了趋利的空间,而资源是稀缺的,所以才要依靠竞争在竞争的优胜劣汰中实现资源的优化配置,产生高效率。效率原则是合乎道德的,是用来评判工商活动和经济制度的一个重要的伦理原则。从经济效率的角度看,不道德的金融活动显然是无效率的,不道德的金融活动还会损害他人的权益。

在市场经济的影响下,经济发展是中心任务,因此融资行为既然是一种骗取别人钱财的行为,就谈不上效率。而且由于不道德的融资行为,会损害投资人的权益,而引起利益冲突和信任危机，严重打击投资人的热情，甚至导致投资人撤资。只有当企业追求利润最大化而不损害他人的权益时，它才符合经济效率的原则，才是合情合理的，但在追求经济效率的过程中，一定要关注生态效率，同时要考虑伦理效率，因为他们彼此之间是有联系的，这是至关重要的，例如，在市场经济中，随着经济效率的提高，效率低的企业面临破产危机，被淘汰下来的那一部分人将面临失业危机，对这部分人，要考虑公平的原则，保障他们的生存发展的机会，还有制度保护性的规则，在利益分配上对高收入者开征税收，用于社会福利保障上，这是效率之得弥补了公平的损失上，只有当效率得到了高程度的发展，才能让更大范围的人享受到公平。

2. 生态效率

生态效率概念最近在 OECD 国家用得较多，很普遍 ，是当前 OECD 国家使用的一种全新的环境管理方式。生态效率是指“生态资源满足人类需求的效率”，它可看作是一种产出/投入 的比值，其中产出是指一个企业、行业或整个经济体提供的产品与服务的价值投入，指由企业、行业或经济体造成的“环境压力”。在这个概念中强调了产品与资源的价值问题，它的目标是增强企业的经济质量，即为社会提供更多的价值，而不是把更多的原材料和能源变为更多的废物。

生态效率分为个体生态效率和群体生态效率及生态系统效率三大类，个体生态效率一般指生物或非生物个体的物质及能量的转换和利用效率；生物及非生物的群体生态效率和生态系统的生态效率的物质与能量的转换效率很高，其系统中的物质与能量得到了充分的循环利用，不至于产生资源的不合理利用或存在资源浪费的环节。必须解决的经济、社会和政治上的问题留在了后面，这些问题包括：城乡发展差距扩大，贫富差距拉大，经济发展与社会发展失衡，资源环境和输出环境污染。目前，人们比较关注的是对环境影响的总体状况，这样一个企业或产品对环境造成的影响的概念是比较抽象的，同时，在发展的过程中必然要消耗，必将对环境造成一定的影响，尤其是成长中的企业。生态效率的这个概念能缓解上述基本矛盾。

生态效率在这里强调的是单位生产或消费造成的影响，也就是企业要考虑单个产品在生命周期中出现各种环境问题，并要求企业充分利用现有的资源，发挥资源的最大效益和最大优势。其主要表现在两个方面，一是产品质量的提高意味着资源价值的提高；二是每个产品的平均资源使用减少。所以，这个概念满足了经济、社会、环境三者之间的平衡发展的要求。要想提高生态效率，那么实行循环经济是关键所在。

循环经济即生态经济，它要实现的是最为理想的生态效率。生态效率追求物质和能源利用效率的最大化和物质产量的最小化。循环经济的根本之源就是要保护日益稀缺的环境资源，提高环境资源的配置效率，从而达到效益的最大化。

3. 伦理效率

在人的各种社会活动中都存在效率问题，伦理效率最主要是伦理思想或伦理制度所产生的效率。如果整个社会的伦理思想及伦理制度表现出不能激发人类创造性和工作热情，从而限制生产力的发展，对社会造成低效率甚至是负效率的一面 ，那么这样的伦理思想及伦理制度具有较低的伦理效率，需要改革。可持续发展环境伦理要求有较高的伦理效率，高伦理效率要求各经济主体之间、经济主体与自然之间要有正当的伦理关怀。

市场经济就是市场在宏观调控下对资源的配置起基础性的作用。使科技和经济遵循科学规律和价值规律，通过价格杠杆和市场竞争机制将资源配置到有效的地方去。因而，它是一种效率经济，它要通过市场达到资源配置与利益分配的最优化。人尽其才，力尽其种，物尽其用，货畅其流，以提高劳动生产力，取得最大的经济效益，这就是资源配置与利益分配上的最优化表现。最优化通过保持的优胜劣汰来实现，所谓"投入少少益善，产出多多益善"，这就是高的经济效率。但如果仅仅追求一时的经济效率，而忽视了生态效率、伦理效率，那么所谓的经济效率就是暂时的，是不可持续的。只有在社会发展的过程中坚持经济效率、生态效率和伦理效率相统一的综合效率原则，才可真正实现可持续发展的发展效率。

(1)可持续发展伦理对环境伦理的超越

可持续发展伦理学是对环境伦理学批判继承的产物。它在继承环境伦理学既把人与人的关系又把人与自然的关系纳入伦理学的视野、强调尊重大自然这个生态系统的客观价值的同时，着力克服环境伦理学所蕴涵的人类无所作为的思想。

可持续发展的伦理问题不是简单地搬用原则就可以解决的，可持续发展伦理学应当是一种实践的伦理学。实践伦理开始于生活、实践中提出的现实问题，其目的也首先是解决这些问题。它把普遍的原则与当下的特殊情境、事实与价值、目的与手段等结合起来，在诸多可能性中作出抉择，在冲突和对抗中作出明智的权衡与妥协、协调。不同的社会角色、各种价值和利益集团的代表(包括广大公众)的参与、对话并力求达到共识，是解决可持续发展伦理问题的最重要的环节。

我们要立足于促进经济社会的可持续发展和对自然资源的永续利用，以马克思主义关于人类只有在认识改造世界中才能实现自身价值，科学技术是人类认识改造世界及自身的基本手段等思想为指导，研究如何从伦理学的角度把协调人与自然的关系同协调人与人的关系有机结合起来，这是构建可持续发展伦理学的奠基性工作。

(2)环境伦理对可持续发展实践的调控机制

生态伦理作为一门具有强烈实践精神与品格的应用伦理学，对可持续发展的积极价值不仅仅局限于理论层面，更重要的是体现于实践层面之中，这表现为环境伦理对可持续发展实践的调控机制问题。

对可持续发展实践的调控机制包含三个维度：第一，"人-自然"的直接调控机制。环境伦理要求人们在同自然发生关系时，必须遵循基本的生态道德原则规范，必须真切地尊重自然的内在价值与权利，要克服自己狭隘的人类利己主义心态，以维护生态系统的平衡、稳定，进而实现人类的可持续发展为最高价值目标，因而它具有行为手段的直接性、目标指向的直接性与价值取向的直接性特征。第二，"人-社会"的间接调控机制。环境伦理不直接作用于人际关系中，而是以自然及人与自然间关系为中介和触媒，通过对传统人际伦理基本价值理念、基本道德原则的扩展深化来影响人际关系。第三，"人-自我"的内在调控机制。生态伦理对人与自我关系的调整主要也是通过对"人"的本真存在的深刻反思、理性审省之成果去影响、重塑人的内在价值世界来实现的，因而它必然带有明晰的内在性特征。

(3)生态伦理对可持续发展的伦理证明及其限度

可持续发展的伦理基础，基于生态伦理的角度，可从以下几个方面来看：第一，将伦理关怀的对象由人与人的伦理关系延伸至人与动物、生物和整个自然界，从而扩大了伦理关怀和伦理思考的范围，这就使可持续发展具有了伦理前提；第二，肯定动物、生物和整个自然界具有自身的价值和权利，是生态伦理观得以成立的前提和理论支点，也是对可持续发展强有力的伦理辩护；第三，对"人类中心主义"价值观的解构，使可持续发展具有了最基本的价值观支点。

然而,生态伦理对可持续发展的辩护仍然具有一定的限度,这主要表现在以下两个方面:①生态伦理虽然是人际伦理的拓展,但它仍然是一种体现人与自然横向伦理关系的伦理形态。这种横向的道德思维方式对人际伦理在纵向上的拓展,如在纵向代际关系中的拓展,以及将眼光投向代际视野,存在着一定的局限。②生态伦理确实又包含了代际伦理的有关问题,但是,生态伦理还无法解决代际伦理的所有问题,尤其是它对代际伦理的论证只是讨论代际伦理的一种思路,对于代际关系,生态伦理总有一种"言难尽意"、"话难说透"的局限。

(4)可持续发展伦理的建构途径

可持续发展观的提出是人类面对发展困境反思的必然结果,可持续发展观的实现需要人类建构与之相适应的伦理观念,使发展的可持续成为人类自觉自择的行为。可持续发展伦理的建构应遵循环境权利与环境义务统一、普遍性与多样性相结合、公正性等原则。

可持续发展伦理的建构应坚持以下基本途径:首先,整合不同民族优秀的传统伦理观念与规范。不同民族都有明显不同的道德文化传统和道德习俗,必须保持与尊重多元性的伦理传统,从不同民族的道德文化传统的宝库中寻求道德的共识,寻求那种人类所公认的伦理规范与原则,这是建构当代人类主体伦理的资源与基础。其次,进行国家主体间的对话与合作。国家主体的平等地位是可持续发展代内伦理的要求,是代内伦理公正性原则的直接表现。最后,建立以可持续发展为理念的民族国家伦理机制。国家主体不仅要通过对话与合作在全球范围内协调或实现自我利益,而且更要具有全球观念与意识,关注人类共同的命运,以可持续发展观为立国治国的基本理念,通过多途径建立伦理机制,强化民众的可持续发展伦理意识,培养民众的可持续发展伦理观念,把可持续发展战略落到实处。

9.3 可持续发展环境伦理观对完善我国环境立法的影响

1. 可持续发展环境伦理观概述

可持续发展环境伦理观是学术界研究可持续发展和环境伦理学过程中形成的一种新型的环境伦理理论。可持续发展环境伦理观在主张人与自然和谐统一的整体价值观方面与深环境论中的环境整体主义是一致的,不同之处在于可持续发展环境伦理观在强调人与自然和谐统一的基础上,更承认人类对自然的保护作用和道德代理人的责任,以及对一定社会中人类行为的环境道德规范研究。可持续发展环境伦理观对现代人类中心主义和非人类中心主义采取了一种整合的态度。可持续发展环境伦理观把道德共同体从人扩大到"人-自然"系统,把道德对象的范围从人类扩大到生物和自然。与此同时,由于只有人类才具有实践的能动性,具有自觉的道德意识,进行道德选择和做出道德决定,所以只有人是道德的主体。作为道德代理人的人类,应当珍惜和爱护生物和自然,承认它们在一种自然状态中持续存在的价值。因而,人类具有自觉维护生物和自然的责任。

环境伦理的道德规范系统是可持续发展环境伦理观的重要内容。作为一种评价社会制度的道德评价标准,可持续发展的环境正在关注人类的合理需要、社会的文明和进步。其主要含义:一是要求建立可持续发展的环境公正原则,实现人类在环境利益上的公正;二是要求确立公民的环境权。可持续发展环境公正应当包括国际环境公正、国内环境公正和代际环境公正。(1)国际环境公正。国际环境公正意味着各地区、各国家享有平等的自然资源的使用权利和可持续发展的权利。建立国际环境公正原则必须考虑到满足世界上贫困人口的基本需要;限制发达国家对自然资源的滥用;世界各国对保护地球负有共同的责任但又有所区别,工业发达国家应承担治理环境污染的主要责任;建立公平的国际政治经济和国际贸易关系以及全球共享资源的公平管理原则。(2)国内环境公正。一国国内的环境不公正现象同样会加剧环境的恶化,造成生态危机。在建立国内环境公平原则的过程中,应该考虑的主要因素包括:消除贫困;自然资源的公平分配;个人和组织环境责任的公平承担;在环境公共政策的制定中重视环境公正和公共资源的公平共享等。(3)代际环境公正。代际公正原则就是要保证当代人与后代人具有平等的发展机会,它集中表现为资源(社会资源、政治资源、自然资源、资金,以及卫生、营养、文化、教育和科技等的人力资源)的合理储存问题。实现维持生态的可持续性,实行代际补偿等方法。建立代际环境公正的原则应当考虑到的因素主要有:代际公正的代内解决;当代人对后代人的道德责任;满足代际公正的条件;实现代际公正的基本要求等。确立保护人类的环境权是可持续环境伦理观中另一个社会道德原则。所谓环境权,主要是指人类享有的在健康、舒适的环境中生存的权利。公民的环境权不是一般的生存权,它侧重于人类的持续发展和人与自然的和谐发展。确立保护人类的环境权是社会正义的需要。环境权作为一种道德理念和法律理念已经得到人们的广泛认同,并且在一些国家的宪法中确立成一项人的基本权利。

2. 我国环境立法的现状

(1)我国环境立法现状的不足及其主要原因

改革开放至今,我国的环境立法迅速发展,法律法规迅速膨胀,不仅于1989年颁布了环境保护基本法,而且全国人大及其常委会根据宪法和环境保护基本法,相继颁布和修改了9部资源保护法和5部污染防治法,国务院及其所属的与环境保护有关的各部门也发布了一系列环保行政法规、规章。加上各省、自治区、直辖市、较大的市及省级人民政府所在地的人民代表大会及其常务委员会制定的地方环境法规、规章、办法则更是繁多。单国家级的环境标准就有300多项,规模不可谓不大。然而,如此众多的环境法律法规却存在许多的不足。首先是体系框架存在效力层次的冲突和混乱。表现在《环境保护法》与其他单项法律的冲突上,它们都是全国人大常委会制定的,从效力层次上看,它们均属于一个层次。而从法理上讲,《环境保护法》是仅次于《宪法》的环境保护基本法,是制定单项环境保护法律的依据,这里显然存在冲突。其次,内容上也有重叠、矛盾之处,还有不少的空白。比如《水法》、《水污染防治法》、《水土保持法》三者之间既有冲突之处,又有重叠之处。再比如有关生物多样性的保护,我国已加入了《生物多样性保护公约》,在国内环境立法中却没有相应的法律或法规,物种资源破坏的极为严重。另外,法规之间不配套的地方也随处可见。制度建设也有诸多不尽如人意之处。环境立法存在问题的原因一般很少从立法思想上找原因,其实没有成熟稳定及系统化的立法指导思想才是问题的根源。环境伦理乃是环境法治的基础,是环境法治的价值内核。

(2)可持续发展环境伦理观在我国现行环境法中的反映及不足

可持续发展伦理观作为成熟、系统的思想形成于本世纪80年代末。但其思想早已萌芽,有的学者认为可持续发展概念起源于18世纪的“自然平衡”思想。其精神实质在不同时代、不同国家有不同程度的反映。特别是本世纪中叶以来,人们在同环境问题作斗争中已逐步认识到持续发展的必要性。当然,认识程度会有差异,概念也可能不一致,直到可持续发展伦理的明确推出,才使认识加深和趋于统一。中国环境法在其发展过程中,重视吸收国内外先进的理论和经验,所以,其内容大量地反映了可持续发展的精神。集中表现在:我国环境法确立了经济建设、社会发展和环境保护协调发展的基本原则。持续发展包括生态持续、经济持续和社会持续三部分。这三部分是互相关联、不可分割的,孤立地追求生态持续不能遏制全球环境的恶化;孤立地追求经济持续必然导致经济的崩溃;单纯地追求社会持续只能增加社会的危机。所以,环境保护应与社会、经济生活全面有机结合,以达到生态、经济、社会的持续发展。我国环境法确立了环境保护与经济建设、社会发展相协调的原则,《环境保护法》第4条规定:"国家制定的环境保护规划必须纳入国民经济和社会发展计划,国家采取有利于环境保护的经济、技术政策和措施,使环境保护工作同经济建设和社会发展相协调。"该原则在环境影响评价制度、"三同时"制度、环境保护责任制、环境保护许可证制度等环境法基本制度上得到体现和贯彻。同时,我国还提出了经济建设、城乡建设和环境建设同步规划、同步实施、同步发展,以达到经济效益、社会效益和环境效益相统一的环境保护方针。以上这些规定和可持续发展的精神是相一致的。我国已基本形成"预防为主"的法规政策体系。"预防为主"是把重点放在产生环境问题根源的政策。它要求所有单位和个人在进行各种开发、建设、生产、经营等活动之前就要考虑其行为对环境的影响,并采取措施,把污染和破坏程度降至最低,以期求得经济效益和环境效益的统一。"预防为主"原则在法律上的体现主要有:①重视规划的制订和实施。规划是超前性的工作,通过科学的手段制订规划,指导人们的行为,将大大减少发展中的矛盾冲突和失衡。我国法律极为重视规划的作用,从城市到乡村,从国家到地方,在经济建设、社会发展和环境保护等领域都要进行全面规划。规划的编制应当依据国民经济和社会发展需要以及当地的自然环境、资源条件、历史情况、现状特点等,统筹兼顾,综合部署。符合环境生态要求是规划的基本原则之一。《中华人民共和国城市规划法》第14条第1款规定:"编制城市规划应当注意保护和改善城市生态环境,防止污染和其他公害,加强城市绿化建设和市容环境卫生建设,保护历史文化遗产、城市传统风貌、地方特色和自然景观。"依法搞好规划、实施规划是落实预防为主原则的有效措施。②制订了一系列相应的法律制度和措施。如环境影响评价制度、"三同时"制度、环境许可证制度、现场检查制度、清洁生产制度、落后产品及设备淘汰制度等。以上内容也体现了可持续发展战略的精神。但是,我国环境立法还有许多地方不能满足可持续发展伦理观的要求,例如立法目的及法律内容缺乏全面反映生态规律的要求,尚未建立起有利于环境与发展相结合的综合决策机制和经济社会运行机制,现行的法律法规中有相当一部分内容和可持续发展的精神是相违背的。因而,完善环境立法的工作仍然艰巨。

3. 完善环境立法的新思路

(1)环境立法的目的应该是保护生态整体价值。

由于环境伦理要求维护生态的长远利益,维护人与自然关系的和谐平衡,尊重生态环境价值和发展规律,因而要解决环境问题就必须要求改变原有的状况,重新在尊重环境价值的基础之上调整人类的行为。因此,环境法的真正目的应该是保持生态系统整体的价值,而不是保护这一整体中某一部分的价值,即使这一部分是人也不例外,因为人类也是自然的一部分。应该把人与自然的公平纳入到法律追求的目的之中,使环境资源法更具有价值合理性。

(2)以生态规律全面指导立法。

我们虽然能认识到生态规律的重要性,但运用它来指导社会科学,特别是立法及法学研究则显得不足。这是我们的社会科学在新中国成立以来走了不少弯路的重要原因。社会科学既然是指导人们行为的科学,就必须遵循自然生态规律,这点尤其应该在立法工作中强调。生态系统有如下一些基本规律:①物物相关规律。生态系统各事物在该系统的形成过程中彼此建立了互相制约、互相依赖的关系,改变其中一部分就会牵涉到其他部分甚至影响到整个生态系统,必须全面评估和充分考虑人们改造自然的行为对周围环境的影响。②环境承载能力有限规律。环境对人类索取需求的承载能力以及自然环境对污染物的容纳能力都是有限的,超过这个限度就会导致生态危机。③多样稳定规律。生态系统中生物种类越多,生态系统就越稳定,所以要保持物种的多样性。④物质、能量输入输出动态平衡规律。一个稳定的生态系统,无论是生物、环境,还是整个生态系统,物质和能量的输入与输出总是相对平衡的,若平衡被打破则会造成灾害。

(3)建立可持续发展的环境立法

可持续发展的环境法应该以全面相关的环境系统整体作为理论基础,以生态的整体价值为价值总原则,重新考查现有立法,并根据环境整体的可持续的标准对不符合这一标准的环境法进行调整。建立以保护自然权利原则、生态权利优先原则、人类综合责任原则的可持续发展的环境法。这种环境法不再坚持人类中心主义的立场,不再把自然对人类的价值作为保护的目的,而是以自然的整体价值为追求目标。

第10章 环境政策、经济与环境伦理

环境对维持人类的生存与发展起着极为重要的作用。而环境同时具有天然性、有用性和稀缺性这三个特点。其天然性和有用性，早已得到公认。但是，过去相当长一段时间，人们一直以为环境资源是取之不尽、用之不竭的，因而存在滥用的倾向。其实，世界上多数发达国家的森林资源都经历过盲目性的掠夺和破坏性的采伐，以至世界森林的一半以上化为乌有。人类对于森林的重要价值一开始并没有意识到，只是在漫长的历史过程中，在森林破坏带来的灾难性后果中，才逐步认识到森林是一种珍贵而重要的资源。随着工业化的发展、人口的增长，“三废”和生活污水造成的环境污染日益严重，清洁的水、空气和土壤等也逐渐变成了稀缺的资源。环境问题的出现使人们改变了以前的看法，清醒地认识到人类只有一个地球，环境资源是稀缺的。

环境资源具有使用价值即有用性，是显而易见的。那么，它是否同时具有价值呢？传统经济学认为，环境资源是自然的产物，未经人类劳动投入，因此是无价值的。现代经济学认为环境资源客观上是有价值的，劳动价值论同样适用于环境资源的有偿性。从环境再生产过程不难看出环境质量的改善和保护凝结了大量的社会劳动。

可以说，环境的价值就是再生产环境所需要的劳动时间，也即保护环境、维持环境效用所需要的劳动时间。环境资源不仅有使用价值，而且有价值。同时，环境又是普遍存在的，其所有者是生存于其中的全人类，其使用者也是他们，人们常常是不自觉地使用环境而忽视其存在，因而环境是一种公共的特殊商品。

10.1 环境经济观中的伦理学

环境是社会经济系统的基础，也是人类生存和发展的根基。环境问题主要指由于人类经济和社会活动所引起的环境破坏，其实质是经济发展与环境保护的冲突，是人与自然关系的失调。环境的伦理观与人类认识自然与环境的关系一样也是随着实践的产生而产生，并随着实践的发展而完善的。

10.1.1 环境伦理观的产生

从20世纪50～60年代开始，由于人口的急剧增加，生产的飞速发展，科学技术的突飞猛进，人对自然作用的规模和深度不断扩大，环境污染和生态破坏也日益严重，环境问题开始成为一个全球性、普遍性的社会问题，引起世界各国的普遍关注，环境的伦理观也日益产生并被认知。

人类社会的经济发展与其再生产是相连的。这种再生产包括经济和自然两种基本形式。传统经济学较为重视经济的再生产，并总是把经济再生产的过程看成与自然环境无联系的封闭体系。而事实上，人类的经济活动从来都是和自然界密切相关的。经济再生产过程是与自然再生产过程交织在一起的。这种交织表现在经济再生产既必须不断地从自然界索取各种资源，又必须不断地把产生的废弃物排入自然界，损耗自然资源。

人类经济活动所带来的诸如环境污染、生态失衡、人口爆炸、能源危机等全球性问题，威胁着人类的生存与发展。经济活动所造成的负面效应，其直接原因是由于环境的经济价值以及由此产生的环境经济观指导着人类的经济活动，如功利主义、实用主义的观念。我们要构建社会经济发展的伦理观念，就是要使人与自然、人与社会、经济活动与生态环境达到和谐统一。

所谓自然再生产是指自然资源（包括环境质量）受到损耗后，需要对其进行补偿。补偿达到原来条件的，即为自然的简单再生产。对自然环境投入人力、物力和财力，使资源丰度（包括量和质两个方面）得到更新、改善和提高，即为自然的扩大再生产。

10.1.2 环境经济观

1. 环境经济观的基本内容

总的来说，环境经济观包括三个方面的内容，即低熵价值论、效用价值论和劳动价值论。某类物质资源被耗尽后总能无休止地找到可以替代的新资源，这一观念在客观上鼓励人们去单纯追求经济增长而滥用资源。而熵定律认为：能量虽然守恒，但它却只能不可逆转地沿着由低熵状态向高熵状态的单方面退化。即对人类来说，从可利用向不可利用转化。

西方经济学从效用价值论的角度探讨环境资源的价值问题。边际效用价值论将环境资源的效用与稀缺性结合起来，从社会需求的角度来说明资源的市场价值形成，这对于促使人们重视资源的节约具有一定积极的意义。但该理论割裂了资源价值与劳动的关系。马克思主义的劳动价值论认为，已开发的自然资源中自然凝结着人类的劳动；对未开发的人类资源而言，若不以人类的劳动为媒介将无法得到实现。

总之，环境资源作为人类社会财富的重要组成部分是有价值的。因此只有尽快建立起资源环境的经济价值观念，实行对资源有偿使用的制度，才能遏制资源的浪费，促进资源的节约与合理运用。

2. 环境经济观中的伦理学基础

从伦理学角度看，功利主义的观念是导致经济活动负效应的根源。所谓功利主义的观念，就是主张在考虑行动后果时，所考虑的是行动可预期的直接后果，而不是那些涉及后代人的难以预期的未来的后果。这显然是与可持续发展的要求背道而驰的。在科学技术高度发达的今天，这种人类活动造成的破坏性主要表现在，一方面，它造成人与自然关系的失衡。如果只考虑眼前功利，不顾及人类长远利益，为了发展经济，人们必然会不顾一切地掠夺资源，从而破坏生态环境，使经济增长与环境失调。另一方面，它也加剧了人与人之间关系的紧张。一个国家，特别是相对落后的国家，在走向现代化的历史进程中，面临着一系列双重任务：既要加快发展经济，赶上时代，又要保护好生态环境，以实现经济的可持续发展；既要加快发展科学技术迎接新技术革命的挑战，又要注意防止技术滥用造成的负效应。这就需要有 科学合理的伦理观念的指导。新型伦理观念——可持续发展的合理性主要体现在确立一定的伦理规范，去调节人类的经济活动。这就要求我们既要注意协调人与自然的关系，又要重视人的精神文化需求；既要追求物质方面的进步，又要促进人的全面发展，使人与自然、人与社会达到和谐统一，实现可持续发展。

当代，生态环境破坏给人类生存发展造成的压力越来越大，使人们不能不重新审视人类对待自然的传统态度。人必须从自身与自然生态统一的“天人合一”的立场去认识自然、改造自然，确立人与自然协调的伦理尺度，即按照生态伦理学的道德标准，使人类的活动圈限制在生态许可的承载能力范围内，既要满足人类需要，又要保护生物圈，自觉调节人与自然的关系，实现人与自然的和谐发展。

当代，由于人类实践活动已经达到高度自觉状态，实践所产生的负效应已经逐渐唤醒人们的自我反省和自我批判意识。只有不断强化这种意识，才有可能打破功利主义的狭隘眼界，从而自觉地纠正实践观念的伦理误导。在经济发展中，我们将会不断遇到新技术革命的挑战和资源短缺、环境破坏的压力，这就需要建立新型的伦理标准，把可持续发展作为一个重大战略，确保经济发展与资源、环境相协调，实现良性循环，协调发展。这也就是可持续发展倡导的新型的伦理道德标准。

10.2　市场经济伦理与环境伦理

10.2.1　市场经济伦理

1. 市场经济伦理的内容

市场经济伦理是与市场经济相对应的，为了说明市场经济伦理的内涵，首先要清楚什么是市场经济。市场经济都必须有经济主体，即不同市场上的供给者与需求者，经济主体根据自身的利益，做出有关的决策。其次，任何市场经济都离不开市场机制即价格机制，由于在市场上，供给、需求和价格的变化是相互依存的，因而各个经济主体必然随时随地根据市场上价格和供求的交换来调节自己的各种经济行为，使各种经济资源的配置合理化。再次，市场经济需要一定的行为规范。这些行为规范所涉及的，可能是经济活动本身，也可能是人类生活的其他方面。这种规范可以是相应的法规，也可以是约定俗成的惯例。

以市场经济相对应，首先市场经济伦理必须在相当大的范围内承认个体利益的合理性。市场经济伦理对于个体利益合理性的肯定，集中体现在经济人假定和现代福利经济学上。作为现代经济学的基本规范，经济人假定认为在经济活动中，个人所追求的唯一目标是其自身利益的最优化。市场经济伦理对于个体利益合理性的肯定，集中体现在经济人假定和现代福利经济学上，经济人假定认为在经济活动中，个人所追求的惟一目标是其自身利益的最优化，现代福利经济学认为经济活动的目的是增进个人福利，个人是自身福利状况好坏的最好的判断者，社会福利取决于其所有成员的福利的好坏；由于每个人对于福利的看法不同，因而在不同的人之间，效用无法比较。

其次，市场经济伦理必须对个体利益的合理范围做出限定。抽象地说，在任何经济形态下，都需要对个体利益的合理范围做出限定；在市场经济条件下，大多数经济活动是通过市场交易进行的，而且交易双方均为经济人。因而个体利益的合理限定是很重要的。此外，当经济主体的经济活动涉及人类生活的其他方面，并影响到他人时，也需要对个体利益的合理范围做出限定。市场经济伦理对个体利益合理范围的限定表现在市场经济活动中的规范体现着一定的伦理原则，另外，经济活动还需要遵守人类生活其他方面的准则。市场经济对于个体利益合理范围的限定，集中体现在产权上。产权是经济主体对其财产的法定权力，它表明经济主体可以运用这些财产去做某些事，但并不意味着他可以用这些财产去做任何事。

再次，市场经济伦理必须承认市场经济运行过程的合理性。市场经济是通过价格机制来运行的。而价格机制在使资源配置合理化的同时，无情地惩罚那些做出错误决策的经济主体，使得他们受到损失甚至破产。在这一过程中，一部分资源将因为被错误配置而浪费，这不仅对配置它们的经济主体，而且对全社会都是一种浪费。承认市场经济的合理性，就必须同时承认这种“试错”机制的合理性，而将由此产生的浪费看成是优化资源配置过程中必不可少的代价。

2. 不可逆转引起的伦理问题

一些环境伦理学的支持者认为，环境污染和自然资源的耗竭往往具有不可逆转性，或者需要很长的时间才可以逆转。所以市场经济伦理对经济运行中的问题所采取的“等着瞧”的态度是十分危险的。

但是，人类对于某些环境与自然资源的破坏和损害具有不可逆转性。但这并非意味着只有环境与自然资源问题才具有不可逆转性。在经济生活中，经济主体因决策失误、“一失足成千古恨”的事是相当普遍的。也不能说市场经济没有处理这类问题的办法，事实上，环境保护主义者处理不可逆转性问题的方法，还是从传统微观经济学中的最大化收益最小值（或最小化损失最大值）方法发展而来的。要弄清在不可逆转性问题上市场经济伦理与环境伦理的差别，就必须说明环境经济学在这方面对于传统微观经济学的发展。

环境经济学提出，为了保证子孙后代的生存和发展，必须给他们留下最低限度质量的环境与最低限度数量的自然资源。这一最低限度被称为最低安全标准。关于最低安全标准的适用范围，环境经济学指出，建立环境与自然资源保护标准的方法有两种，一种是通过确立最低安全标准来要求当代人承担某种道德责任；另一种是通过费用—效益分析来权衡利弊得失。

总之，在分析不可逆转性的存在时，我们不能认为人类已经掌握了一切知识，不能否认在有关环境与自然资源的未知领域还存在着不可逆转性。但也不能抱着“没有抓到的鱼肯定是大鱼”的态度，夸大未知领域不可逆转性造成的后果。

10.2.2 代际资源配置中伦理问题

实行市场经济，是为了使得资源配置合理化。但经济生活中的资源配置（无论静态或动态配置），所涉及的仅仅是同一代人范围内的资源配置问题。而保护环境与自然资源常常需要涉及许多代人之间（即在当代人与子孙后代之间）的资源配置问题，因而一般经济生活中的资源配置与环境（自然资源）方面的资源配置之间存在显著的差异。

市场经济伦理在这个问题上暴露出明显的缺陷。市场经济伦理在强调个体自由、个体选择、个体自身利益合理性的同时，也试图对个体利益的合理范围加以限定，以兼顾不同个体的利益。但是，他们兼顾的仅限于当代人，人类后代的利益并没有得到关注。

正是由于市场经济伦理及建立在这一伦理基础上的经济规范存在严重缺陷，人们才提出基本规范——可持续性（可持续发展）以取而代之。可持续性或可持续发展意味着这样一种发展，它既能满足当代人的各种需要，又不会使后代人满足他们自身需要的能力受到损害。也就是说“可持续性是动态的人类经济系统与更大程度上动态的、但正常条件下变动更缓慢的生态系统之间的一种关系。这种关系意味着人类的生存能够无限期地持续，人类个体能够处于全盛状态，人类文化能够发展，但这种关系也意味着人类活动的影响保持在某些限度之内，以免破坏生态学上的生存支持系统的多样性、复杂性和功能”。以 1987 年发表的世界环境与发展委员会的报告《我们共同的未来》和1992年在巴西里约热内卢举行的联合国环境与发展大会为标志，可持续性作为处理代际关系的伦理准则，已经得到社会各界的公认。在这种情况下，市场经济伦理及建立在该伦理基础上的规范经济学必然要进行“综合”，即在坚持个体利益合理性的同时，把可持续性作为处理人口、环境和自然资源等代际关系的一个新伦理准则，综合进其体系中去。

在经济生活中，现有的市场经济伦理确实有改善资源配置效率的作用，但是，这种作用至多局限于当代人之间，一旦超出当代范围，市场经济伦理就会产生严重的负作用。可持续性作为处理人类代际关系的准则，应该是比市场经济伦理层次更高的伦理规范。只有在首先满足可持续性——即将可持续性规范视为既定约束条件的前提下，才谈得上根据市场经济伦理去追求代内资源配置的最优化。

10.2.3　代内环境问题与市场经济伦理

一些环境伦理学的支持者认为，市场经济伦理是与市场经济相适应的，而自由放任的市场经济是对全球环境的最大威胁。环境污染、自然资源耗竭、生态破坏都发生在资本主义市场经济条件下，而对于环境与自然资源的保护则是通过政府干预达到的。因此，最低限度的政府干预应该限制资本主义对环境的利用和侵蚀，而最大限度的环境保护应该废除资本主义经济关系即如果想最大限度地保护环境，就必须否定市场经济伦理。

这种说法是偏激的，对于市场经济伦理在解决代内环境和自然资源问题上的作用，应该具体问题具体分析。

首先，市场经济伦理是肯定个体利益的合理性的。而个体利益的内涵又是不断发展变化的。当环境污染与自然资源耗竭损害到一部分个体利益时，这些经济当事人从自身利益出发，就会要求防止和治理污染，保护、节约和有效利用自然资源。不能将市场经济伦理对于个体利益合理性的肯定，狭隘地理解为对于那些污染环境、浪费自然资源的个体经济行为的肯定。关键是看：随着市场经济的发展，市场经济伦理的内涵会发生哪些变化。市场经济与市场经济伦理往往较少涉及环境与资源问题。但随着经济的发展和物质产品的丰富，公众的消费偏好逐步发生变化，包括环境质量在内的生活质量受到越来越多的重视，良好的环境被视为人类活动的必要条件，个体享有良好环境的权利则被视为基本人权的一个组成部分。所以，不能因为在一定的阶段中市场经济伦理较少或没有顾及环境问题，当时个体利益的内涵没有包括环境与自然资源方面的内容，就断定承认个体利益的合理性与保护环境、自然资源不相容。

另外，市场经济伦理既有承认经济主体个体利益合理性的一面，又有对个体利益合理范围加以限定的一面。从对个体利益合理范围的限定而言，市场经济伦理与环境伦理是有共同语言的。在中国目前的情况下，与计划经济下经济伦理的实施情况相比，按照市场经济伦理办事，更加有利于环境保护，因而也更加符合环境伦理。

按照市场经济伦理办事，一方面意味着承认个体利益在利用环境与自然资源方面的合理利益，另一方面，又意味着对它们在这方面的行为加以限制，以免它们侵害其他经济主体的合理利益。某一经济主体造成环境污染，所损害的不是抽象的社会或公众，而是一个个具体的经济主体。因此，强调市场经济伦理，在这里就意味着，首先必须明确不同经济主体各自的产权，即它们在利用和保护环境方面的权利与义务；其次，造成环境污染的经济主体应该向受害的经济主体提供补偿。

市场经济伦理既然强调要保护个体的合理利益,因而也就有助于协调不同地区、不同社会集团的利益。总而言之,市场经济伦理与环境伦理既有相对立的一面,又有相容的一面,相对立的一面主要反映在代际资源配置上,市场经济伦理在这方面存在明显的缺陷,需要用可持续性取而代之。而在同一代人的范围内,市场经济伦理在大多数情况下与环境伦理是能够相容的。

10.3 自由市场与环境保护

10.3.1 环境保护主义与自由市场

市场机制可以说是人类社会迄今为止所发现的最有效的资源配置方式。它对于进一步解放和发展生产力十分必要。但是,也应看到,在企业成为完全自负盈亏的市场主体后,将更多地从自身利益出发,追求利润最大化;很少从长远的角度来考虑其生产、经营活动对资源、环境的不利影响。

由利益机制所引起的资源浪费表明了市场机制在配置上具有公共物品、准公共物品属性的资源、环境上"失灵"。不能否认,市场的这种"失灵"与资源、环境本身的一些特殊性也有关系。这些特殊性表现在以下一些方面。

(1)环境是一种难以用货币来准确评价其效用的特殊资源。如污染带来的损失,舒适的环境带来的精神愉悦,恶劣环境对人体健康的慢性影响,生物多样性和遗传基因资源的潜在价值,酸雨对建筑物、机器设备的腐蚀,及森林植被的水土保持作用等,都很难用货币来准确计量。这样,企业的许多生产经营活动虽然实际上多多少少与环境质量有关,但由于要把这类环境影响纳入以货币计量的成本,效益分析的框架中去有较多的困难,就容易导致经济活动和保护资源、环境的脱节。

(2)大多数自然资源(包括环境资源)都是公共财产,但它们的产权无论是在概念上,还是在经济的实际运行中都不明确。这就使得人们在使用资源、环境问题上往往会自然地产生可以"免费"加以利用的观念。在环境意识不强、法律制度不严、经济手段不力的情况下,这种观念一方面会降低资源、环境保护产业对社会投资的吸引力,造成这些产业的补偿不足和再生产的萎缩。

(3)又会助长人们在"免费搭便车"的动机驱使下滥用资源、环境的倾向,而这种倾向在市场机制的利益激励下会更加强烈。

从西方各国所走过的道路来看,它们的经济发展过程可以概括为"低收入低污染——高收入高污染——高收入低污染",其特征就是"先污染后治理"。这与西方发达国家传统上依靠竞争性市场机制配置资源的经济制度不无关系。在那种经济制度下,企业以获取利润为生产经营的唯一目的。这样,经济越是发展,资源、环境受到的损害就越严重。这种经济发展与环境保护互相脱节的状况,随着污染的日趋严重而逐渐引起了人们的重视。在20世纪70年代初,西方发达国家开始意识到自由竞争的市场经济虽然能促进经济的增长,但同时也带来了严重的环境后果。在社会各界的迫切要求下,西方发达国家大都实行了国家干预的环境政策,运用行政、法律和经济的手段来迫使企业减少污染,改善环境,并建立起一套严格的监督体系,这样才使资源、环境的破坏有所控制。由此可见,"先污染后治理"的经济发展模式无疑是一种代价沉重的发展模式。资源有限与需要无限是人类社会发展中面临的最基本的经济问题。为了使需要得到最大限度的满足,有限的资源应该得到尽可能合理、充分的利用。以上分析表明,单纯地依靠市场机制的自发调节,不能自动实现人与环境协调发展。立足于私有产权制度的完善,通过制度创新,使市场经济的行为主体产生内部化激励,是实现私有产权与共有产权有效配置的主要途径。

10.3.2　环境保护主义与私有财产权

可持续发展的问题已引起国际社会的普遍关注,以发展为前提的环境保护迫切需要理论的指导。只有明确国家是环境产权的唯一主体,树立环境资源价值观念,政府的积极干预才有可能更好地解决生态环境问题。

产权理论的核心是:一切经济交往活动的前提是制度安排,这种制度实质上是一种人们之间行使一定行为的权力安排。因此,经济分析的首要任务是界定产权,明确规定当事人可以做什么和不可以做什么,然后通过权利的交易实现社会总产出最大化。

产权理论的特点在于:它为用经济学的方法研究外部性问题的制度根源提供了一条重要的思路。交易费用理论的提出打破了把企业视为生产函数、市场关系由供求曲线表达的主流经济学概念,而是认为交易活动是稀缺的,可计量的,也是可比较的,因而可以纳入经济学分析的框架。把产权概念引入理论模型也就否定了传统的主流经济学隐含的一个基本假设:即在生产资料私人占有的社会中,财产权利的归属界区是清晰的,产权交易模式是单一的,从而为分析环境破坏的权利安排过程提供了前提。

产权有四大特征:第一,明确性,即它是一个包括财产所有者的各种权利及其限制和破坏这些权利时的处罚在内的完整体系;第二,专有性,它使因一种行为而产生的所有报酬和损失都可以直接与有权采取这一行动的人相联系;第三,可转让性,这些权利可以被吸引到最有价值的用途上去;第四,可操作性,没有操作上的可能,就是根本没有这种权利。但在实际生活中,依照上述标准界定自然环境资源的产权从而通过私人办法解决外部经济问题的理论是不现实的。

首先,产权界定受到社会价值体系的制约。明晰产权虽然是经济与法律的事情,但事实上它也受文化和政治因素的制约。制度结构是与社会的道德和伦理体系牢不可分地交织在一起的,在社会的道德和伦理价值与产权制度一致的情况下,制度是比较容易实行的,因为人们的服从是自觉自愿的。相反,与社会的价值观念大相径庭的制度就很少有人愿意服从,实施制度的成本也就会很高。因此,虽然明晰产权在许多情况下会导致高效率,但如果可能的规定与社会的道德和伦理体系之间有很大的差距时,这种产权规定就是不现实的,无效的。另外,由于某些要素和资源本身的特点所致,它们属于公共产品,具有消费不可分性的非专有性的特点。这类资源如大气、河流、湖泊和海洋以及地下石油、天然气和地下水资源等。此外,还有一些实际上无法专有的不舒适和具有负价值的资源,如害虫、人们目前尚未消灭的病菌、大气和水文系统中含有的污染物等。对于这些公共资源,显然难于明确其私人产权,因此也就不可能通过市场手段来解决。最后,交易成本的存在以及信息的不完备也给产权的界定带来了困难。

10.3.3　走向稳态经济

全球性的生态危机,严重困扰着社会的生存和持续发展,迫使人们重新审视人与自然的关系，从而正确解决社会经济发展同生态环境之间的矛盾，“经济的绿色化思想”应运而生。“经济的绿色化”要求采取尊重自然的态度，这种态度本身就是一个人所能做到的道德承诺的最高的基本形式。

经济的绿色化思想主张用节制物质欲望的节俭社会来代替现在的“消费社会”和后工业的“丰裕社会”。绿色经济学的起点是消费，它从消费出发去考虑需求、分配、资源配置和生产。这与传统经济学以生产为中心的理论模式根本不同。绿色经济是一种稳态经济，它不以增长为目标，而以保证每个人的基本需要为起码要求。

经济的绿色化既是一种经济现象，又是一种文化现象。作为文化现象，它是人与自然协调发展的文化，是人类适应环境而创造的一切以绿色植物为标志的文化。其实质是提倡人类社会的可持续发展，它强调自然资源的合理开发、综合利用和保护增值；强调清洁生产和无污染的绿色产品，提倡文明、适度的消费和生活方式。

走向稳态经济，要求我们在实践上要采取切实可行的措施。倡导新环境伦理，实现“增长方式”的转变。道德的观念已由单纯表述人与人之间的关系准则范畴，扩大到处理人与自然关系的范围，即环境伦理观。它包括相互联系的两个方面：一是自然对人类价值的意义，二是人类对自然的权利和义务。其基本观点是人类在维护自身生存的前提下，把人类的善恶观、良心观、义务观等道德观念扩大到自然界的一切实体。我们必须从环境与发展统一的视角来审视人类的经济活动和生活方式，以可持续发展指标来规范经济活动和生活方式，从而彻底改变单纯经济增长的观点，生成并确立环境、经济、社会三者和谐协调的整体主义发展观。同时，如果不把合理使用资源，保护生态环境纳入发展之中统筹考虑，经济发展就难以持续，也难以为子孙后代创造可持续发展的条件。

可持续发展旨在保护生态的持续性、经济的持续性和社会的持续性，强调各社会经济因素与生态环境之间的联系和协调，寻求的是人口、经济、社会、资源、生态、环境等各要素之间的相互协调发展。为了达到这一目标，需要人类通过不断理性化的行为和规范协调经济发展、社会进步和生态平衡之间的相互关系，努力做到它们的和谐统一。

当代社会发展不可回避的一个事实是一部分人富足，而另一部分人特别是全世界 1/5 的人口处于贫困或者半贫困状态，这种贫富悬殊、两极分化的世界是不可能实现可持续发展的，因此要把消除贫困作为可持续发展过程中特别优先考虑的问题。

面对经济发展和环境保护的双重挑战，可持续发展的任务首先是工业的可持续发展，这需要持续的资源保证和协调的环境支持。清洁生产是实施可持续发展战略，促进工业发展与环境协调的有效途径。所谓清洁生产，是指将综合预防的环境策略持续地应用于生产过程与产品中，以便减少对人类和环境的风险性。对生产过程而言，清洁生产包括节约原材料和能源，淘汰有毒原材料并在全部排放物和废物离开生产过程以前即减少它们的数量和毒性。对产品而言，清洁生产策略旨在减少产品在整个生产周期过程（包括从原料提炼到产品的最终处置）中对人类和环境的影响。

随着科学技术的发展和社会的进步，科技在广播、通信、工业、科学研究、国防、医疗卫生等各个领域得到了广泛的应用，给人类创造了巨大的文明，但同时造成了环境质量日趋恶化，影响了人体的健康。因此，为最大限度地扬利避害，必须加强科学管理并做到安全合理地使用科技，以降低或减少其危害程度。

另外，新的环境发展伦理观要求人们放弃传统的生产方式和消费方式。可持续发展的人类住区也应把排放废水的减量化、无害化、资源化作为追求的目标之一。

10.4　企业环境伦理

工业的发展也给生态环境带来了破坏和污染，生态环境的破坏反过来又使人类的生存产生了威胁。工业企业排放的废水、废气、废渣已成为环境污染的主要来源。在这些环境问题的背后，涉及大量工业生产中的环境道德问题。深刻认识工业生产所造成的生态环境问题的严重性，增强工业企业的环境道德意识，是企业环境伦理中需要研究的基本问题。

企业环境伦理是企业伦理从企业社会伦理扩展到企业自然伦理。这首先是企业伦理价值理念的扩大，其次是企业伦理对象和范围的扩大。它要求制定和实施新的企业环境伦理的道德原则、道德规范和道德实践，作为企业管理的新的方面，这是企业伦理的一个新的领域。企业环境伦理研究、制定和实施企业环境伦理原则和操作规范，正确处理企业生产经营活动与环境保护、生态平衡的关系，这是企业管理的深化和进步。

10.4.1　企业环境伦理的原则

企业在生产经营活动中产生的环境污染和环境破坏会损害人类、生物和自然界的利益，企业环境伦理问题由此而生。

1. 人道主义原则

按照环境伦理的新的价值观，企业行为的人道主义原则需要有所扩展，即从企业扩展到社会和后代。企业利益最大化原则应从企业的范围扩展到社会和子孙后代的范围，企业应在不损害社会和子孙后代利益的前提下，实现利益最大化，反对以损害社会和后代利益为代价谋取企业利益。

2. 自由竞争的原则

企业活动依据法律进行经营，尊重平等的自由竞争，包括企业管理者、职工、顾客、供货商和竞争对手，都应遵守诚实信用原则，遵照公认的市场规则，在平等的自由竞争中谋取自己的利益；反对垄断经营，反对用不正当手段谋取竞争优势，反对污染环境和破坏环境的行为。

3. 资源共享的原则

企业行使共享资源“公用权”时，应遵循平等和公正的原则，在追求企业利润目标的同时，应考虑本企业以外的其他主体的正当利益，在不损害社会利益、后代利益、生命和自然界利益的前提下进行生产经营活动，不得排挤本企业以外的其他主体使用人类社会的共同资源，反对种种损害社会利益、后代利益和自然界利益的行为。

4. 利益平等的原则

企业的利益平等原则，包括与企业活动有关的各种主体，在兼顾各种主体的利益，实现企业效益、社会效益和环境效益三者的统一与平衡。为此，企业发展要有长期性观点、整体性观点和环境观点，以可持续发展的方式实现企业的发展与繁荣昌盛。

5. 责任承担的原则

企业不仅以自身的发展为使命，而且要对由于自己的生产经营活动所产生的后果承担责任。

不仅对企业和职工负责，而且要对社会负责，对子孙后代负责，对社会、生命和自然界承担责任。

10.4.2 企业环境伦理道德的规范

企业的适应性与平衡原则，包括对自然环境的适应和环境平衡。因而，企业与环境关系的发展应遵循一定的道德规范。就企业行为与有关环境要素的关系方面，我们提出如下企业活动的环境伦理规范。

保护土地的道德规范，实施土地环境伦理原则。热爱和尊重土地，以“因地制宜”和“地尽其用”的方式合理开发利用土地；反对掠夺和滥用土地的行为。保护环境的道德规范，实施环境伦理原则。保护环境，维护自然环境的自然基本平衡状态；反对污染环境和破坏环境的行为。珍惜水资源，合理利用水资源，节约使用一点一滴水，重视水的循环利用，同时对无法再利用的水要处理后再排放。保护水的道德规范，实施水资源环境伦理原则。保护森林的道德规范，实施森林环境伦理原则。热爱森林，保护林地的完整性和生产力；反对滥伐和破坏森林的行为。保护资源的道德规范，实施资源环境伦理原则。尊重和保护资源价值，科学开发、合理利用和节约原材料、燃料、动力；反对掠夺和破坏资源的行为。消费生活的道德规范，实施消费环境伦理原则。提倡适度消费和简朴的生活，提倡绿色消费和崇尚精神生活；反对铺张浪费，反对奢侈和挥霍。反对乱丢废弃生活垃圾的行为。

树立企业环境道德的经济转变理念。要处理好企业发展与自然环境的关系。传统工业生产模式，采用粗放性生产经营，不注意资源的合理利用，废弃物的回收利用，工艺简化。它以排放大量废气、废水、废渣为特征，是一种资源高消耗、经济低效益、环境高污染的生产方式。企业以这种生产模式实施利益最大化原则，常常以牺牲资源和环境为代价取得经济增长。这样企业获得了经济效益，但却给社会带来了负面的经济影响，这是不公正的。公正原则是“谁污染谁治理”。因此要完成工业模式的转变，即从粗放型经济向集约型经济转变。

表面上看，企业环境伦理会阻碍企业的发展，减少企业的利润，但换一个角度，我们就可以发现，它不仅是挑战而且又是一次机遇，为企业新经济的发展开辟了道路。从企业社会伦理的角度，需要纠正企业经营中损害他人和社会利益的不正义行为，发展健康的经济。在我国现实生活中，有许多经济不正义行为，已严重影响我国经济的健康发展。

在企业价值理念上，企业利益最大化原则，不仅是企业利润，而且包括社会利益、生命和自然界利益，是企业经济效益、社会效益和环境效益的统一；要把环境效益放在一个特别重要的位置上来看待。企业活动决策中，必须有社会观点、长远观点和环境观点，改变过去只关注眼前、只讲究利润、不考虑子孙后代和环境作出决策的做法。

从生产技术和工艺的采用，到产品开发；从产品设计、组织生产和成品出厂，到使用后的回收的整个过程，都必须考虑到有利于保护环境，把环境安全作为企业生产和产品开发战略的重要方面。因而要把采用环境技术和清洁工艺，进行绿色生产，生产绿色产品作为对企业生产的道德要求。另外，在企业消费方面，选择原材料供应商，采购原材料和能源时，尽量避免采购对环境有破坏作用的原料和能源，采用无污染替代原料和清洁干净能源。在生产过程中，原材料和能源的消费，要实行节约和提高使用效率的原则，尽可能减少资源消耗和废弃物的排放以减少对环境的影响。并在实践应用中不断地丰富和完善企业环境伦理道德的内容。

第11章 管理决策中的环境伦理

人与自然协同进化的环境伦理,既是一种新的环境道德理念,更是一种指导人类实践活动的行为规范,它广泛渗透并应用于管理者的决策中。

11.1 环境管理与环境伦理

环境管理是运用管理手段以达到一定环境保护的目的。工商业管理的目的是利润增长,而环境管理的目的从根本上说是保持资源的可持续利用和保护人类赖以生存的环境基础。这一目的可由多种多样的目标表达,精确的量化目标如环境质量标准,保护濒危物种;非定量的目标如保护一种景观的美学价值等。此外,环境管理不同于一般企业管理,它的对象是人类和环境,其管理职能突出表现在控制和监督各种损害环境质量的行为并协调社会经济发展使之与环境基础相和谐。

11.1.1 环境管理的伦理问题

如江河湖水经过上游、中游和下游汇入大海一样,出现环境问题和需要开展相应的环境管理也存在源和汇的关系。首先是个人或群体的伦理行为产生对环境有影响的行动,这是上游;其次是众多有影响的行动集成或累积使一类或几类环境影响显著化,开始引起人们不同的注意或重视,再次是这些影响的进一步发展,使人群的健康、生活和生产条件受到侵害或破坏;最终是酿成严重环境事故,乃至环境灾难。这四个阶段的源头是由伦理支配的人类活动,每一个阶段又必须有相应的环境管理手段,也涉及有关的伦理问题。但无论如何,对个人或群体产生环境影响的伦理行为的管理是基本的源头管理。

环境管理中所涉及的伦理行为面要比社会科学中的伦理行为面更广。它不但涉及当代的人际关系,还与代际关系以及人与环境关系的伦理有关。环境管理伦理所涉及的当代人际关系包括环境管理机构与其职责范围内的公众(个人或人群、群众团体或社区)、各种官方和非官方机构、企业等之间的关系,还包括环境管理机构内部高层领导、决策者与基层工作人员或决策执行者以及中层的管理人员之间关系的伦理问题。

在环境伦理中,伦理行为不但是受人际利害意识支配的行为,还包括对环境产生影响的行为。例如,鲁滨逊漂流到荒岛上,为了生存而伐木建屋取暖,捕食野生动物充饥。从社会伦理的观点看,是非伦理行为,因为这种行为不与他人有关,也不侵犯他人的利益;但是从环境伦理的观点看,如果砍伐和捕食的是稀有野生物种,那就涉及生物多样性保护的伦理问题了。如果漂流到荒岛上不仅是一个人,而是一群人,那么这个岛上通过环境管理,使有限的资源可持续地利用,还涉及当代人与子孙后代的代际伦理规则。

环境管理中的“伦理”是反映人与人、人与环境交互作用中有关契约的概念,即谁(或什么)是或应该是行动的受害或受损者,同时也涉及谁(或什么)有或应该有怎样类型的权利。不管人们是否意识到这些,伦理问题在各个环境管理业务层次上都具体地存在着。环境管理功能是多方面的,同时有多重目标和不少重点。这样,环境管理自然地要对各种目标和许多重点进行运筹,经常地必须从中作抉择。这种抉择的实质是在人们(个体或人群)从事与环境有交互作用的行动时决定在什么时候、什么条件下他们有权利这样做。而这类行动在多数情况下会对自然和社会环境造成影响,对一部分人有益,对另一部分人可能有损,所以环境管理总是在环境的损益方面进行平衡或者将行动造成的损失在不同的人群中进行分配。

从不同的伦理规则出发,同一环境问题的管理可以有许多方案,而从这么多的方案中择优决策,更涉及伦理上的冲突、协调和统一。基于人们在伦理规则的概念与技术的理解和运用上的差异,在环境管理中的伦理问题涉及的面太广,多数问题尚无统一的结论。

1. 环境责任感

长期以来,人们认为环境责任性对一个企业而言,表现在遵守环境保护法规,执行环境标准就足够了。例如排放的生产废水、废气和固体废物等达到排放标准,按规定交纳排污费,保持企业园区内绿化、清洁和良好的景观等;对一个国家而言则是保护和改善生活环境与生态环境,防止污染和其他公害,保障人体健康。与这种环境责任感相应的环境管理是制订规划,依据法规和地方条件确定环境目标,按规划要求限制和监督人们污染和破坏环境的行为,协调经济发展与环境保护的关系或者当发生不同利益集团或不同观点的人群在环境问题上发生争执乃至冲突时进行协调。

环境科学技术的发展和各国以及全球环境问题的突出使政治家和公众的环境意识不断提高和深化,有关环境责任性的概念也发生着转变。ISO14000 环境管理系列国际标准的推行是企业环境责任性转变的标志之一。一个国家的环境管理不仅涉及对国内环境承担义务和局限于控制、协调和监督国内的环境保护问题,还涉及跨国界环境问题,而且还要参与全球性环境管理,对全球性环境保护承担义务。这样,环境责任感就成为全球共同的社会责任性。这种社会责任性实际是可持续发展伦理观融入经济、社会、政治和文化领域的结果。

2. 环境管理的社会责任

环境管理的社会责任就是确保地区、国家和全球的可持续发展。从本质上说,环境管理主要涉及人类的行为,从某种意义上说也是政治行为。在传统的政治伦理下,各国对待全球环境问题的价值取向往往是单一的,利己主义的,处理的方式往往既表现为冲突、对抗,又表现为协调、合作;在对待国内环境问题上,不同利益或不同政见的个人、团体或单位之间的价值取向也是类似的。因而,环境管理只能对一部分国家或人群负责,而不能对人类社会共享的整体环境负责。

可持续发展观念在很大程度上改变传统的环境管理格局。环境、资源与经济发展联在一起,将世界集成一体。可持续发展的伦理观对环境管理的关键影响有两方面。一方面是强调合作。一个地区可持续发展需要所有公众、各行业和部门的合作,一个国家可持续发展需要所有地区的合作,全球的可持续发展需要各国的合作。没有合作,任何一种整体层面上的发展均是一句空话;没有整体上的发展,个体发展将难以持续。强调合作,意味着环境管理的协调功能将愈益显得重要。另一方面是强调管理的多目标追求,即不以单一经济效益为目标,而是以经济效益、社会公正和环境可持续性的综合效益为目标。

3. 环境管理活动中的道德问题

像我们日常生活的其他领域一样,在环境管理活动中不能避开伦理和道德问题。这些问题可以归入四个不同的，但不是互相排斥的层次。

(1)“社会的”层次。这个层次包括国际社会、国内社会和地方社会等方面。这个层次的道德问题是与基本制度有关的。例如不同政治制度的国家在对待全球环境问题的道德规则上是有差异的。此外，经济发达程度不同的国家在管理环境问题中所持的规则也是不同的。由于历史的原因，发展中国家一时难于达到该标准，因此提出：在确保发展中国家的资源耗用效益不低于发达国家历史上相同单位 GDP 时期的水平的基础上，同时力争能高于该水平。此外，社会层次的道德问题还有社会主义和资本主义在环境保护上的优点和缺点方面的争论。

(2)政府部门的环境决策者及管理者与企业、社区和个人的关系层次，这个层次的道德问题很多。

(3)制定和执行国家以及地方的环境决策时和在环境管理工作中政府领导，管理部门各层次的工作人员和广大公众之间的关系如何；各自的权利、义务和价值观的差异如何协调；在下层管理人员工作出现差错时，上级管理人应承担什么责任等。

(4)我们每个人对待环境问题和可持续发展上应持怎样的态度、权利和义务。个人与个人、个人与社会互相之间应保持怎样的关系。

11.1.2　伦理的制度化

对一个地区的环境管理来说，伦理规则也可以用一种守则的形式表达出来。例如地区环境管理可以提出如下守则。

(1)环境管理的任务是运用经济、法律、技术、行政、教育等手段，通过全面规划使经济发展与环境保护相协调，控制人们损害环境质量的行动，达到既发展区域经济、满足人民基本需求，又要保持环境质量在允许的水平上。

(2)环境管理应对地区的环境质量负责，保障人民群众的身体健康，它们正常生活和生产活动不受环境质量恶化的侵害。

为了满足上述要求，我们的工作应是高质量的。对地区的环境问题应该及时和准确地予以解决。依照法律和法规对地区内人类的生产活动进行控制和监督时所涉及的个人、团体、机构、企业等应该依法得到平等和公正的待遇，并且从事地区环境管理的每个人员必须恪守“国家公务员守则”。

由于环境问题如发生争执时应尽可能通过协调予以消除，通过协商在基本点上取得一致的解决方案；环境问题引起利益冲突时，应使冲突各方所受的“益”和“损”有合理的平衡或分配。因此，我们应该鼓励在环境管理工作中的创新，这种创新有助于制度更好的实施。地区环境管理是全国环境管理和全球环境管理的组织部分。我们的工作应从全球着眼，我们的工作应从全局着眼，从地区的实际问题着手切实地一件件解决。我们应该经常给公众创造环境科技、管理知识学习和培训的机会和条件。对于全国或全球的环境管理，建立制度化的伦理也是必要的和有助于工作开展的。

11.2　决策中的环境伦理

环境管理的规划、控制、监督和协调职能的执行过程中都会面临一系列的决策，也可以说，环境管理是执行决策。在管理的决策中经常会碰到与伦理相关的问题。面对经济发展与生态环境保护的大量冲突,政府和企业的决策至关重要。决策的科学与否,对环境保护影响极大。

首先是决策人员要考虑他的决策影响对象。例如地方对环境保护敏感的公众、企业及团体。其次是决策人员必须认知他的决策影响方式。例如当决策将会使一部分人受损、另一部分人受益,那么既要保护环境又要考虑在受损和受益之间如何取得一种合理的平衡。第三是决策人员要了解决策所影响的个人或团体对所要决策的环境问题所持的利益和愿望,还应识别不同个人或团体在决策问题上的权利和义务。最后是决策人员要确定支配决策的伦理规则。

环境问题的产生有着各种各样的因素,其中一个重要的原因,就是在涉及经济和社会发展重大问题的决策过程中,由于环境意识的缺失,没能充分考虑环境的影响,忽视了环境的承受能力,最终导致了经济发展产生的环境压力与环境实际承受能力失去平衡和协调,引起了大量决策失误问题。

11.2.1　决策失误的严重后果

决策失误可以导致灾难性的生态破坏。我国历史上因决策失误导致灾难性生态破坏的教训是十分惨痛的。新中国成立后在相当长的一段时期所实行的"以粮为纲"的单一农业生产方针,使全国很多地区出现了盲目、过度地毁林垦荒、围湖造田、湿地开垦、草地农垦以及在宜林、宜牧的丘陵坡地开垦种植和乱采乱挖、滥捕滥猎等行为,导致很多地方生态平衡严重失调,至今我们还在深受生态破坏后果的危害。

生态环境损害一经发生,要恢复和逆转必须付出高昂的代价,迫使我们不得不投巨资偿还历史的欠账。如果说宏观经济决策上的失误会导致全局性生态环境上的损失,微观上忽视生态环境因素的错误决策同样会给一个地区造成惨重的环境代价。

国内外大量决策事实表明,经济发展的重大决策对环境保护具有重要影响。决策失误造成环境破坏有多方面的原因,如对生态规律的认识不足,宏观决策机制不健全以及缺少法律保障等。但总的来说,人为因素的作用,特别是错误价值观念的影响是造成决策失误的基本原因。

环境伦理规范要求决策能够确保人与地球环境之间最大程度的和谐,公正地对待动物、植物及生态系统,同时还要考虑后代人的利益。但大量错误决策往往严重偏离环境伦理要求,突出表现在以下几个方面:

(1)决策急功近利。一些决策者忽视生态环境保护在民族和国家可持续发展中的重要地位,不顾子孙后代的长远需要,考虑的只是自己的"政绩"和局部地区与企业的眼前利益,往往作出短期行为选择。

(2)违背自然规律,忽视生态环境的承载力。自然环境具有一定的承载能力阈值,超过这一限度,生态环境就会退化,甚至恶化。很多决策无视这一规律,使大开发变成生态的大破坏。

(3)盲目追求"高速度"发展。决策时只求数量不求质量,盲目追求经济发展的高速度。

(4)牺牲资源环境求发展。一些地方、部门、单位和个人在经济利益驱动下,在决策时重资源开发,不重环境的保护,把"先破坏后整治"、"先污染后治理"作为资本原始积累的正常途径。决策的后果必然导致在发展生产的同时,造成土地退化、水生态失衡、生物多样性破坏等一系列生态恶化的后果。

以上分析说明,确立环境伦理在当今社会经济发展各项决策中的地位,是实现科学化决策的必要措施，也是减少和避免决策失误导致生态破坏的一个基本环节。环境伦理应当为决策提供环境伦理方面的要求，从道德的角度规范决策行为。

11.2.2 政府决策与环境伦理

政府决策对环境有巨大影响。由于政府是社会活动的控制者，并且拥有与其控制的事项范围和地理范围相适应的行政权力，能够高效率、大范围地影响社会生活，因此，政府决策中不能不考虑环境因素带来的破坏性后果。

1. 政府决策中的价值取向

(1)经济发展

经济发展是各国政府主要考虑的价值取向，但在强调经济发展的政策取向的引导下，各国政府有意无意忽视了环境因素。就人类的绝大部分历史而言，自然被当作了征服的对象。单纯追求经济增长的政策带来的巨大弊病已经为工业革命以来的世界历史和现实情况所证明。联合国一份题为《2000—2001 世界资源指南》的报告研究了世界沿海、森林、草原、淡水以及农业生态系统，分析指出，全球一半湿地在 20 世纪消失，全世界的森林减少了一半，30% 的原始森林已经变成农业用地，9% 的树种面临灭绝，热带森林正以每年 13 万平方公里的速度消失，大约 70% 的主要海鱼被过度捕捞或处于捕捞极限，20% 的淡水鱼濒临灭绝，全世界 2/3 的耕地土壤退化。

政策的制定者很少会对生态系统中所发生的问题作充分考虑。许多时候，制度也是一种障碍，例如农业部长很自然地关注食品生产，而对专家的建议以及农作物对水的质量、减少空气中碳含量或海洋渔业所产生的影响却缺乏考虑。

正如罗马俱乐部在《增长的极限》一书中所说的那样，西方高增长的经济模式并非没有问题，由于世界人口增长、粮食生产、工业发展、资源消耗和环境污染这 5 项基本因素的运行方式是指数增长而非线性增长，全球的增长将会因为粮食短缺和环境破坏于下世纪某个时段内达到极限。也就是说，地球的支撑力将会达到极限，经济增长将发生不可控制的衰退。

(2)国家安全

国家安全是各国政府决策的另一个价值取向。与此相适应，国家采取的工业政策、科技政策在很大程度上都考虑到国防利益的要求。然而，政府有利于经济发展和国家安全的政策，如果没有环境价值方面的考虑，其后果将十分严重。

从 20 世纪 50 年代到 70 年代，我国在西北草原及荒漠地区先后掀起了多次毁林毁草垦荒的高潮，其规模及范围均大大超过了历史时期，共破坏森林 300 万亩，破坏草原 1 亿余亩，造成了大面积土地的荒漠化。这不仅对当地经济发展不利，而且，对于国家安全利益带来的潜在不良影响也是很大的。资源的枯竭、环境的恶化、生态平衡的破坏增加了经济发展的难度，加剧了社会不安定因素，为分裂主义分子造成了可乘之机，对我国国家安全是极大的威胁。

(3)环境保护

数千年来环境破坏带来的恶果迫使各国政府不得不重新考虑环境因素，并逐步研究环境规律。中国在 1970 年以来，就逐步开始重视环境保护方面的决策。2000 年 1 月 19 ~22 日，国务院西部地区开发领导小组在京召开了西部地区开发会议，会议明确指出：切实加强生态环境保护和建设，这是推进西部开发重要而紧迫的任务。要加大天然林保护工程实施力度，同时采取“退耕还林(草)、封山绿化、以粮代赈、个体承包”的政策措施，由国家无偿向农民提供粮食和苗木，对陡坡耕地有计划、分步骤地退耕还林还草。

2. 人类自然环境政策的变化

从思想上看，人类环境政策的变化，反映了人类对自然环境的认识。从最初各国在公众保护环境运动的压力之下采取控制污染的措施到目前的可持续发展战略，体现的都是人类中心主义或开明的人类中心主义的观念，并没有从深层环境伦理上做出决策。

从形式上看，人类环境政策则表现为从政府控制到鼓励社会力量参与的过程。“单就一个国家而言，对于自然环境问题的政策响应，典型地首先表现为注重机构性和结构性问题，然后注重执行和实施往往不连贯的部门立法和规章。

国家环境保护的决策机构，既可能是中央（联邦）政府，也可能是专门机构。专门的环境保护机构的出现并不太早。它的出现是建立在各国政府认识到环境保护问题的重要性基础之上的。20 世纪 70 年代设置了一些专门的环保机构。

中国的机构设置是在 20 世纪 70 年代以后。1972 年 6 月 5 ~6 日，联合国在瑞典首都斯德哥尔摩召开了第一次人类环境会议。中国政府派代表团参加了会议。通过这次会议，中国高层的决策者开始认识到中国也同样存在着严重的环境问题，需要认真对待。1973 年 8 月，国务院召开第一次全国环境保护会议，审议通过了“全面规划、合理布局、综合利用、化害为利、依靠群众、大家动手、保护环境、造福人民”的环境保护工作 32 字方针和中国第一个环境保护文件《关于保护和改善环境的若干规定》。至此，中国环境保护事业开始起步。1982 年，城乡建设环境保护部设立环境保护局。1984 年国务院成立国务院环境保护委员会，领导组织、协调全国环境保护工作。1988 年，在国务院机构改革中设立国家环境保护局，并被确定为国务院直属机构。国家环境保护机构不断加强，反映出环境保护被摆放到越来越重要的位置。

一般而言，这些机构在实行环境政策时，早期都是“直接管理型”。主要有两项中心内容，一是政府通过立法等手段，具体地限制企业、城市和消费者可能排入环境的污染物数量；二是国家向市政当局和企业提供大量补贴用于建设污水处理厂。

在实行专门机构管理的情况下，环境保护的力量来源显得单一且效率不高。一方面的原因是职能机构都不可避免地存在着官僚主义的倾向，从而造成环境污染控制的不得力；另一方面原因在于专门机构控制的成本太高，鉴于此，经济学家提出可以采取经济学的办法，将市场机制引入环境保护。

总之，这些方法体现的是可持续发展的策略，这种策略是对传统工业化发展策略的一种修正，但仍没有改变“人类中心主义”的观点。环境可以继续破坏，不过限度在于环境能够容忍的程度之内。而真正保护大自然，则需要改变公众的观念，如非人类中心主义的生态主义观那样，将自然界作为人类道德关怀的对象，承认大自然自身独特的价值。否则，政府的政策选择无非是在严重破坏环境和一般破坏环境之间做文章，没有质的区别，只有量的不同。

3. 政府决策和公众参与

公众参与可以体现为两个层面，一是公众参与政府决策，二是公众参与环境保护。这两个层面是相互联系的。首先，公众参与政府决策尤其是环境决策，本身就是公众参与环境保护的一种体现。其次，公众参与实际环境保护对于政府决策是一种后续监督，特别是当政府的某一决策带来不可预料的环境破坏后果时，公众参与对政府此项决策才有改变的作用。

这是因为政府的权利来源于公众，按照卢梭在《社会契约论》中所表达的观点，国家之所以产生是来自于社会全体成员的同意。我们每一个人将自己的权利让渡给一个共同体，从逻辑上说，政府的权力是公众赋予的，公众对于政府决策就有参与的权力。

在我国，公众参与政府决策的权利在法律上也是有一定保障的。例如，《中华人民共和国宪法》第 2 条规定，“中华人民共和国的一切权力属于人民。人民依照法律规定，通过各种途径和形式，管理国家事务，管理文化事业，管理社会事务”。第 41 条规定，“中华人民共和国公民对于任何国家机关和国家工作人员，有提出批评和建议的权利”。另外，《中华人民共和国环境保护法》第 6 条规定，“一切单位和个人都有保护环境的义务，并有权对污染和破坏环境的单位和个人进行检举和控告”。为保障这一权利，公众享有法律规定的知情权。该法第 11 条规定，“国务院和省、自治区、直辖市人民政府的环境保护行政主管部门，应当定期发布环境状况公报”。因此公众参与具有法律依据。

环境并非属于任何个人、团体的资源，而是属于公众，是人类的共享资源。而当政府决策环境问题时，便是对公有物的一种管理或处分。因此，公众以及公众中的任何一分子都有权参与政府决策。

在另一方面，环境破坏带来的直接后果就是公众成为受害者，因此，环境破坏、环境污染也被称为公害，很多国家法律都赋予了遭受公害损害的公众有取得赔偿的权利。作为受害者，公众有权对可招致自身损害的政府决策做出评价和选择，并通过恰当的方式对其施加影响或改变不利于环境保护的政策。

现代国家的政府是由人民直接或间接选举产生的，公众压力对于政府的前途能产生很大的影响。政府决策前后，如果政策可能产生或已经产生不良后果，往往会在公众压力之下予以改变。所以公众压力是改变政府决策的主要社会力量。

就现代国家制度来看，往往通过行政权、立法权和司法权的分权和制衡来约束政府部门，使其在决策过程中不至于越权而行。但是应当看到，现代国家的权力分割模式是建立在对人的权利予以保障的基础之上的，也就是说，其道德基础仍是人类中心主义的。全面的环境保护必须抛弃人类中心主义，而采取非人类中心主义的伦理观，即对生物、自然界进行道德关怀。

公众参与政府决策的方式是多种多样的，主要有以下几种方式。

(1)作为专业人士和非专业人士的公众参与

专业人士尤其是具有环境知识的专业人士参与决策，可以在政府决策的早期避免失误。现代政府的环境决策机制一般都要求进行论证。根据我国《环境保护法》第 13 条规定，建设项目应当有环境影响报告书，供决策者考虑是否最终批准该项目。在政府做出决策的过程中，对有的项目不同专业人士的观点是不一致、甚至互相矛盾的，这样，在充分的科学论证的基础上，决策者就会更加慎重，并且通过相关努力改变客观存在的条件，以符合环境保护的要求。非专业人士则可以从另外一个视角为决策者提供参与意见。受建设项目影响到的大多数是非专业人士，但他们能够更广泛地反映社会公众对有关决策的态度，影响力甚至超过专业人士。非专业人士的参与在大众传播媒体的介入之下，也可以对政府决策起到很好的制约作用。

(2)作为生产者和消费者的公众参与

生产者和政府在环境保护问题上往往是对立的。但是，由于生产者同样是社会公众的构成成分，同样会受到环境污染的损害，所以，从长远观点来看，二者根本利益又是一致的。生产者既可能为自身利益对政府决策施加影响，使政府做出不利于环境保护的决定；也可能自愿推进环保活动，促进政府的环保决策。消费者参与政府决策意义更为重大。就现代社会而言，每一个人都是消费者。消费者环境伦理观念得到改善后,其行为将对政府决策起到决定性影响。

(3)作为组织和团体的公众参与

公众个体力量毕竟有限,当公众以组织和团体参与政府决策时,其影响力就会大为增加。这种组织和团体在某些情况下会进一步发展成为具有政治影响的社会力量,从而影响政府决策或直接参与决策。

目前,全球从事环保活动的组织和团体十分众多。如世界自然基金会、绿色和平组织、各种宗教组织。仅就中国而言,环保组织也非常多,例如中国人类生态学会、野牦牛青年队、中华蝴蝶保护学会、中华私有古迹保存促进会、台湾环境保护同盟、绿十字国际环境保护协会、中华环境保护基金会、中国植物保护学会、中国机械工程学会环保分会、中国环境科学学会、中国环境保护同盟等。而且特定的历史背景之下,环境保护组织能够演化为政治组织。

公众参与的作用有以下几方面。

①避免政府决策的失误。在论证一项政策、一个项目在环保方面是否可行时,政府如果只听倡导者的意见,难免肯定的意见占主导地位;所聘请的专家往往已被倡导者所选择,他们的意见也被倡导者所左右,很多时候是不全面的。如果让公众参与进来,他们从自己的切身利益出发,直抒己见,可以使政府能够较全面地了解情况,避免在环境决策中的失误。

②增强公众保护环境的责任感。在环境决策中让公众参与进来,让他们充分地自由发表自己的意见和见解,使公众主人翁的作用得以发挥,那么他们对于经过讨论和论证后所做出的决策就比较容易接受,对于通过自己努力工作所取得的成果就更加珍惜,因而在执行中也就具有更多的责任感和使命感。

③公众参与还可以减少致害和受害双方的冲突。

④减轻环保部门的压力。现在环保部门经常受到两方面的压力:一方面来自建设单位和他们的管理部门、分管领导,要求环保部门给他们支持、照顾、开绿灯;另一方面来自社会公众,由于生活水平、环境意识的提高,对环境质量的要求越来越高,从而使环保部门经常处于两难境地。如果让公众参与进来,使建设单位与公众直接见面,让建设单位把建设的理由,对环境保护所采取的措施以及所能达到的效果,直接讲给公众听,公众也把自己所关心的问题提出来请建设单位做出解释,那么,环保部门就免去了两面应付之苦,压力就轻多了。

可以预言,当所有人都具有了深层次生态主义的环境伦理观点,公众能够充分、有效地参与政府决策时,人类就会拥有真正美好的明天和与大自然和谐相处的幸福。

11.3 环境管理制度中的伦理

环境管理制度是为了保证环境保护基本法的贯彻实施而制定的。已发展形成了以“八项制度”为主体的环境管理制度体系。这“八项制度”是“三同时制度”、“环境影响评价制度”、“排污收费制度”、“环境保护目标责任制”、“城市环境综合整治定量考核制度”和“排放污染物许可证制度”。多年的实践表明,这八项制度是有效和可行的。“八项制度”的概念及其内涵都涉及一定的伦理规则。

11.3.1 环境影响评价制度

环境影响评价(EIA)是人们在采取对环境有重大影响的行动之前,在充分调查研究的基础上，识别、预测该行动可能带来的影响，按照社会经济发展与环境保护相协调的原则进行决策，并在行动之前制定出消除或减轻负面影响的措施。其主要目的是预防开发行动（包括建设项目、区域性开发、立法议案、重大方针、战略性发展规划或行动）对环境可能产生的污染和破坏作用，为环境管理工作提供科学依据。环境影响评价程序的许多环节都是在一定环境伦理观念或规则指导下进行的。

EIA 的技术工作程序一般有以下基本环节。

（1）收集资料和了解有关法规、标准等。

（2）开发行动的解析。

（3）识别受影响的环境和对环境的基本状况进行监测、调查。

（4）对识别出的重要影响进行预测（包括事故风险影响和危险化学品对人群和生态风险影响的预测）。

（5）解释和评价开发行动中各项主要活动环境影响的含义及其重大性，并判断该行动的环境可接受性。

（6）提出避免、消除和减轻负面影响的措施的多个方案，并作比选。

（7）方案决策：由于开发行动应是多方案的，基于对多个方案结果的比较，选择出较满意方案。

（8）对开发行动实施后的影响进行监测检验，做事后评价。

1. 环境影响“重大性”判断的伦理

这里的环境影响重大性是指：①拟议行动就其性质而言是否属于会造成重大环境影响的；②该行动对环境资源的影响是否是重大的；③采取了在费用-效益比上是合理的各种措施，不能将影响消除和减轻到允许的水平。由上所述，“重大性”判断可以说是工作基础。但是对“重大性”的判断则是基于环境科学技术知识和相关的环境伦理规则，特别是价值观。

许多判断重大性的因素或参数只是定性的或概念化的，这又是一种困难。即使有了阈值，由于阈值的依据是环境基准或标准，而基准或标准（特别是标准）的确定过程中又蕴含着伦理规则。

2. 环境影响预测、评价和方案决策与伦理

环境影响预测、评价和方案决策是环境影响评价工作中三个最重要的内容。这些工作不是依靠纯粹的科学技术知识和管理经验就能完成的，而必须与社会伦理规则相结合才能获得有效的成果。

用环境系统机理模型预测和评价的公正性。对一项拟议开发行动环境影响预测的第一类方法是应用各种各样的环境系统模型。应用这类模型预测时最关心的是两类地点所受的负面影响。一类是敏感点，例如医院、名胜古迹、物种保护区、居民区等。另一类是受排污影响最严重的点。如果在这两类点的影响符合标准，则拟议行动的环境影响被认为不会是重大的或是允许的。

对于第一类地点，人们是基于科学知识证明位于这些地点的人群和环境资源比别的地点更易受损害或更重要。在另一方面，这里隐含的伦理规则是人们要确认对保护重要的环境资源承担义务及相应的价值观，此外，处于为非敏感点的人群从仁爱出发确认位于敏感点的人群比自己更需要保护。人们对这些伦理规则的确认（自觉或不自觉的）也支撑了环境影响预测和评价结果的实际可行性。所谓第二类地点，是在一定的限制条件下应用环境系统模型预测确定的点。

11.3.2 排污许可证制度和环境伦理

凡是向环境中排放污染物的各种规划、开发行动、建设项目、排污设施或经营活动，其建议者、开发者或经营者，需要事先向环保主管部门提出排放污染物的种类、数量、形式和地点等方面的申报，经过审查批准，颁发许可证后才能从事该项活动，这就是排污许可证制度。排污许可证制度的实施涉及的伦理问题有：环境承载力应如何利用；总量控制的事实、价值及其伦理涵义；是否存在最佳污染水平；排污许可证制度是否是控制环境污染的最佳途径等。

1. 环境承载力

环境承载力指在确定的环境质量目标下，一个区域环境能容纳的经济增长和社会发展的限度以及相应的污染物排放量。在一定的经济、社会文化和教育的发达程度和科学技术发展水平下，区域环境承载力保持在一个相对稳定的范围内。超过这个范围就不能满足环境质量目标的要求。

由于环境系统整体性的特点，一个区域环境承载能力大小和允许容纳的经济增长和社会发展限度不是孤立的，而是与周围区域的环境承载力密切联系的。另外，由环境承载力的资源性质可见，对其利用涉及政府规划和计划部门、社会经济开发部、各种所有制的企业、公众个人和有关团体的环境责任感。

2. 总量控制

所谓“总量控制”，就是在规定时间内，对某一区域或某一企业在人群生产和生活过程中产生的污染物最终排入环境的限制量。“总量控制”制定步骤为：首先是确定要控制的污染物种类及地理范围；其次是根据区域的环境功能确定环境目标，即在一段时间内应达到的环境质量标准，而且根据该区域的环境承载力（包括水、大气、土壤等）计算要达到环境目标应削减的污染物总量；最终是将削减量分解到本区域内各个企业，并确定各企业的总量控制目标。当区域的污染物排入环境的量低于环境承载力时，则应确定为了达到环境目标，允许利用的环境承载力占总承载力的比例，以便为今后发展留出一定份额的环境承载力。所以环境承载力的确定，最终排入环境的污染物限制量或污染物允许排放以及允许排放总量在区域内的份额显得尤为重要。

通过科学观测、调查研究和技术分析定量地得到许多不同背景下的承载力。但随着科学进步和人们对环境要求的提高，区域环境承载力是会发生变化的。因而在选择何种背景下的承载力作为“总量控制”的承载力范围时，专家和决策人员常常依据费用-效益分析的结果。而费用-效益分析中的“价值”常是按照市场情况和政府权力机构的偏好确定的。

3. 排污许可证是控制污染的最佳途径

多年来排污许可证制度实施的经验表明其是一项管理和控制污染的有效途径。由于排污许可证制度不是消灭污染，而是设定各种允许的排放总量；而且通过科学试验与实际调查证明，当污染物排放总量和排放浓度低于排放标准时，环境污染对人类健康和生态系统的风险是可以接受的。区域或流域的允许排污总量是分配到各个排污的企业、事业、团体或开发活动经营者的。持有排污许可证的单位也就取得了污染许可证。

第12章 环境伦理学与人口

12.1 东西方的人口环境伦理观

12.1.1 东方人口环境伦理观

1. 老子的“小国寡民”说

春秋末年，诸侯之间的兼并战争不息，政治与社会动荡，思想家老子认为其原因是人们无休止的私欲和各诸侯国推行众民政策、导致人口过多造成。他认为要扭转这种局面，首先要人们无私无欲，“不欲以静，天下将自定”，其次，应建立“小国寡民”，“使有什伯之器而不用；使民重死而不远徙；虽有舟舆，无所乘之；虽有甲兵，无所陈之。使人复结绳而用之。甘其食，美其服，安其居，乐其俗。邻国相望，鸡犬之声相闻，民至老死，不相往来”。

老子构建的这一“小国寡民”的理想蓝图，是建立在自然的理性基础上的。由于他无力改变当时的社会现状，便只好把目标从现实的人生转向宇宙，不惜抹杀人类社会中的一切知识和技术，泯灭一切文化和道德，同时把人类的社会关系和社会交往减少到最低限度，使人类复归于自然的情志之中。老子的“小国寡民”思想，虽然较为注重人与自然的和谐，但不符合人类社会存在和发展的规律。

2. 商鞅的“制土分民之律”

战国时期的商鞅认为，人口与土地应该保持一定的平衡对比关系。“地狭而民众者，民胜其地；地广而民少者，地胜其民。民胜其地者，务开；地胜其民者，务徕”。即当人多地少时，应该开垦荒地，而当人少地多时，就应招徕外地人口。

对于人口与土地应当保持的一个合理比例，商鞅提出了“制土分民之律”，他认为“一方百里者，山陵处什一，薮泽处什一，溪谷、流水处什一，都邑、蹊道处什一，恶田处什二，良田处什四，以此食作夫五万”。即方圆百里之地，其中良田占40%，薄田占20%，山地占10%，湖泊占10%，河流占10%，城镇、道路占10%，那么可以容纳5万生产人口。

3. 韩非的“民众财寡”说

战国后期，人口迅速增加，但同时七国的疆域并未扩大，生产的发展速度赶不上人口增长的速度，尤其是韩国，早在商鞅时期就已出现“地狭而民众”的状况，而到了韩非时，人口增加很多，仅宜阳一地，就有“城方八里，材士十万”之说。韩非十分敏锐地意识到人口问题的严重性，一反以往思想家的观点，认为当时的人口不是太少而是太多了。

他指出：“古者，丈夫不耕，草木之实足食也；妇人不织，禽兽之皮足衣也。不事力而养足，人民少而财有余，故民不争。是以厚赏不行，重罚不用，而民自治。今人有五子不为多，子又有五子，大父未死而有二十五孙。是以人民众而货财寡，事力劳而供养薄，故民争。虽倍赏累罚而不免于乱”。

韩非将商鞅的“制土分民”思想向前大大地推进了一步，不只是从人口与土地的合理比例考虑，而是把土地延伸到财富，认为在当时的生产力水平下，人口的增长应与社会财富的增长相适应，否则，就会影响人的生活水平的提高，甚至会引起社会的动乱。

4.《无能子》的“人者裸虫”说

晚唐时期，有无名氏作《无能子》一书，书中一反当时的君臣名分、忠诚伦理，公然批判统治阶级“定礼乐、明旧章”，谴责圣人的“强分贵贱尊卑”，破天荒地第一次提出了“人者，裸虫也”的观点。

《无能子》的“人者裸虫”说，强调了人的自然属性，抹杀了人的社会性，然而《无能子》的“裸虫说”目的在于抨击当时的统治者，为满足自已的无休止的贪欲，不惜破坏“裸虫”们自然的生息环境，导致“覆家亡国之祸，绵绵不绝，生民困贫夭折之苦，漫漫不止”。

5. 刘基的“天地之盗”说

刘基对人口与资源环境的伦理关系，有其独到的研究。他认为“天地善生，盗之者无禁”。如果能“执其权，用其力，攘其功而归诸已，非徒发其藏取其物而已”，则“天地之生愈滋，庶民之用愈足”。这就是说，如果人们充分认识和掌握自然规律，善于向自然界索取，就能够为人们谋得利益，甚至能够“操天地之心以作之君”，成为大自然的主人。

然而，刘基还认为，如果人们不能够善于“天地之盗”，而是过于贪婪，无限制地掠夺，对自然界“逼其机，逆其气，而暴夭其生息”，自然资源就会遭到严重破坏，“则物尽而藏竭，天地亦无如之何矣”。刘基将其称之为“人之盗”。而一旦“天地之盗息，而人之盗起，不极不止也”，世间为争夺有限资源的斗争便无休止了，其结果必然是“岁暮山泽空”，导致人口与自然资源的平衡关系受到破坏，造成严重的社会经济后果。因此，要维持人口与自然资源的平衡，就必须“遏其人盗，而通其为天地之盗，斯可矣”。

6. 洪亮吉的“治平”之说

清乾隆时期，中国人口急剧增长，顺治八年至十八年(公元 1651 ~ 1661 年)时人口才不过 1 亿左右，至乾隆五十至五十六年(公元 1785 ~ 1791 年)人口已猛增到 3 亿，人均耕地由原来的 5 亩多下降到 2 亩多，人口增长大大超过耕地和生活资料的增长 。洪亮吉在社会比较安定、经济比较发展的“治平”时期，居安思危，提出了自已的独特见解，他认为:“人未有不乐为治平之民者也，人未有不乐为治平既久之民者也。治平至百余年，可谓久矣。然言其户口，则视三十年前增五倍焉，视六十年以前增十倍焉，视百年、百数十年以前不啻增三十倍焉”。

如何解决人口与资源的尖锐矛盾，洪亮吉从伦理学的角度，提出了两种可以选择的出路，一是“君相调剂法”，即人们理性地通过发展生产、移民开荒、减轻赋税、反对奢侈浪费、抑制兼并和赈济贫困等方法，来减轻人口过快增长对资源环境的压力。二是“天地调剂法”，即不得不借助于水旱自然灾害和疫病流行来减少人口，从而强制性地恢复人口与资源的平衡。

7. 汪士铎的“人多之害”说

太平天国时期，汪士铎认为当时的中国人口已经过剩，他从明代徐光启的“天下人丁三十年加一倍”的论点出发，认为他所在的徽州由于早婚盛行，人口增长更快，“二十年即加一倍”。“顺治元年一人者，至今一百二十八人矣”。由于人口的过快增长，导致人们过度向自然界索取，以至“人多之害，山顶已殖黍稷，江中已有洲田，川中已辟老林，苗洞已开深菁，犹不足养，天地之力穷矣。种植之法既精，糠核亦所吝惜，蔬果尽以助食，草木几无孑遗，犹不足养，人事之权弹矣"。

面对人口与自然资源的尖锐矛盾,汪士铎认为社会应该一反世俗的伦理道德,不惜一切代价,来恢复和保证人口与资源环境的平衡。为此,他提出了一系列惊世骇俗的对策:"使减其民十之七、八,则家给民足",而减少人口的办法则有设立严刑峻法,"复族诛之法,推广连坐之条",对"赌博、洋烟、性理、鬼神、巫祝、星卜、盗贼、私斗、光棍、游荡、硝磺、邪教"等"斩立决","杀无恕";提倡溺毙女婴以减少未来生育人口;穷人不准生女,"家有两女者倍其赋";广建寺庵,鼓励出家或终身不婚嫁;以及"广施不生育之方药",实行避孕节育等。

12.1.2　西方人口环境伦理观

柏拉图(公元前 427 ~ 前 437 年),古希腊著名哲学家、思想家。柏拉图在其代表作之一的《法律论》中,明确地提出了一个国家的人口数量要与土地的数量保持一定的平衡关系。他认为一国人口数量只有从它的土地和与邻国的关系才能确定所需数量,土地必须足以抚养一定人数的居民并能使他们过最低的生活,但也不必过多。根据柏拉图的计算,他认为一个国家的人口规模保持适宜对该国家最为有利。

亚里士多德(公元前 384 年 ~ 前 322 年),古希腊著名哲学家、思想家。亚里士多德认为一国的人口应当稳定保持在最适宜的一定数量上,"公民数量应该是多少,公民应该有何样的品性,国土的幅员怎样,土质如何,国家必须从以上实际出发,对人口规模进行调节"。他主张国家必须限制人口的增长,以维持与土地的平衡,并保证人民的自给自足的生活。

保泰罗(1544 ~ 1617 年),意大利著名思想家。在其《关于城市伟大的原因》著作中,他第一次提出了人口的"生殖力"和土地的"营养力"的概念及其相互关系。他认为如果不加以限制的话,人类的"生殖力"是无限的,但是"营养力"却要受到生产它的土地的肥力和从别国采集食物的能力的限制,因而是有限的,所以"生殖力"和"营养力"便会经常产生矛盾,人口的"生殖力"受到土地的"营养力"的限制,不能无限制地增加,如果人口数量的增加超过了土地的"营养力"的限度,那么一部分新增人口的生活资料的供应便得不到保证。因此,一个国家与其想要增加人口,不如维持现有的人口数量。

马尔萨斯(1766 ~ 1834 年),英国著名经济学家和人口学家,马尔萨斯认为,人口增殖力和土地生产力是不平衡的,人口的增长总是超过生活资料的增长,因而造成人口的绝对过剩。资本主义社会存在的工人失业、贫困等现象,都是人口增殖过快过多所造成的。如何保持人口与生活资料的平衡,马尔萨斯认为有两种途径,即所谓的"两种抑制",一是积极抑制,即以贫困、罪恶、瘟疫、战争等手段来抑制人口的增长;二是"道德抑制",即限制穷人的结婚和生育。换句话说,即人口与生活资料的平衡,是人类发展的基本条件,要么采取道德抑制,自觉地控制人口增长,要么接受饥荒、战争、瘟疫和战争的"积极抑制",二者必居其一。人类如果不能理智地对自身的繁殖作出有效的"道德抑制",就只能听命于大自然生态系统内在的"积极抑制"来起作用。这不仅是必然的,而且也是合乎道德的。

第二次世界大战结束后,皮尔逊和哈珀发表了《世界的饥饿》,福格特发表了《生存之路》,汤普逊推出了《人口问题》,埃利奇的《人口炸弹》,罗马俱乐部的《增长的极限》等,引起了一场空前的有关人类命运前途的大争论,第一次把人类如何理智地把握好自己,重新审视和反视自己的行为,以对自身和子孙后代负责的态度处理好与自然资源及生态环境的关系的这样一个重大课题,推到了世人的面前。

12.1.3 人口生产的环境伦理学意义

在当今人类面临的各种生态环境问题中,最大的挑战来自人类自身。即人类本身的种群数量问题。威胁人类改善生活条件的粮食不足、资源短缺和环境恶化等问题,莫不与人口迅速增长有着十分密切的关系,人口问题是当代最基本的生态环境问题。

人口的增长不是孤立的现象,它在客观上受到物质资料生产和自然条件等各种因素的制约,反过来又给这些因素以一定的影响。如果人口增长不能同社会生产和生态环境相适应,不仅会造成社会关系的失调,影响人类群体的生存问题,同时也会使地球生态系统生存失衡,影响地球其他生物的生存,人口问题也因此而具有深刻的环境伦理意义。人与自然协同进化原则要求人口生产不仅要考虑人类自身的利益,还要考虑对所有生态环境的构成要素包括动植物的存在和发展,承担环境道德责任,使自身的生产活动不对地球生态系统造成破坏。

人口增长对生态环境的影响是广泛的。一个最简单的事实是,每人每天需要约 2 000 卡热量的食物,这些食物的种植要对当地的自然生态系统产生影响;人类所需的每一种物质财富都需要以采矿、制造和能源工业作为基础,伴随着这些工业生产又会产生大量污染;每个人都需要起码的生活空间;人类的各种生活消费会产生废物,这些都对生态环境构成了重要的影响。

总之,人口问题具有深刻的环境伦理意义。第一,人口生产涉及代际间的公平。人口生产的一个显著特点是人口惯性和滞后效应,当前的生育行为在影响现实社会经济生活的同时,其主要作用是向未来延伸的。人口变动存在着代际间的外部性,使人口生产成为关系当前和未来人类社会发展和社会福利的伦理问题。第二,人口过度增长也是对自然的不公正。地球生命支持系统所受到的与日俱增的压力是由无法持续的生产和消费方式、人口数量的空前增长、贫困普遍和持续以及社会和经济不平等造成的。由此可见,人类生存的危机来自于人类自身行为,而人口则扮演了一个重要的角色。

12.2 土地利用与环境伦理

12.2.1 贫困与土地利用

贫困是破坏生态环境的重要因素之一,而贫困又是人类社会普遍存在的现象之一,不仅存在着由于分配不公而引起的相对贫困,也存在着由于缺乏基本的生存条件而导致的绝对贫困。贫困,作为一种世界性的社会现象,始终困扰着人类社会的健康发展。导致人们贫困的原因是多种多样的,而其中人口与环境是引起贫困的重要因子。

众所周知,在社会财富为一定量的情况下,人口数量的多少显然是制约人均财富大小的主要因素。调查显示,人口过快增长是贫困地区共同的特征。人口过快增长,导致人口规模膨胀,使得一部分人口成为与社会所能提供的劳动就业岗位比较而言的多余人口,即相对过剩人口,从而既造成劳动资源的浪费,又增加了消费基金的负担,强化了人口的“分母”效应,增大了贫困地区脱贫的难度。另外,人口素质也是制约贫困地区摆脱贫困的又一重要人口因素,人口素质低是贫困地区的普遍特征。由于人口素质低,科学技术的推广和应用受到影响,农业生产力水平难以有效地提升,导致农业生产只能依靠大量劳动力资源低水平、低效益的数量投入来维持。许多贫困地区最终陷入“越穷越生—越生越穷”的恶性循环而难以解脱，所以说人口素质是一个十分关键的问题。

恶劣的人口生态环境，是贫困形成的重要原因之一，我国大多数贫困地区人口都生活在中西部生态脆弱地带，如西南石山岩溶地区，南方红壤丘陵地区，北方黄土地区和西北荒漠地区。这些地区地处偏远，地形复杂，交通困难，水土流失和沙化严重，尤其是干旱缺水，生存条件恶劣，经济发展水平低，产业结构单一，生产手段和生产方式落后，社会发育程度低。由于人口的压力，贫困地区长期以来掠夺式地开发，又导致生态环境的进一步恶化，加剧了贫困的程度，最终陷入“越穷越垦、越垦越穷”的又一个恶性循环。

12.2.2　人口与经济发展

人口与经济发展是环境伦理学研究的一个重要方面。在人类社会的发展史上，人口与经济的发展，促进了社会的繁荣和进步，同样也不可避免地对人类的资源环境带来了重大的影响。

马克思主义的两种生产原理揭示了人口与经济发展最基本的关系，这就是经济的发展变化对人口的发展变化起着决定性的作用，而人口的发展变化反作用于经济发展，对经济的发展变化起着促进或延续的作用。

马克思主义认为，社会生产是由物质资料的生产和人类自身的生产所构成的，作为前者，是人类利用自然、改造自然、创造物质财富的生产活动。通过生产活动，劳动者运用劳动工具作用于劳动对象，对自然环境中的物质与能量进行改造、加工，使其适合并服务于人类的需要；而人类自身的生产则是指人类为了世代延续，即为了自身的增殖和繁衍而进行的生产，一方面劳动者把自己劳动获得的生活资料，通过消费，转化为自己的体力、智力，延续自己的生命，另一方面又通过生育、抚养等方式使新的一代得以诞生和成长。

人口的生存与发展，依赖于自然资源的支持能力和环境的承受能力，即自然环境是人类生存和发展的基础，同样，经济的发展，也离不开资源与环境。马克思主义告诉我们，经济系统的增长离不开环境系统的支持，经济系统从环境中取用资源来进行物质资料的生产和消费，经济过程其实就是人和自然之间的物质变换的过程。经济过程是由生产、分配、交换、消费四个阶段所构成的，其中生产和消费两个阶段，对自然环境的影响最大，前者缘于对自然资源的耗费，后者则是废弃物的排放。经济活动中取用资源和排放废弃物的规模、方式，将直接决定着对资源、环境的影响程度。在经济系统与环境系统的互动过程中，环境系统的承受能力是有限的，一旦超过其承受能力的最终临界点，就会引起环境系统的严重受损甚至崩溃。而环境系统的受损与崩溃，同样会给经济系统带来灾难性的影响。

人们对于经济在持续快速增长的同时所付出的沉重的自然资源与生态环境的代价，进行了深刻的反思，提出了“可持续发展”的新思路。迄今为止，尽管人们对可持续发展的定义有不同的表述，但其主要内涵却是基本一致的。所谓可持续发展，就是既要考虑当前发展的需要，又要考虑未来发展的需要，不要以牺牲后代人的利益为代价来满足当代人的利益。这就是说，经济的发展，必须符合可持续发展的要求，而这正是环境伦理对经济发展的最基本的约束条件。

首先，实施可持续发展战略，必须切实转变经济增长方式。即要实现高投入、高消耗、高污染、低效益为特征的粗放型经济增长方式向低投入、低消耗、低污染（或零污染）、高效益为特征的集约型经济增长方式的转变。依靠科技进步和提高劳动者素质，增大科技进步在经济增长中的含量，狠抓资源节约和综合利用，大幅度提高资源利用率，实行全面节约战略，在生产、建设、流通、消费等领域，千方百计地减少资源占用与消耗，把生产与消费过程对环境的影响减少到最低程度。其次实施可持续发展战略，必须优化经济结构。要大力发展对环境影响相对较小的第三产业，提升第三产业的比重以利于降低总体的环境破坏水平；资源密集型产业要向知识密集型、技术密集型产业转移，实行清洁生产，以利于降低能源、原材料的消耗，减轻对环境的污染；要努力提升产业结构的高度、推广轻污染或零污染的技术在生产中的应用。最后，实施可持续发展战略，必须加强技术创新。科学技术水平的高低，对于生产过程中污染物的形成与扩散，有着重大的影响。人类对自然资源和环境的不合理开发，往往都是伴随着落后的生产工具与生产技术。从根本上提高生产过程中的防治污染的技术能力，是解决企业生产中污染物产生和扩散的重要保证。

人口的发展不仅受自然关系的制约，更要受到社会关系的制约。环境伦理道德，便是制约人口发展的社会关系的重要方面。人类数千年来的历史表明，人类的生育行为，始终是受人们的生育观念所左右的，而环境伦理，作为一定社会经济的反映，作为一种特殊的社会现象，必然会参与到人口的生产与再生产过程中，影响着人们的生育观念，制约着人们的生育行为。

然而，人口的过快增长，迫使人们不得不加大对自然资源索取的频率和强度，从而导致自然资源和生态环境的破坏，使得人类赖以生存的自然环境成为自身的对立面，屡屡遭受到大自然的无情报复。人口的增长必须与自然资源及生态环境相适应，这是人们无法逾越的客观规律。面对人口发展与自然环境的矛盾，人们要重新审视自己的生育行为，理智地有计划地控制人口数量的增长，通过明智的计划生育规范自己的生育行为。总之，人口的发展离不开环境伦理的约束，人们只能自觉地运用环境伦理约束和规范自己的生育行为，才能真正实现人口的有计划增长和与自然环境之间的和谐发展。

12.3 人类生活方式与环境

人类社会发展到今天，环境问题已成为全社会瞩目的社会问题，尤其是臭氧层破坏、酸雨和温室效应演化成全球性环境问题。在现时代，人类对环境的污染和破坏按照其产生的原因可分为两大类：一类是由生产活动，即由生产产生的废弃物造成的；另一类是由生活活动，即由人类生活的浪费和过多消耗资源造成的。

人类所生存的地球是一个大的生态系统。所谓生态系统，是指自然界里由生物群体和一定的空间环境共同组成的具有一定结构和功能的综合体系。生态系统由生产者、消费者、分解者和无生命物质四部分组成。生产者、消费者、分解者和无生命物质都在生态系统之中承担着各自迥异的角色。

物质在生态系统中周而复始地循环，被反复利用，才能使包括人在内的生态系统中的生物得以维系下去。如果原本参与循环的物质脱离循环圈，例如人类大量制造的白色污染物不被降解，因而减少生态系统的循环物质，而为了满足人类的需要就必须从自然界补充新的资源，而自然界的资源相对于人口的增长和人均消耗的资源而言又具有稀缺性。这样，人类代谢产生的物质不能通过物质循环继续为人类所利用，人类的生存危机就由此而产生，尤其是对于后代人类更是如此。所以人类在决定生活方式，决定如何进行消费时，作为万物之灵长的人类，应为子孙后代考虑,必须关注经我们消费的物质和能量到底流向何方。

人类在依赖自然环境生存和改造自然环境的过程中,存在着一种十分复杂的人类与环境系统互相作用和互相制约的关系,其中体现着两种规律,即社会经济规律和自然生态规律,这两种规律的交织融合,并不以人的意志为转移地发挥着作用。人类与环境系统的结构可以分为三部分:第一部分,物理系统,包括生物以外的各种无生命的环境因素,如大气、水、陆地、岩石、阳光等。第二部分,生态系统,即生物圈,包括从最小的微生物到生物群落组成的大大小小的生态系统。第三部分,社会经济系统,是由人类活动控制的社会结构、经济结构和政治结构等。

这三大系统各有自己内部的结构和功能,同时又相互联系,相互作用,相互制约。在其相互关系中最实质的联系是物质和能量的交换,这种物质和能量的交换既要以人类的生产活动为基础,也要以自然的再生产为基础。

生活方式是指在不同的社会和时代中生活的人们,在一定的社会历史条件制约下和在一定的价值观指导下,所形成的满足自身需要的生活活动形式和行为特征的总和。生活方式的主体可以是个人,也可以是家庭、各种群体、阶层阶级、国家、民族。我们主要研究生活方式对环境的影响和作用。

考察生活方式不能离开它所赖以存在的生活活动条件。这是一定的生活方式形成的客观前提。从生活活动条件的构成要素上看,构成人类生活方式的生活条件的要素包括自然条件和社会条件。

不同自然条件下的人们的生活方式各不相同,从这个意义上讲,生活方式是人们对自然条件的适应,体现了自然条件对人们生活方式的意义。自然条件是人们生活方式赖以形成的基础。但是自然随着人类认识能力和活动空间的扩展已经大为减少,自然条件对生活方式的影响更多的是同一种的社会条件交织在一起的,即自然环境对生活方式的影响越来越通过人化自然来进行。制约生活方式的社会条件,即社会环境要素是个庞大的系统。概括地说,又可分为宏观社会环境和微观社会环境两类。宏观社会环境包括每一社会、每一时代的生产力发展水平,生产关系与社会关系的性质,社会结构的特点,以及政治、法律、文化教育、道德规范、民族传统等要素。微观社会环境是指现实生活中的人直接生活于其中的、身临其境的环境,包括人们的具体劳动条件、收入和消费水平、闲暇时间的利用、住宅、社会安全、社会服务、文化设施、受教育状况等。

由于人们的需要是多层次、多方面的,人们为满足自己的需要、实现自己的利益而进行的活动也是多层次、多方面的。所以,生活方式也是一个涉及多层次、多方面的综合性问题,这对理解生活方式的内容至关重要。而作为社会主体的人的生活方式主要表现在五个方面,即劳动生活方式、消费生活方式、社会政治生活方式、精神生活方式和生活交往方式。

人类生活方式与人类社会的历史演进相适应,经历了采猎社会的生活方式—农牧社会的生活方式—工业社会的生活方式—知识经济社会的生活方式的历史演变过程。

12.3.1 人类生活方式的伦理标准

在目前的传统生活方式中存在着很多弊端,例如物质生活与精神生活的失衡、过度消费、贫富差距的扩大等一系列问题。

在生活方式的内部,物质生活和精神生活是其基本内容。传统生活方式过分重视物质生活方式,忽视人对精神生活的满足。将人对物质和精神的双重需要归结为仅对物质的需要,是对人与动物本质属性的混同,不利于人自身的发展。追求物质主义、消费主义的生活方式也是人类对动物似的利己的回归。消费主义偏离消费的初衷。消费的目的是获得商品和服务的使用价值,在传统生活方式下,这种消费的初衷和目的愈来愈模糊,为达到消费目的而占有商品和服务,占有商品和服务只是为实现消费目的的手段,现在人们舍本逐末,沉醉于占有商品和服务,沉醉于占有欲得到满足的动物式的快感,强调商品和服务的归属是一种典型的自私、利己的价值观在作祟。

传统生活方式所竭力维护的旧秩序的一个必然结果是,人的发展畸形化和失调。当人性的畸形化达到一定程度时必然会导致人的崩溃和异化;国际社会的两极分化另一个结果最终也会引起发达国家生活方式的不利变化;还有一个结果是单纯追求经济价值的传统生活方式在处理人与自然的关系上会步入误区,人与自然关系的失衡会使生活方式赖以存在的自然条件恶化,而自然条件对生活方式的制约作用将会使人类付出代价。自然规律和社会规律会以某种方式警醒世人。

鉴于奢侈和挥霍的过量消费所导致的严重环境后果,以及社会关系和精神生活的不协调,十多年前,莱斯特·布朗就指出:"自愿的简化生活,或许比其他任何伦理更能协调个人、社会、经济及环境的各种需求。它是对唯物主义空虚性的一种反应。它能解答资源稀缺、生态危机和不断增长的通货膨胀压力所提出的问题。社会上相当一部分人实行了自愿的简化生活,可以缓和人与人之间的疏远现象,并可缓和由于争夺资源而产生的国际冲突"。

有利于环境的生活方式主要有以下五个方面的特征。

(1) 以知识和智慧的价值代替物质主义的价值

按未来的消费模式,决定消费愿望和最吸引消费者的,不再是豪华和高档的商品,而是有更高的知识和智慧含量的商品,只有后者才成为真正的名牌。这种价值观的目标表现在人与自然关系上,不是无限制地向自然进攻,不以向自然索取更多的物质和财富表示个人的价值和成功。也就是说,不是以人统治自然和主宰自然表示人的胜利。它把保护和建设良好的生态环境列入人类目标,因而不是人类的中心主义,而是追求人与自然和谐发展共同进化,也就是人与自然"双赢"式的共同胜利。

(2)以适度消费代替过量消费

同过度消费相比较,适度消费以节俭为特征,它不反对随着经济发展不断提高消费水平,只是反对"为地位而消费"的过量消费中的挥霍和浪费。因为这种过量消费的追求大大超过生存的基本需要,它剥削了其他社会成员的赖以生存的基本需要,这是不公正的。而且,它是资源浪费和环境破坏的直接根源。

(3)以简朴的生活代替奢侈和浪费

简朴的生活是以提高生活质量为中心的适度消费的生活。"生活质量"是指人的生活舒适、便利的程度,精神上所得到的享受和乐趣。简朴生活以满足基本需要为目标,随经济水平的提高改善生活质量,主要表现在消费需求的多样化,即商品和服务的种类、质量和数量的多样化,以适应消费者利于发挥自己个性的主观要求。消费者个人的兴趣爱好,使人们有更多的选择消费的自由,特别是消费知识和智慧价值含量高的商品。

(4)绿色消费是简朴生活的新表现

所谓绿色消费,是以过简朴和健康的生活为目标,在物质消费中偏爱"绿色产品",在选购商品时宁肯多花点钱也乐意买绿色产品。这是从人的消费开始的一场革命。这里从“绿色消费”开始,通过“绿色贸易”、“绿色市场”,推动对“生态技术”的需求,以及“绿色生产”的发展,从而推动整个生产方式和生活方式“生态化”的变革。

(5)消费生活从崇尚物质转向崇尚精神

按有利于环境的生活方式,追求精神需要是比追求物质需要更高一个层次的目标。人们在以“适度消费”代替“过量消费”的情况下,可以不必为赚钱疲于奔命,有较多的闲暇时间。这就为丰富自己的精神生活提供了条件。现在,我们正面临着建立有利于环境的生活方式的大好时机,知识经济为绿化生活方式提供了良好的社会外部条件。

12.3.2　人类生活方式和可持续发展

环境是指环绕中心事物的周围世界。作为中心事物周围世界的环境,是中心事物(主体)活动的场所,构成主体活动所需条件的总和,并通过主体的活动而处于与主体相互作用、相互影响之中。我们所说的环境是以人为中心事物、为活动主体的环境。

可持续发展战略的提出源自环境保护,但是目前已不限于环境保护,而是成为涵盖经济和社会发展的理想战略模式,同时也是一项原则,一种思想和理念。可持续发展不仅仅指生态可持续发展,还包括经济和社会的可持续发展,它们之间互相关联而不可分割。孤立追求经济增长必然导致经济崩溃,孤立追求生态持续不能遏制全球环境的衰退。生态持续是基础,经济持续是条件,社会持续是目的。

社会生活方式的构建属于人文、社会发展领域,是体现社会效益和社会价值体系的部分。生活方式虽然体现为一个个具体的人的日常活动和行为方式,是千姿百态的,但这些具体人的生活方式又通过社会观念、制度而隶属于一定的社会生活方式。

社会生活方式的管理是国家采用行政、经济、法律、科学技术和教育等多种手段来施加影响,建立适应生产力发展和符合可持续发展要求的文明的、健康的、科学的生活方式的活动。它是国家管理职能的一个组成部分,除了遵循国家管理的一般原则外,还要根据自身的特点,遵循一些特殊的原则。

(1)社会生活方式应有利于提高生活质量

生活质量是衡量人们生活和福利状况的一种指标,它包括自然和社会两部分。自然方面包括:清洁优美的环境、充分的生态资源的供给等;社会方面包括:居住条件、社会服务设施、教育与医疗保障状况、人们闲暇时间的多少及社会秩序良好与否等。

社会生活方式的管理应坚持有利于提高生活质量的原则。对于与我国现有生产力水平和综合国力相适应的生活方式给予鼓励和提倡,同时支持生活方式的创新。生活质量的高低不能仅仅以占有物质生活资料的多寡来衡量,精神生活也是生活质量的重要组成部分,一味追求物质享受的人不可能获得全面发展,只会变成畸形、片面发展的人,忽视精神生活的社会终究会迎来巴比伦式的灭亡。

(2)继承与借鉴相结合

社会生活方式是动态、开放的体系,它的发展必然涉及纵向的时间和横向的空间两个向度的问题。从时间方面看,今天的生活方式由昨天的生活方式发展而来,又将向明天发展,这就有一个如何正确对待生活方式的民族传统问题;从空间方面看,一个国家、一个民族的生活方式不是孤立发展的,必然同其他国家和民族发生相互联系和交流,这就有一个如何正确对待外来生活方式影响的问题。在对社会生活方式的管理中,既要继承传统生活方法方式中的积极因素,加以改造和吸收,赋予其崭新的内容,又要扬弃其中消极落后的东西。借鉴和交流应是全方位的,要超越社会制度的界限,借鉴和吸收各国在建设和管理生活方式过程中的经验和有关理论研究成果,这对于我们根据自己的国情建设和管理社会生活方式无疑有重要意义。

(3)区域性原则

社会生活方式是自然条件和社会条件共同作用形成的。在不同区域,自然条件和社会条件存在差异,各区域的社会生活方式呈现多样性的特征。在管理生活方式时,应充分看重区域差异,无视社会生活方式的差异和不平衡的现状,对各区域生活方式实行统一的标准,是不可能将社会生活方式管理好的。

(4)规划原则

在制定国民经济和社会发展规划时,要反映生活方式发展的客观要求。因为制定经济与社会发展规划的核心是满足人的需要和活动的全面性,而体现人的需要和活动的全面性的生活方式所凭借的客观条件,正是社会的协调发展。因此,一方面生活方式发展的全面性要求在经济与社会发展规划中有指导意义,它将使社会生产的增长计划更加合理化和符合人的合理需要,有助于把经济效益,社会效益、环境效益统一起来,提高整个规划的系统性、综合性;另一方面,只有体现了生活方式对社会条件的全面性要求,才能实现我们所要创立的新型生活方式的预期目标,否则,生活方式在发展中就会出现畸变现象。

对个人生活方式的规范就是运用一定的行为规则来要求个人生活行为。个人生活方式应遵循的规范告诉人们,在个人生活中的哪些行为是可以的,哪些行为是必须的,哪些行为是禁止的,哪些行为要受到限制,从而为人们的生活行为提供一种模式。个人生活方式的规范主要有道德规范和法律规范。

法律是由国家制定或认可的以国家强制力保证实施的行为规范,法律在规范个人生活方式中亦有重要作用。如劳动法规定劳动时间、劳动方式;婚姻法规定一夫一妻婚姻生活方式等。法为个人生活方式设定最起码的标准,如果低于这种标准,个人生活方式会引起社会秩序的混乱和无序,造成严重的社会后果,因此需要以国家强制力为后盾来保证。

而在个人生活方式中,许多方面不属于这部分社会关系,不应用法来规范,而用道德规范更合适。道德规范不仅调整的范围更广泛,而且向人们提出的要求也更高,不属于对全体社会成员的基本要求,而是鼓励全体社会成员应达到的要求,道德规范的实现主要依靠社会舆论和人们的内心信念。在一定意义上讲,个人生活方式只要不违法就属于私事。每个人由于生理、心理、家庭条件、经济收入和个人经历的不同,在生活方式价值取向上呈现多样性是无可厚非的。但同时个人对生活方式的选择应符合确定的基本原则。

1994年,联合国环境规划署在内罗毕发表的报告《可持续消费的政策因素》中提出了可持续的消费方式,即“提供服务以及相关的产品以满足人类的基本需求,提高生活质量,同时使自然资源和有毒材料的使用量最少,从而不危及后代的需求”。同时,该报告还指出,可持续的消费并不是介于因贫困引起的消费不足和因富裕引起的过度消费之间的折中,而是一种新的消费方式。具体来讲,可持续消费的消费模式应该包括“适度消费”和“替代消费”两个方面。“适度消费”是与发达国家的通过对资源的大量消耗而达到的高消费相对的消费模式,它要求人们的消费必须控制在自然资源可以承受的范围内。对企业而言,应当在生产时节能降耗,减少对环境的各种污染;对个人而言,应当在消费时充分考虑到资源的有限性,注重对能源如电、燃气资源、水的充分利用和节约。“替代消费”是指在消费中,用可再生的资源替代不可再生的资源。

12.4 人口问题的控制对策

当今人口问题的严重性并不仅仅表现为人口绝对数量的庞大,而是与许多其他问题联系在一起的。例如世界人口分布不均衡、人口的结构性矛盾比较突出(主要表现为老龄化比较严重)、贫穷问题与人口问题打成了纠缠难解的“死结”等方面,所以人口问题已经成为解决许多重大社会问题的钥匙。

12.4.1 三大控制对策

人口问题并不纯粹是属于技术性的或工程性的问题,它的解决还需要诉诸非技术性的方法,其中道德的调控则是不可或缺的,而且每一个技术性或工程性的问题中都包含着道德的问题。

1. 控制人口增长

控制人口的增长,就是提倡节制生育,就是提倡少生。提倡少生并不意味着人口越少越好,而是要求减缓人口增长的势头,把人口规模保持在一个适当的范围之内。人口现象既是一种自然现象,又是一种社会文化现象。人口的增长除了生理调节机制在起作用之外,社会文化机制也起着很大的作用。具体的方法有恢复死亡率和控制出生率两种,不管我们是否情愿,在高出生率、低死亡率的人口增长模式下,如不采取措施任其自然,随着人口压力加大到一定的程度,必然会诱发出种种天灾人祸,造成高死亡率的出现。降低人口的出生率必须借助社会文化力量,包括科技力量、法的力量和道德力量等。运用社会文化力量去控制人口增长的关键,是树立与强化正确的人口意识。

2. 合理人口分布

面对一个已经十分庞大的人口基数,要把人口增长的势头减缓下来直至停顿,需要相当长的时间,因而在全力贯彻计划生育战略,努力使人口数量绝对减少之外,还必须寻找其他的对策,以便在既定的人口基数上,最大限度地减少人口因素对生态环境的破坏。不少专家学者认为搞城市化,或者准确地讲搞大城市化就是这样的对策之一。

所以应该改变产业结构和转移人口,人口转移不但影响着经济,影响着社会,还影响着生态环境。为了避免我国土壤生态系统的全面崩溃,我们必须做到:恢复和扩大森林覆盖面积;减轻耕地负荷;减少土壤流失。

大城市化对节约土地,保护自然资源起的巨大作用已被实践证明。这中间既有正面的经验,也有反面的教训。所以在改革开放的一开始就必须做到科学规划、合理布局。而要做到科学规划、合理布局,就既要尊重经济规律,又要尊重自然规律,千万不能搞主观臆断,千万不能搞一哄而上,千万不能搞遍地开花。

3. 提高人口质量

人口质量的含义不是单一的,它包括生理学和医学意义上的身体状况,遗传学和优生学意义上的先天智力,教育学和人才学意义上的文化素养,以及社会学和心理学意义上的精神心理素质。然而,对所有国家的绝大多数人而言,文化教育水准是人口质量的关键,这个方面的状况非但左右着一个社会在其余三个方面优化人口质量的进程,而且还在很大程度上影响着人口的数量,以及这些人口与其生存环境的相互关系。

既然人口素质的关键取决于文化教育水准,那么我们就能够充分地认识到人口质量的提高与控制人口数量之间的正相关关系。因为对于任何一个国家和民族来说,作为社会公共资源的教育条件都是有限的,如果人口过多,势必从整体上降低公民的教育水平,所以要提高人口质量,就必须适当地控制人口的增长,而只有提高人口质量,才可能控制人口的增长。

12.4.2 生育伦理观的转变

人口的过快增长给生态环境造成了巨大的压力和冲击,并对经济和社会发展产生了重大影响,人们开始反思传统的婚姻、生育、家庭观念,我国的人口道德问题也随之成为环境道德关注的一个重要问题。

要解决人口问题,必须按照环境伦理确立的道德规范要求,转变传统的生育观念,用新的价值取向来自觉调节人类自身的生产行为,使人类的数量得以适度的发展,人口的素质不断得到提高。

人的生育行为,既是一种自然行为,又是一种社会行为,既要受到各个时代社会物质生产及其决定的社会经济关系的制约,又要受到当时占统治地位的社会政治关系的束缚。

在目前条件下,人口的大爆炸造成了各个方面的危机,每一个公民都应从对社会负责、对国家前途负责的角度考虑自己的生育,如果仅从家庭利益考虑,人口生育不加控制,导致人口过分膨胀,我们整个民族、整个国家将陷入空前的灾难之中。在生育问题上的道德价值取向,不仅要有利于个人的全面发展,更要有利于社会的发展,要对全人类的命运负责;不仅要考虑眼前利益,而且要面向未来,考虑长远利益。

人口道德观念是历史发展的产物,同一定的社会、政治、经济条件,同一个国家的特定的历史、文化和观念密切相关,人权的实现与完善是一个历史的过程,作为公民各项权利之一的生育选择权也是如此。在我国,强调公民生育的社会责任,推行计划生育是保障我国人权的正确选择,是由我国的国情所决定的。作为个人和家庭,当自己的生育愿望与社会整体利益发生矛盾时,就应该自觉地服从国家利益,顾全大局,这是社会主义集体主义道德原则在生育问题上的体现,是公民道德觉悟的表现。

长期以来,重男轻女、传宗接代的观念对人们的生育行为有着深刻的影响。中国人口出生性别男比女高乃至生态失调已是不争的事实。生育率的下降与出生性别比的上升,使得中国在未来几十年时间内将出现男性婚姻挤压,从而对社会的安定与个人的家庭幸福等带来一系列的消极影响。我国法律现在规定了妇女在婚姻家庭领域享有与男子完全一样的权利,夫妻在家庭中地位是完全平等的。现在,大多数人关注的主要是有没有后代来实实在在地解决他们在生产、生活中遇到的实际困难。已有越来越多的父母愿意和女儿在一起共同生活,颐养天年。不少儿女双全的老人,更愿到女儿家养老,他们对儿子和女儿的看法已与过去大不相同。所以就目前来说重男轻女的生育性别偏好观念在我国人民的思想中已基本转变。

树立晚婚、晚育、优生、少生的道德观,不仅从根本上有利于国家富强、民族昌盛、人民幸福,同时也有利于建立一个幸福、美满、和谐的小家庭。有人认为,一些西方发达国家并没宣传少生,生育率也会到时自动下降。确实人口生育率是随着经济发展和社会进步而下降,但是,这是在资本主义的特定条件下，经过七八十年的漫长过程才逐步实现的。从早育多育到晚婚晚育、少生优生是传统的生育观向现代生育观的历史性转变。

另外，优生优育是对保证人类自身生产质量的科学选择。生育一个健康聪明的孩子，既关系到家庭的幸福，又关系到国家的前途和民族的兴旺。新的生育道德观不仅倡导控制人口增长，而且强调提高人口素质，优生优育就是提高人口素质的基本要求。总之，旧的生育道德观必然要被新的生育道德观所代替，人类将会以更文明的方式繁衍生育，使人口、资源、生态环境协调发展，创造出更加美好的未来。

第 13 章 环境伦理与科学技术

自从人类进入工业文明的时代以来，科学技术突飞猛进，一项项的技术成果改善了人民生活，衣食住行、医疗卫生都在不断进步。人类就在适应和改造自然环境的过程中，在自己所创造的技术和社会文化的指导下改变着周围的自然环境，而自然环境就在人类的作用下发生着变化。

13.1 科学技术与环境变化

自然环境影响着人类，而人类又通过认识和改造自然影响到自然环境。不过，从目前人类所面临的环境危机来看，它呈现两个特点：一是全球环境恶化的步伐急剧加速，它强烈影响到人类社会；二是最显著的环境变化来源于人类，是由人类改变环境系统所引发的。人类社会系统已成为影响生态环境系统变化的最主要因素。

生态系统指的是有机体群落、种群以及由化学物理因素所组成的物质环境共同构成的系统（例如，湖泊、亚马逊盆地雨林、美国的大草原等）。在该系统中，有机环境与无机环境之间相互作用。人类社会系统指的是在相对稳定的互动与相互交流模式中互相依赖的行动者，包括个人、组织、社区、社会制度、社会、世界秩序等构成的网络。并且该系统在更广的社会环境里可以与其他系统相区别。

人类及人类系统被无可争议地包容在生物圈中更广泛的生命网络之中。我们是众多物种中的一种，从根本上依赖于地球资源和其他物种的食物与能量转换，受到来自生态系统和人类社会系统的影响。同时，人类是技术与社会文化环境独一无二的创造者，具有改变、复制、破坏以及有时超越自然环境限制的独特能力。正是由于这一原因，使得在当代世界里，人类活动范围是如此巨大和有力，以至于世界上没有哪一个生态系统可以免于人类的影响。

哪种社会因素是引起环境变化的最重要因素是一个存在争论的问题。一般地说某个变量最重要并不恰当，哪个更重要则要看时间限定范围和分析的目的。可以肯定地说，科学技术是引起环境变化的一个重要原因。人类要对自然实现有目的的控制，首先就要对自然规律进行认识，在此基础上，才能实施技术手段改造自然。所以，在技术的产生和发展中，蕴含着认识自然规律过程中产生的科学理论知识的运用。在认识和改造自然的过程中，科技是互为支点而发展的。

13.1.1 科学的应用对环境的影响

人们普遍地将科学对真理的追求提升为对真理的获得。科学研究提供给人们的就是认识了自然的纯客观规律，人们遵循这样的规律，利用这样的规律去改造自然，就必然会得到正确的结果，而不会遭到自然的惩罚。这就在主观上预设了人类可以正确地认识自然并改造自然，不会招致错误的行为和结果，不会招致自然对人类的报复，从而毫无保留地利用科学技术去改造自然。

但是，科学哲学的研究表明，科学绝对不是对自然绝对正确的认识，科学所获得的也并非是绝对真理，它获得的是具有相对真理性的知识体系。因此，应用这样的科学去改造自然，造成自然的破坏就是可能的了。从科学理论的构建看，它要以经验作为基础，经过数学演绎构成。但是，由于经验事实有可能是假的，由此不能保证建立起来的科学理论绝对正确，而且即使经验事实是真实的，由于经验事实获得的陈述命题是单称命题，它只能通过不完全归纳法获得全称的理论命题，不能保证命题的正确。

科学史的发展表明，狭义相对论将牛顿理论作为它的特例，表明了科学真理的相对性；热力学统计规律的完成，表明真理的概率性、不确定性。因此，科学的目标是扩充准确无误的知识而非获得了绝对正确的认识。人类必须由绝对性的科学真理观走向相对性的科学真理观，在获得真理、修正真理、获得更完备的真理的过程中，将人类认识自然的能力和程度推向更高的阶段。

科学认识是一个循序渐进的过程，真理不可能在一次认识过程中获得，有时我们获得的仅仅是局部性的物理、化学规律而非全面性的生态学规律。运用这样的规律去改造自然，虽然符合物理化学规律但不符合生态学规律，有可能造成对自然的破坏。因此在改造自然时，不仅要按照物理学、化学规律办事，而且更要按照生态学规律办事，以减少对自然的破坏。

13.1.2　负荷价值的技术应用对环境的破坏

把技术视为达到某一目的的手段或工具体系的技术中性论，虽然符合直观，反映了一定的事实，但却并不全面。20 世纪中期开始的以信息为主导的新技术革命，还包括新材料技术、新能源技术、海洋开发技术以及 21 世纪将成为主角的生物技术等，内容涉及人类生存与发展的物质、能源、信息等几乎所有重大的技术领域，构成了一个高技术群体，代表人类向未知领域的全面开拓，是 20 世纪科技创新的全方位展开。这场以信息技术为主导的综合性的技术革命以一种迅猛的势头飞速前进，极大地改变着世界的面貌和社会生活的方式，成为推动现代生产力发展最活跃的因素，是当代世界经济发展和社会进步的决定性力量。它是社会文化利益和文化价值倾向所建构的产物，为此需要我们对技术本身作出道德上的反省。由于技术是人的有目的的创造活动，体现着人的社会目的，因此，它具有自然性与社会性的双重属性。技术不只是解决问题的手段，而且也是伦理、政治、经济与文化价值的体现。

生态环境危机既是科技危机也是科技价值观危机，生态环境危机的产生不仅与科技自身的缺陷有关，而且与人们没有意识到科技自身的缺陷以及在历史文化中形成的不恰当科学技术观念有很大关系。这种不恰当的科学技术观一定程度上影响到人们研究和应用科技的方向和方式，从而给自然带来不利影响。为此，需要我们着眼于可持续发展，在正确的科技观和伦理观的指导下去改造自然，大力发展有利于环境保护的科学技术，获得人与自然的和谐一致。

根据技术的社会建构论，既然技术发展植根于特定的社会情境，技术的演替由群体利益、文化选择、价值取向和权力格局等社会因素决定，那么，我们在强调科技对环境伦理的确立作用的同时，也应该重视环境伦理对科技抉择的影响。可以说，人对自然的看法、人与自然的伦理道德关系并非完全消极被动地受到科学技术发展水平制约和推动，它也要反作用于科学技术，对科学的发展起着选择、评价、推动的作用。另外，环境伦理对科学技术的发展起着选择和限制规范的作用，推动科学技术朝向有利于“人—自然”关系协调、持续、稳定发展的方向迈进。

13.1.3 科学发展与自然观的变迁

有什么样的自然观，就有什么样的人类对自然的态度，从而也就有什么样的人类改造自然的活动方式，结果也就产生什么样的对自然的影响。而自然观与人类对自然的认识及其改造密切相关，如此也就与科技的发展及其应用密切相关。因此考察科技发展与自然观的变迁对于环境保护意义重大。总的来说，自然观经历了三个阶段性的变迁，即机械自然观——辩证自然观——可持续发展的自然观。

在人类历史相当长的时期，人相对自然的力量非常弱小，自然则显得异常强大，人的活动对自然环境的影响极小，从而在人类的头脑中产生了自然资源是无限的、自然环境的生产能力是无限的以及自然环境的自净能力是无限的等错误观念。这样的错误观念从原始社会、农业社会一直延续到工业社会，使得工业社会时期的人类在掌握了强有力的改造自然的武器——科学技术之后，就以人的需要为基点，以国民生产总值作为增进社会财富和福利以及社会进步的标志，掠夺性地开发自然资源和随意地向自然环境排放废弃物，从而导致了资源的快速耗竭和废弃物的大量排放，威胁到人类的生存。其实，自然资源是有限的，自然资源环境是具有多种价值的，人类离开自然是无法生存的。这是可持续发展自然观的核心，科技的发展也支持这一点。

自然资源是有限的，自然的生产和净化能力是有限的，这迫使我们必须审视我们利用能源和原材料的方式（保证物质和能源的投入没有浪费）以及我们怎样利用技术来减少每单位经济活动所造成的环境压力。这类技术需要注重污染源的减少，也就是说它必须避免损失，节省生产同样数量的产品所用的能源和原材料，还要减少浪费性的使用（这就是所说的保护）。

人类要生存就必须由传统的"粗放型"生产转化为"集约型"生产，即资源低消耗、产品高产出、环境低污染的生产。为此，需采用生态技术，发展生态产业，把产业活动对自然资源的消耗和对环境的影响置于大生态系统物质、能量总交换过程中，提高资源的利用率，加强废弃物的回收和循环利用，减少废弃物的排放，实现"人—自然"复合系统的良性循环和持续发展。

自然资源虽然不是人类劳动的产品，但是它为个人提供直接的效用，为经济过程提供所需要的投入，为维持生命支持系统作出整体的贡献。因此，它的价值是多方面的：第一，它具有精神价值。自然界在长期的进化过程中创造了充满美的、和谐的自然风景，它们作为美丽的景观、休闲活动的重要组成部分为人们所欣赏和享用；它们也被人们创作成为电影、电视、广播等音像作品，与人类产生情感的共鸣。第二，它具有经济价值。自然资源具有为人类经济活动提供生产要素或直接作为商品的价值。从物质生产的角度看，社会物质再生产来源于社会生产力和自然生产力的结合，包括社会物质再生产过程和自然再生产过程。自然物质再生产过程是社会物质再生产过程的基础。第三，它为生活质量提供间接贡献，具有环境价值。环境能够容纳和分解人类活动排放的废弃物，一定程度上维持了生态平衡，从而提供了人类对生活的享受以及从事经济活动的能力，具有重要意义。第四，它维持生态平衡，具有生态价值。自然界是由各种生态系统组成的整体，其中每个部分对于维持整体系统正常的生态功能具有重要意义。它们中的每个部分受到伤害，都必然影响到其他部分生态功能的正常发挥，从而也就影响到经济系统功能的正常发挥。第五，它具有选择价值。该价值是指人们为保存某一自然资源，以便将来做各种用途所愿支付的数额。严格地讲，选择价值仍应属于使用价值的范畴。所不同的是，它所衡量的是未来或间接的使用价值。

13.2 科学技术与人类中心主义

科学技术尽管在给人类带来这样那样的好处,但在科学技术强大攻势面前,人类被动地被科学拖着走,没有在发展科技的同时,发展人类的文化、人类的危机不是别的,正是文化危机。为此,需要人类用新的价值精神、伦理哲学等创造新的动力,完成人类精神的复兴,走出科技的圈套,从对科技的崇拜中解脱出来,回到由生态文化所驱动的新社会中。这仍是人类真正的归宿。

可以说环境伦理学正是向这一方向努力的结果。它的产生与20世纪西方文化,特别是哲学的转向有着密切的关系。形而上学传统的失落、理性主义的破产、科学精神的胜利、主体性的瓦解等都为生态伦理学的理论建构提供了一种背景;同时,生态伦理学的产生与人们对生态的普遍关注以及保护环境的要求有密切的关系。与此同时,不可否认的是,自然科学的进一步发展为环境伦理学的确立提供了科学依据。

从生态学的角度看,伦理观是在生命斗争中对行为自由度的制约。从哲学的角度看,伦理观是对一种反社会行为的否定。两者的目的都是寻求一个相互依赖的个体或群体趋向于合作的进化模式。一种伦理观念反映了一种生态意义。这种意义反过来又表明人类对于生态环境应付有一种什么样的责任。

13.2.1 科学发展对人类中心主义的反思

人类中心主义的价值观所依据的基础是人的主体性规定。他们认为,主体性使人类具有价值评价的能力和行使道德规范的职能,因此,只有人才具有主体性,从而也相应地拥有价值。但是,根据系统哲学的研究,"主体性普遍存在于具有有机组织复杂性的那部分自然界内"。主体性是系统以感觉形式记录内部作用于它的存在状态的那些能力,人类没有理由认为自己的主体性是全世界唯一的主体性。如果认为只有人类具有主体性,也就是承认人类已经成为自然进化的"终极"宇宙的中心。但是,从广阔无垠的时空尺度看,自然进化完全可能产生出比人类更高级的生命形式。因此,各种形态的人类中心主义从主体性出发认为只有人类才具有价值的观念是错误的。不仅如此,各种形态的人类中心主义所突出的价值的重要性和目的性也并非人类所独有。自组织理论表明,目的性并非人类独有的特征,自组织系统也具有这一特性,目的是自组织系统追求自身价值实现的动力。

"现代人类中心主义"仍然否认自然内在价值的存在,认为自然除了对人类具有经济价值外,还有环境价值。它主张一切以人类的利益和价值为中心,以人为根本尺度去评价和安排整个世界。这种现代人类中心主义是近代人类中心主义的弱化,存在着比较严重的缺陷,从而受到国内外某些学者的批判。现代人类中心主义将人类的利益作为处理人与自然关系的根本尺度,仍然是一种人类中心主义的观点。现代人类中心主义从人类的利益和价值出发去保护自然环境,限制了自然环境的概念,将环境限制在人类的环境之内,着眼于保护与人类有关的生态环境,而不是保护所有物种的生境。另外,主张自然价值论的罗尔斯顿认为自然生态系统拥有内在价值。这种内在价值是客观的,不能还原为人的主观偏好;人负有保护和促进具有内在价值的存在物的义务,因而人类应该维护和促进具有内在价值的生态系统的完整和稳定。代人类中心主义从人类的利益和价值出发去对待自然,并不是将人与自然平等对待,这必然加剧人类之间的不平等关系。

因此,要超越现代人类中心主义,这也是对人类中心主义的超越。但是,这种超越并不意味着否定或放弃人类的利益,而是人类的利益在自然系统中与所有生物的利益通过相互依存关系协调为一个有机整体。所以,必须首先考虑整个自然的利益和其他部分的利益,以此约束人类利益。它要求人类深入地了解自然界的整体,而不是单凭人类的利益和价值去对整个自然进化施加定向的影响以促使生物的健康发展。

13.2.2　工程活动对生态环境的干预

在影响人类生态环境的活动中,工程活动是具有重大影响的领域。工程技术在推动人类文明的进步中一直起着发动机的作用。一部近代世界社会生产力的发展史,也是科学发现、技术革命、产业革命相互推进的历史。科学发现在推动人们在认识世界的过程中形成科学原理,工程技术的使命则是把科学原理变成改造世界的能动力量。工程技术架起科学发现与产业革命之间的桥梁,是产业革命、经济发展和社会进步的强大杠杆。

当代的工程技术飞速发展,越来越呈现出多样化的趋势,工程技术的影响已渗透到人类生活的每一角落,其广度和深度已超过了历史上的任何一个时代。电力网、通讯、交通运输、水利、建筑、发电、核能、航空航天、计算机、基因组工程等重大工程技术成就,使人们的生产方式和生活方式发生了根本性的变化。工程作为应用科学技术使自然资源更好地为公众服务的活动,它不只是一项服务于具体的现实目标和可计算经济效益的技术操作,而是在对人类的命运和地球的前途作出一次又一次选择,它不仅涉及人类的利益,而且对自然环境产生了巨大影响。

埃及地处非洲东部撒哈拉大沙漠边缘,尼罗河中下游流经境内并在尼罗河三角洲流入地中海。尼罗河由南向北穿过沙漠和干旱地,由于河水定期泛滥,洪水带来了水分和肥料,在沿河两岸形成肥沃的河谷平原,这些农田成为埃及农业的产业区,维持了埃及农业的繁荣长达几千年。

到了20世纪50年代,为了缓解人口增加过快对粮食需求的压力,扩大耕地,控制洪水,蓄积水源,埃及政府决定修建阿斯旺大坝。这是一项雄心勃勃的工程,大坝始建于1960年,建成于1970年,大坝的建成为埃及增加了55万公顷耕地,为城市和工业提供电力,控制了尼罗河每年的泛滥,保证了全年可靠的灌溉,促进了国家的经济发展。尼罗河上的这座大坝一度成为埃及走向现代化和工业发展成就的象征,赢得了全世界的赞扬。但随着时间的推移,阿斯旺大坝建成后造成的生态环境后果开始逐渐显现。

大坝的蓄水量高达1 570亿 m^3,大大改变了下游水流方式,大坝以下河水流量骤减,肥沃的河谷水泛平原失去了河水定期供给的水和肥料,大坝下游的淡水湖和近海岸地下含水层的淡水供应大大降低,海水开始大量倒灌和漫坡,大片耕地退化成盐碱地,肥沃富饶的黄金之地正面临逐渐消失的危险,建坝增加的耕地和因此而损失的耕地之比已为1:1左右,全国28%的耕地和其他农业用地受到破坏,农田的平均产量下降30%。

高坝的建成对坝区和尼罗河上游的生态系统也造成了极大的破坏。高坝后面形成的水库纳赛尔湖,现在全长500 km,该水坝平均宽10 km,把尼罗河水提高到海平面以上170 m。由于水库坐落在世界上最热和最干旱的地区,设计者预期蒸发速率是每年100亿 m^3。高坝的工程师们也为尼罗河淤积作出了规划,设计者们预期纳赛尔湖在100年中将由于泥沙淤积损失其容量的 5%，500 年后将损失 300 亿 m^3 的容积。而现在实际的水蒸发速率是每年 150 亿 m^3，泥沙沉积的比预料的更严重，每年有 6 000 万 t 至 1.8 亿 t 淤泥沉积在湖中，现在预测水库 500 年内将被填满，这使得高坝在防洪、蓄水和水力发电方面的效用迅速降低。同时，大面积的蓄水使得库区以及尼罗河中上游的水流速度十分缓慢，温暖平静的水库水体使库内的藻类和各种杂乱水草大量生长，钉螺大量滋生，壅塞了水坝的进水口，降低了下游的水质。

虽然高坝给许多埃及的城里人改善了生活质量，但它却给大量的埃及农村人增加了困难，最突出的是增大了由库区灌溉渠网内外所产生的对身体健康的严重威胁。这些灌溉渠过去都是在洪水季节或洪水过后才有水流，一旦洪水消退这些灌溉渠将再次变干。现在灌区全年充水，灌溉渠成了血吸虫宿主热带钉螺之家，使血吸虫病在这一区域大量增加。

至今，埃及阿斯旺大坝利弊的争议还在进行之中，可以说，它既是对进步和发展同时具有实用性和象征性的纪念物，但它同时也代表了人类大规模地改变大自然所造成的危害。洪水灌溉和泥沙沉积模式的改变，导致了附近居民的迁移，高代价地依赖进口化肥带来的水质问题、卫生问题以及尼罗河三角洲的侵蚀问题。埃及政府和联合国有关部门正在研究和争取补救措施，但小敲小打恐怕是无济于事的，有些影响是怎么也难以换回的。有的专家作过测算，认为要解决这些问题至少花十倍至几十倍的投资代价，况且还没有十分的把握。有人甚至直言不讳地说，最好的办法是把水坝炸掉。

不仅是埃及的阿斯旺大坝，还有大量的水利工程的建设都曾面临过同样的问题，在工程的建设中只考虑大坝和电站的质量，往往忽略工程所带来的环境问题，缺少对环境负责的意识，进而出现了大量的工程风险。

工程活动对环境的影响，要求工程技术人员在工程的设计、实施中不仅要对工程本身（桥梁、建筑、汽车、大坝）、对雇主利益、对公众利益，还要对自然的环境负责，使工程技术活动向有利于环境保护的方面发展。

13.3　可持续发展与科学技术

随着技术的进步，人类可以找到一些资源的替代品，从而在一定程度上缓解资源危机。例如，对于能源的减少，石油的短缺，我们可以利用能源保护和建造更有效的机械设备去提高资源的利用率，也可以找出可替换、可更新的能源去弥补。但是，只要世界人口继续以指数增长，那么，单靠技术进步并不能解决资源问题。

环境问题的产生既与人类滥用科技有关，也与科技自身发展过程中的不足有关，为此，需要我们转变观念，建立有利于可持续发展的政治经济制度以及文化价值观，尽量减少甚至避免科技的滥用，大力发展环保科技，发挥科技进步在可持续发展中应有的作用。

那么，什么样的科学技术有利于环境保护呢？对于科学，传统的观点认为，人们只有正确地认识了自然规律，并且按规律改造自然，才能获得正确的结果，才能给人类造福。这种正确的结果在持这种观点的人看来，是不存在产生环境问题的。现在，环境问题产生了，而且日益剧烈，这是否意味着人类没有正确认识到自然规律呢？人类为了获得对自然规律的正确认识，在其认识自然的历史过程中，采取了一系列行之有效的科学方法，尽量消除人们的主观性对认识结果的影响，从而使得科学知识体系相对于人类的其他认识体系而言，更具有经验证据的可靠性、逻辑体系的严密性，认识内容的客观真实性。从科学以及其他角度考虑，人类是无法否定科学认识的真理性的。

人类对自然的认识是一个从简单到复杂的发展过程，是一个对自然加以人为分离，形成层次，先认识简单的，然后再认识复杂的；先认识局部的，后认识整体的；先认识低层次的，后认识高层次的。由此获得的是分门别类的知识体系，如物理学、化学等，掌握的是自然界分散的、断裂的、点状的、线性的规律。但是，人类对自然界的改造虽然是按这一规律进行，不过由于改造过程中所涉及的自然是一个整体化的自然，因此，按照物理规律、化学规律等分门别类的规律去改造整体自然时，很可能会与整体自然系统规律相违背，从而造成自然生态环境破坏的结果。

可以预言，随着科学研究广度和深度的加强，人类对自然的认识将会越来越深刻和全面，所获得的自然规律将会达到新的层次和高度，改造自然的力量和正确性也会有所提高。不过，这里必须明了，由此所获得的科学仍然是以天然自然为对象的。对天然自然的正确认识，并不必然带来对天然自然的正确改造，因为对天然自然的改造过程是一个主体利用人工物对天然自然、人工自然及人类社会的改造过程。但是仅凭借对天然自然的正确认识去改造大自然系统，注定会出现内在的障碍，根据对天然自然的认识来对天然自然、人工自然、人类三者进行改造并不能保证改造的正确。由此可见，传统的思维模式—人类认识自然（不包括人类、人工自然）规律，按自然（天然自然）规律办事，才能获得与自然的一致是错误的。也正是由于这一错误在过去的很长一段时间里没有被人们发现，人们忽视了人工自然、人类社会对天然自然的影响，无限制地向天然自然索取资源和排放废弃物，从而导致资源与环境危机。

总之，人类实践活动所涉及的是大自然系统，大自然系统是由相互联系、相互制约的天然自然、人工自然、人类子系统组成的综合体。人类对这种大自然系统的开发利用，必须从整体出发考虑和评价大自然系统的自然条件和生态平衡，决不能从某一子系统出发，孤立地、片面地作出评价，片面地利用某一子系统的资源优势。而要从整体出发，为合理利用大自然系统提供科学依据，为大自然系统建立起一种良好的生态结构，维持一种良性循环的物质、能量转换系统。因此，从人类改造世界的真理性出发，该是从过去追求天然自然的规律转化为追求大自然系统规律的时候了。

要获得人类的幸福，不仅要把天然自然作为整体进行研究，还要对大自然系统进行研究，正像人类生态学所做的那样，发现大自然系统的复合规律，按规律办事，达到人与自然的共同进化与发展。

可持续发展条件下技术选择的原则必须维护和保护不可再生自然资源和生态环境，选用能耗小、污染少的技术，并最大限度地发挥可再生资源的效率和循环利用资源。在此基础上，推动经济和社会的发展。目前状况下，环境技术创新应该实施两种战略，第一种战略是以连续的小步骤实施“增量”改进，最好的例子是污染治理技术。这方面典型的有大气、水等污染治理技术、节能技术、过程末端治理技术、废物回收利用技术以及洁净煤技术等。第二种战略旨在发展那些与现存技术体系割裂的创新，如大力发展太阳能技术、氢能技术等代替传统的不可再生能源技术，解决人类所面临的资源危机。再比如，利用纳米技术在原子和分子的层次上操纵它们，在最合适的地方，加上必需的原子和分子，使消耗性损失大为降低，使不需要的副产品不复存在，由此，使生产废料的概念本身随之消失。不仅如此，控制产品在使用寿命结束后的降解和再循环，大大减少废弃物的产生。

13.3.1　新世纪科技观的生态转向

这种传统的人类中心主义的道德哲学观念指导下的科技发展,已经造成人与自然关系的生态错位,如果不加以变革,人与自然关系就会更加恶化。

首先,科技决定论仍然是社会进步的主导理论,这种哲学指导思想正确与否,取决于其核心观念。如人们流行的观念是"学好数理化,走遍天下都不怕"。工程师对科学技术发展的基本观念是:只要不违背物理世界规律,可以为人类欲望利用科技设计和制造出一切。在这样的哲学指导思想基础上推行科技决定论,哪能不造成生态环境的严重破坏!

其次,科技能够带来经济和社会效益,这是一个事实。但是,在忽视生态环境内在价值的单一经济哲学思想指导下,利用科技获得经济和社会效益,往往单一的开发和利用自然资源的经济价值方面,而大量破坏非经济价值——生态价值方面。其结果是部分人获取了眼前的经济利益,却破坏了子孙后代的生存环境和非人类生物的生存条件。

最后,科技能够提高效率。"科学技术是生产力"是事实。但问题在于当利用科技的哲学指导思想忽视人与自然的有机体关系时,科技可能在为人类带来更多福利促进社会进步的同时,也可能加速对生态环境的破坏。因此,要改变上述对生态环境的不良影响,协调人与自然的关系,不仅是科技本身发展的问题,而且还有决定科技方向、路线和模式的哲学怎样变革的问题。其实质就是科学技术的道德哲学需要向生态转向。

地球是生命的摇篮,其本身的气候、光通量、温度和雨、雪等自然现象,为生命的繁衍和生物的进化提供了先决条件,从而使地球的生物圈成为一个由物理、生物和化学有机组合而成的有机体。我们现在对自然整体科学规律的认识和评价是很有限的,我们还不能把握地球生命支持系统极其复杂的关系,因而不可能用技术设备或技术方法无副作用地取代地球经过几十亿年演化过来的精致复杂的自动调节机制。

科技发展要走向符合生态的发展,就要转变传统的科学发展模式,由传统的征服自然的价值观转变到人与自然协同进化的价值观,确立科技有限论的基本观念。

科技改变对象的能力有限。技术可以改变自然界的物质、能量和信息,代替人的体力和部分脑力劳动,但不可能改变人的生物本性。科技解决问题的方法有限。技术方法可以帮助人解决衣、食、住、行等许多生活问题,也可以帮助人解决认识自然、改造自然、建设自然并提高社会福利的种种问题,但解决不了人的思想、信念和道德问题。科技控制的结果有限。用技术实体代替自然实体,用技术过程模拟自然过程,其结果是有限的,它不等于自然实体,也不等于自然过程。科学技术本身潜在着风险。科技是人造的,是为人服务的,但科技结果却存在着对人有害的成分,如汽车的尾气,发电站的环境污染等。有时科技本身还会出现意想不到的事故。科技不是万能的,应当利用适宜的科技和有限的科技。这种适宜科技,或有限科技,就是在益于人类生存、有利于大自然生态指导下的科技存在方式。值得注意的是,坚持有限的科技发展观,并不能解决科技风险问题,但能够为降低风险指明道路。

13.3.2　当代工程伦理提出的环境道德新要求

对工程师而言,环境伦理尤为重要,因为他们的工作对环境影响很大。工程师应当如何在增加人类财富与破坏环境之间求得某种平衡?在面临潜在的环境问题时,在什么情况下工程师应当替客户保密?工程师这一职业与其他职业相比,直接涉及环境保护,无论什么工程,工程师都是做事的人。建造一座大坝需要很多专业人员的技能,如会计师、律师和地质学家,但正是工程师实际建造了大坝。正因为如此,工程师对环境负有特殊的责任。

因此,工程环境伦理问题和工程技术人员的环境保护责任问题开始纳入工程伦理关注的范围。工程伦理从人际伦理扩展到环境伦理,对环境负责正开始成为对工程师新的道德要求。

工程环境伦理首先同工程师相关。工程师是以一定水平的专门知识和技能为人类服务的职业,创新能力的成功表现和专业知识的应用是这种职业的主要回报。这就意味着胜任这种职业的先决条件是具有很好的早期教育,并体现在从业人员以后的服务业绩和伦理操行中。与从事其他职业的人们相比,工程师责任重大,因为他们的工作是公开的,谁都看得见,他们的工作要一步一步地脚踏实地地去做。工程师无法否认他所做过的事,一旦他的工作失败了,他将一辈子受到谴责。例如,筑路既是一项技术工程,也是一项社会事业。道路会影响家庭生活和商业活动,制造交通噪声,占用大量耕地。一台草坪剪草机在设计与制造出来后,能够有效地剪草,但它会打扰邻居的安宁,甚至可能损害使用者的听觉。一个水库建成后,它的代价是牺牲了顺水漂流的娱乐,破坏了祖先留给我们的家园,导致生态系统无法估量的损失。一种新的设计用于杀人的生物武器,其研制使用可能会毁灭整个地球的生态系统。这就要求每一位工程师在从事工程活动时,正确处理和解决好与环境相关的道德问题,以使在涉及环境价值的情况下,使工程技术人员能作出符合环境道德要求的选择。然而,在现实生活中,工程的环境伦理问题远未得到应有的重视。相反,还有相当一部分人毫无知觉,甚至毫无愧疚地打着发展经济的旗号进行着破坏生态环境,危害人类长远利益的所谓"工程",对此,我们要给予道德上的谴责。同时,他们应明确工程技术人员应遵循的环境道德规范与应承担的环境道德责任。

世界工程师联合会(WFEO)于 1985 年制定了工程师环境道德规范:第一,尽你最大的能力、勇气、热情和奉献精神,取得出众的技术成就。从而有助于增进人类健康和提供舒适的环境(不论是在户外还是户内);第二,努力使用尽可能少的原材料与能源,并只产生最少的废物和任何其他污染,来达到你的工作目标;第三,特别要讨论你的方案和行动产生的后果,不论是直接的或间接的,短期的或长期的,对人们健康、社会水平和当地价值系统产生的影响;第四,充分研究可能受到影响的环境,评价有的生态系统(包括都市和自然的)可能受到的静态的、动态的和审美上的影响以及对相关的社会经济系统的影响。并选出有利于环境和可持续发展的最佳方案;第五,增进对需要恢复环境的行动的透彻理解,如有可能,改善可能遭到干扰的环境,并将它们写入你的方案中;第六,拒绝任何牵涉不公平地破坏居住环境和自然的委托,并通过协商取得最佳的可能的社会与政治解决办法;第七,意识到生态系统的相互依赖性、物种多样性的保持、资源的恢复及其彼此间的和谐协调形成了我们持续生存的基础,这一基础的各个部分都有可持续的阈值,那是不容许逾越的。

第 14 章　环境意识与平等观

14.1　环境意识

14.1.1　环境意识的概念

从根本上讲,环境意识是一个哲学的概念。是人们对环境和环境保护的一个认识水平和认识程度,又是人们为保护环境而不断调整自身经济活动和社会行为,协调人与环境、人与自然相互关系的实践活动的自觉性。也就是说,环境意识包括两个方面的含义,其一是人们对环境的认识水平,即环境价值观念,包含有心理、感受、感知、思维和情感等因素;其二是指人们保护环境行为的自觉程度。这两者相辅相成,缺一不可。

环境意识是一个多维度的概念,由于选择的维度以及对每个维度的操作化定义各不相同,所以,环境态度、特别是环境态度中的情感因素和认知因素应该成为环境意识最基本的组成部分,也就是说它们是环境意识的“最小模块”。而在情感因素和认知因素当中,前者可以说更为重要。其中,情感因素是指人们对于环境问题的情感牵挂程度,而认知因素是指对环境破坏的认识状况,主要目的是要了解被调查者在多大程度上将环境问题视做和认可为一个问题。这种认识无需丰富的知识背景,因而也无须针对环境保护的各个领域进行全面的知识检验。其次,根据研究问题和研究目的不同,可以将环境价值观和环境行为的意愿作为环境意识的第二模块。与环境态度中的情感因素和认知因素相比,环境价值观更为抽象,而环境行为的意愿则较为具体。其中,环境价值观一般包含如下三个方面:对科技的信任,增长的极限,以及人类中心主义。而对环境行为的意愿主要也可以从下述三个角度来界定:日常生活中环境行为的意愿,环保领域中公众参与的意愿,以及支持和服从环保措施的意愿。最后,也可以将环境知识和真实的环境行为作为构成环境意识的第三模块。其中,环境知识既包括环境事实方面的知识,也包括环境关联方面的知识,还包括对个人及大众行动可能性的知识。

14.1.2　环境意识的培养

20 世纪 70 年代以来,我国开展了普遍的环境宣传教育,公众对环境和环境问题的认识,有了一定提高。但是,环境意识调查的结果表明,目前我国公众的环境意识还比较低,不同地区、不同群体的环境意识存在明显差异。进一步加强环境教育,提高全民族的环境意识,仍是当前一项十分紧迫的任务。

意识是存在的反映,伦理道德意识是对存在的价值反映。环境伦理意识是对环境和环境问题的价值取向和态度,它代表了人们对环境问题的能动性以及自身对此问题的觉悟程度。环境伦理意识是以对人与自然的关系的认识为基础的。如果说,环境问题是人与自然的矛盾关系的反映,环境伦理意识则是解决这种矛盾关系或者引导这种矛盾向着良性方面发展而对人提出的价值要求。从具体内涵上看,环境伦理意识应当包括忧患意识、责任意识、参与意识。

"生于忧患,死于安乐"是对人的存在状态的警示,忧患意识不应被理解为杞人忧天式的患得患失,而应当被理解为是对生命存在和界限的正确理解。所以有了忧患意识才会有正确的判断和抉择。另外,忧患意识也可以唤起人们对生命的敬畏感,从而既珍重自己的生命,也敬重其他物种的生命。当代人的生存困境与乐观主义和人类中心主义的畸变是有着密切的关联的,自近代以来,启蒙的话语就一直在重复编织着发展、进步、增长的神话,以至于使人们疏忽了对自己的能力、使命和在世责任的完全把握,使人类与世界和其他生命的距离愈益扩大,从而陷入到生存与发展的矛盾纠结中。环境伦理教育强化人的忧患意识,就是要重新唤起世人对自我与他人、社会、自然的关系的重新定位。

这里所说的责任包括多层含义:人对环境的责任、对自己的责任、对他人的责任、对后代的责任等。意识到自己的责任需要对环境问题有充分的认识,这种认识可以是科学的,也可以是直觉的。有关调查表明,我国公众对自己身边的环境问题较为关心,还没有形成大环境的观念,更谈不上对大环境的责任意识,即居民的环境意识具有"日常生活环境意识"较强,而"生态环境意识"则处于低水平的特点,是一种典型的"自我保护型"环境意识。这说明多数居民并不了解环境危机是什么,它的结果怎样等。比如,很多居民不知道什么是气候变暖、厄尔尼诺现象;有的可能知道,但感觉离自己太远,并不关心,所以也就不可能对环境负什么责任。事实证明,那些感到对环境负有责任的人都是对环境危机怀着深深的忧患意识的人。他们都有一个共同点,就是通过不同的渠道对环境问题有着一定程度的了解,对环境危机有着深刻的理解,对自己的责任有着自觉的认识并付诸行动。

在具有一定环境知识的基础上,责任意识的培养主要应从两个方面着手:一是道德教育。必须使整个社会树立起这样的观念:"保护环境为荣,破坏环境为耻。"引导个人从自我做起,从身边做起。二是法制教育。首先必须明确各级政府和领导在环境保护方面负有的法律责任,加大法律宣传和执法力度,切实排除地方保护主义的障碍。其次,一定要使人们了解自己所负有或潜在负有的法律责任,对可能引起环境污染或破坏环境的做法一定要清楚自己将要面对的法律后果。法制教育和道德教育在根本上是一致的,二者相辅相成。道德教育不仅要动之以情,更需要晓之以理,使人们明白对他人、对后代的责任;在具体的环境事件处理中,道德教育可以为法律程序的执行创造好的舆论环境,同时在法律程序之后,又可以起到善后的警示和启示作用。

忧患意识是良好的动机,责任意识是行动的关键,具有了参与意识才会真正产生环境保护行为。"公众、团体和组织的参与方式和参与程度,将决定可持续发展目标实现的进程。"我国《宪法》、《环境保护法》、《水污染防治法》、《环境噪声污染防治法》和《环境影响评价法》等法律将公众参与确立为环境保护的一项基本原则和制度,但就现有的法律规定来说,除了对行政机关不履行法定职责行为有直接的利害关系的单位和个人可以通过行政诉讼的途径监督行政机关的执法外,很少有其他制约性的措施和可操作性规定。因此建立一个公众参与机制,为公众参与环境监督和咨询提供必要的条件、机会和场所,对于调动起公众参与环境保护的热情和积极性,形成公众关心、参与环境管理的良好氛围,推进可持续发展战略目标的实现将具有重要的现实意义和深远的历史意义。

居民对政府主管部门或者执法部门的工作不满意也是造成居民环境保护参与意识和参与行动不积极的一个重要原因,政府没有良好的环保形象,是很难促进居民对环保工作增强信心和参与的积极性的。因此在对公众进行环保教育时,必须考虑到居民对这一现象的理解,政府和教育人员在进行宣传教育时实行“从我做起”有着更大的现实意义和潜在的影响力。明确自己的权利是参与的动力，所以，环境伦理教育应该强化人们对环境的权利意识。

14.1.3　提高全球环境意识

第二次世界大战以后，随着联合国的成立，国际社会成立了保护自然和自然资源的国际联盟，并多次举行国际会议，讨论人与地球的关系。1968 年 9 月，国际社会在巴黎召开合理利用和保护生物圈资源的政府间专家会议，广泛讨论了有关全球性生态问题。在此基础上，1968 年 12 月 3 日，联大把人类环境问题列入其议程，决定 1972 年夏天在斯德哥尔摩召开人类环境会议。1972 年 6 月 5 日联合国人类环境会议在瑞典首都斯德哥尔摩召开，有 113 个国家参加会议。会议通过了全球性保护环境的行动计划和《人类环境宣言》，通过了将每年的 6 月 5 日作为世界环境日的决议。《人类环境宣言》指出：“为了这一代和将来的世世代代的利益，地球上的自然资源，其中包括空气、水、土地、植物和动物，特别是自然生态类中具有代表性的标本，必须通过周密计划或适当管理加以保护。”

另外，在会议的建议下，成立了联合国环境规划署，总部设在肯尼亚首都内罗毕。第一次人类环境会议之后，在联合国环境规划署的推动下，各国缔结了《濒临灭绝种类的国际贸易公约》、《防止倾倒废料和其他物资污染海洋的公约》。1983 年，联合国在第 38 届大会上通过决议，决定成立“世界环境与发展委员会”。1987 年，“世界环境与发展委员会”在日本东京的世界环境与发展委员会第八次会议上，通过了题为《我们共同的未来》的报告，提出“可持续发展是既满足当代人的需要，又不对后代人满足其需要的能力构成危害的发展”，并建议召开联合国环境与发展大会。1990 年 12 月 12 日，联合国通过决议，决定在联合国人类环境会议第一届会议 20 周年时举行环境与发展大会。在此期间，世界各国政府联合举行了各种环保会议。

1992 年 6 月，联合国环境与发展大会在巴西的里约热内卢召开。有 183 个国家的 15 000 名代表，其中有 102 位国家元首或政府首脑参加了会议。这是联合国历史上规模最大、规格最高的会议。会议通过了《关于环境与发展的里约热内卢宣言》(简称《里约宣言》)。《里约宣言》确认了可持续发展的观点，并对可持续发展进一步阐述为：“人类处于普受关注的可持续发展问题的中心。他们应享有以与自然和谐的方式过健康而富有生产成果的生活的权利。为了公平地满足今世后代在发展和环境方面的需要，求取发展的权利必须实现。”《里约宣言》是指导世界各国和国际社会，在环境与发展问题上共同行动的纲领性文件。大会还通过了《21 世纪议程》，这是一份为各国领导人提供下世纪在环境问题上战略行动的文件。环发大会最终达成了五个文件，取得了丰硕成果。与此同时，3 000 多个国际组织或国家的非政府组织的 25 000 人举行了“环境论坛”，与环发大会遥相呼应，造成相当大的环保声势，吸引了来自世界各地的数千名新闻记者。许多宗教团体积极参加环境运动，并提出明确的纲领。1993 年 8 月 28 日 ~9 月 4 日，来自世界各地的 6 500 名宗教人士在美国芝加哥举行会议，通过了《走向全球伦理宣言》。该宣言指出，对于一种更好的全球秩序，我们全部负有某种责任。“在这样一种严重的全球处境下，人类需要这样一种观点，即各族人民要和平共存，种族和伦理集团要联合，各宗教要分担关怀地球的责任”。宣言表达了人们对人类生存的忧患和虔敬，希望人们能够在伦理的基础上解决全球困境。

1997 年 6 月 5 日，由联合国环境规划署在汉城召开的会议上发表了《环境伦理汉城宣言》。该宣言明确地提出建立和宣传全球环境伦理思想的迫切性。宣言指出，为了保护人类赖以生存的地球，使地球上的生命得以持续，“在人类的21世纪，我们要重新审视我们的价值观和处世原则，因为正是这些观念和原则，构筑了人类和地球的关系。我们清醒地看到，人类需要一次根本性的改变，全球社会需要一套既可以保证环境资源的公平获取，又不致使自然超载的行动指南”。宣言通过对环境伦理的原则和行动指南的阐述，论述了环境伦理的基本内容，并从不同层次上指出，对各类组织和个人的环境伦理的基本规范和要求。《环境伦理汉城宣言》对建立全球环境伦理基础、提出具有指导世界各国政府、组织和公众行为等方面具有重要的实践意义。

14.2 平等观

在伦理上，公正即善，被看成是个人的美德和人的需要的一种合理的、公平的满足。社会生活仅仅靠个人的美德不足以维持，必须依靠社会制度上的措施和手段来促进。道德正义（公正）必须同社会正义（公正）包括政治的、经济的、法律的正义（公正）相结合。从传统上看，公正这一概念是社会制度的中心规范。它是为了分配社会“共同体”中的利益和负担而建立起来的。

在政治、经济上，公正指一种与社会发展的理想相符合，足以保证人们的合理需要和利益的制度。人们基本的合理的需要和利益能否得到保证，取决于社会制度的正义（公正）与否。而社会制度的正义（公正）的实质在于：怎样合理地将社会合作所创造的价值、财富和其他利益以及社会合作的负担或责任分配给社会成员；当这种合理分配被人违反而造成争端甚至社会冲突时，又怎样合理地、公正地加以解决。

从法与正义（公正）的关系来看：法是实现正义（公正）的手段，法的价值之一就在于实现正义（公正）。在法理学中，平等和公正属于法律责任的范畴。法律责任是一个由法律和责任组成的合成词。在法学上，法律责任是因侵犯法定权利或违反法定义务而依法发生的、由有责主体承担的义务。在实施或追究法律责任过程中必须遵循某些法律责任的原则，其中就包括责任平等原则与公正原则。

公正原则包括三个方面的内容：一是有责必究。从法律观点看，任何违法行为都是对合法权益的侵害或剥夺。侵害者被惩罚，剥夺者被剥夺，这是天经地义的，也是加害者咎由自取的。如果对这种行为不予追究，就意味着鼓励和容许人们从错误中渔利，那将导致是非、曲直、善恶的颠倒。二是要求责任与违法行为相适应。三是要求法律面前人人平等。

14.2.1 天赋价值与环境公正

在环境伦理学中，生命和自然界与人类一样有其生存的权利，而人类为了它们的生存必须履行某些伦理学上的义务。同样，面对生存的权利，自然界和人类一样，有责任维护公正与平等的原则。环境伦理学认为，自然界和生物与人类拥有同样的权利，这是师承了康德的道义论传统。康德认为，权利是天赋的，所谓“天赋人权”，即这种权利不是由他人或任何组织授予的，也不是由于人们做了某事而获得的。每一个人之所以同等地享有这种权利，是由于每一个人都具有一种“天赋价值”。

有的环境伦理学家认为，由于我们每个人都是一个拥有某种对我们自身而言是或好或坏的生活的生命主体，因而，我们每个人都拥有相同的、没有程度区别的“天赋价值”。然而，成为生命主体的上述特征，动物也具有，因而，动物也拥有值得我们予以尊重的“天赋价值”。动物的这种价值赋予了它们一种道德权利，即不遭受不应遭受的痛苦的权利。它们的这种权利决定了人类不能仅仅把它们当作能促进自身福利（利益）的工具来对待，而必须以一种尊重它们的天赋价值的方式来对待它们。

14.2.2　人类与非人类存在物的平等

人类与非人类存在物的平等问题，是环境伦理学中最有争议的问题之一。非人类存在物是否有资格获得与人类平等的地位？如果有资格的话，其范围又如何界定？

1. 人类中心主义的平等观

人类中心主义的核心观念是指：第一，环境道德仍然只是调节人与人之间关系的规范，人的利益是道德原则的唯一相关因素，在设计和选择一项道德原则时，我们只需看它能否使人的需要和利益得到满足和实现；第二，人是唯一的道德代理人，也是唯一的道德顾客，只有人才有资格获得道德关怀；第三，人是唯一具有内在价值的存在物，其他存在物都只有工具价值；大自然的价值只是人的情感投射的产物。

据此，人类中心主义认为，一切非人类存在物均不享有与人类平等的地位，人只对人负有直接的道德义务。人所负有的保护环境的义务，只是对人的一种间接义务，即人类保护环境，归根到底是为了自己的切身利益。不赋予非人类存在物以任何道德地位，并不意味着保护环境就没有了理论根据。采取人类中心主义也不意味着允许破坏环境。真正有利于人类的行为应当是人类在扩大自身福利的同时，不以牺牲环境为代价。

2. 动物中心主义的平等观

动物解放论和动物权利论主张把与人类平等的地位赋予人类之外的动物。在功利主义看来，快乐是一种内在的善，痛苦是一种内在的恶，凡带来快乐的就是道德的，凡带来痛苦的就是不道德的，而且，在计算一个行为的道德后果时，必须把受此行为影响的所有个体的利益都同等地考虑进去。感受痛苦和享受愉快的能力是拥有利益的充分条件，也是获得道德关怀的充分条件。辛格明确指出：“如果一个存在物能够感受苦乐，那么拒绝关心它的苦乐就没有道德上的合理性。不管一个存在物的本性如何，平等原则都要求我们把它的苦乐看得和其他存在物的苦乐同样重要。如果一个存在物不能感受苦乐，那么，它就没有什么需要我们加以考虑的了。这就是为什么感觉能力（用这个词是为了简便地表述感受痛苦，体验愉快或幸福的能力，尽管不太准确）是关心其他存在物利益的唯一可靠的界限原因。”

动物解放论者把能否感受痛苦和快乐作为是否享有与人类平等地位的标准。在他们看来，具有感觉能力的存在物至少拥有一种利益，即体验愉快和避免痛苦的利益。平等原则所关心的是“利益”，而不管这个利益的主体是谁。如果我们既不想违背平等原理（同等地关心每一个存在物的利益），也不想违背功利主义原理（追求最大限度的快乐，或把痛苦降低到最低限度），而把平等原理和功利原理贯彻到底，那么我们就必须把动物的苦乐利益也当作道德计算的相关因素，即它们也应享有与人类平等的地位。

动物解放论及动物权利论虽然主张动物应享有与人类平等的地位，但并不认为给予动物的待遇或权利必须绝对地一致。动物解放论者认为，应根据动物的感觉能力和心理能力的复杂程度，区别对待它们。这样做的理由主要是基于功利主义的考虑。同样的行为，给感觉和心理能力不同的动物所带来的功利是各不相同的;加在人和动物身上数量相同的痛苦给二者所带来的负面功利后果是非常不同的;挽救一个人的生命和挽救一个动物的生命所带来的肯定性功利后果也不可同日而语。动物解放论者承认,要精确地比较不同动物之间的功利是有一定困难的,但这种困难并不比我们在比较不同人之间的功利时所遇到的大。既然我们能对人际间的功利作大致的比较,那么,我们也可以对动物之间的功利进行大致的比较。

动物权利论者也认为,动物的权利与人的权利虽然都是不应侵犯的,但在特殊情况下,个体的权利也可以被侵犯。不过,这种侵犯必须同时满足下述三个条件:第一,对该个体权利的侵犯将阻止(而且是唯一现实的阻止方式)对其他无辜个体的更大伤害;第二,对该个体权利的侵犯是一系列措施中的一个必要环节,这些措施将从总体上阻止(而且是惟一现实的阻止方式)对其他无辜个体的更大伤害;第三,只有侵犯该个体的权利,我们才有希望阻止对其他无辜个体的更大伤害。

3. 生物中心主义的平等观

生物中心论者的道德视野还要宽,他们认为动物之外的生命也应当享有与人类平等的地位。他们的立场是基于以下四个信念。

(1)人是地球生物共同体的成员。人和其他生物都起源于一个共同的演化过程,而且也面对着相同的自然环境。他作为地球生命共同体的平等成员的资格,是与其他生物共享的。人的生存要依赖于其他生物,但其他生物的生存却不依赖于人类。人的消亡不会使其他物种遭受损失,也不会给自然环境带来不良影响。甚至从生命共同体及其真实利益的角度看,人在地球上消失无疑是值得庆幸的大好事。

(2)自然界是一个相互依赖的系统。人类和其他物种一样,都是这个相互依赖的系统的有机构成要素。在这个系统中,每一个生命的生存及其生存的质量,都不仅依赖于它所生存的环境的物理条件,还依赖于它与其他生命之间的关系。生存于特定生态系统中的任何一个生命或生命共同体都不是一座孤岛。任何一个生命或生命共同体的重大变化或灭绝,都会通过系统结构对其他生命或生命共同体发生影响。因此,人类对生命网的干预不应过大。

(3)机体是生命的目的中心。有机体的内部功能和外部行为都是有目标的:维持有机体的长久生存,并成功地使它的生物学功能得到正常发挥,使它的种类得到繁殖,并不断地适应正在变化着的环境。正是有机体拥有这样一些协调的、完整的功能,它才能够成为这些活动的目的中心。

(4)人并非天生就比其他生物优越。大多数人具有这样的信念:人拥有某种价值和尊严,这种价值和尊严是那些"低级"的生命所不具有的。对人的优越性观念或动物物种优越性观念的抛弃,就是对物种平等观念的接受。根据物种平等原理,一个生物,不管它属于哪个物种,它都应获得道德代理人的平等关心和关怀,在这个意义上,每一个物种都拥有同等的价值。每一个生物的"好"都被认为是值得当作目的本身,并且为了该生物而加以维护和促进的。道德代理人对它们所采取的唯一合适的态度就只能是尊重。

4. 生态中心主义的平等观

生态中心论的道德视野最宽,它更加关注生态共同体而非有机个体,因而是一种整体主义、而非个体主义的伦理学。生态中心主义包括三个方面的理论。

(1)大地伦理学

在大地伦理学看来，由于多样性有助于共同体的稳定，因而属于珍稀和濒危物种的生物个体理应优先加以关怀；而那些在大自然的经济系统中发挥着特别重要功能的动物（如蜜蜂）所获得的道德关怀，也应多于那些虽具有较复杂的心理能力和感觉，但数量庞大、遍布全球、繁殖力强的动物（如老鼠）。据此，大地伦理学反对动物解放论那种把快乐和痛苦视为善恶标准的观点，把对野生动物的保护置于优先的地位。

当然大地伦理学的理解有缺陷。如果我们真的要根据生物共同体的"好"来定义行为的正确与错误，那么个体成员（包括人类个体）确实可能得为了共同体的"好"而作出牺牲。我们应该把"生物共同体的完整、稳定和美丽"仅仅当作一个新的因素引入伦理学，既要从道德上关心生物共同体的完整、稳定和美丽，又要考虑社会的正义、自由以及人的潜能的实现。我们必须在科学和良知的引导下作出自己的选择。在很多情况下我们确实不知道，哪种行为能够或不能够维护生物共同体的完整、稳定和美丽；在人际义务和种际义务发生冲突时，我们也很难确保每一个具体场合都作出绝对正确的抉择。我们可以用来指导自己的选择的，主要就是我们内心拥有的倾向于维护生物共同体的完整、稳定和美丽的态度、倾向和信念。

（2）深层生态学

深层生态学的第一个基本规范就是，每一种生命形式都拥有生存和发展的权利。为了吃饭，我们不得不杀死其他生命，但若无充足理由，我们没有任何权利毁灭其他生命。深层生态学的另一基本规范是，随着人们的成熟，他们将能够与其他生命同甘共苦。现在我们已经掌握了随意毁灭其他生命的工具，但我们对其他生命的情感却十分不成熟。前一规范即生物圈平等主义，后一规范即自我实现论。自我实现同时也意味着所有生命的潜能的实现。与生物中心论相比，深层生态学的生物圈平等主义并无多少新内容，它的独特贡献主要是自我实现论。深层生态学所理解的"自我"是与大自然融为一体的"大我"。自我实现的过程就是逐渐扩展自我认同的对象范围的过程。通过这个过程，我们将把"自我"理解并扩展为"大我"，从而缩小自我与其他存在物的疏离感，把其他存在物的利益看作自我的利益。

（3）自然价值论

生态系统享有平等地位的原因在于，它享有客观的内在价值。价值属性的最重要特征就是它的创造性。"自然系统的创造性是价值之母，大自然的所有创造，只有在它们是自然创造性的实现的意义上，才是有价值的……凡存在自发创造的地方，就存在着价值。"自然物身上所具有的创造性，使得具有价值的自然物不仅极力通过对环境的主动适应来求得自己的生存和发展，而且彼此之间相互依赖、相互抗争的协同演化也使得大自然本身的复杂性和创造性得到增加，使得生命朝着多样化和精致化的方向演化。大自然不仅创造出了各种各样的价值，而且创造出了具有评价能力的人。并不是人赋予自然以价值，而是自然把价值馈赠给人。

工具利用的角度来评判其他有机体和地球资源，也从内在的角度来评价某些事物。因此，工具价值和内在价值都客观地存在于生态系统中。生态系统让各种价值在其怀抱中争奇斗妍，它本身也因此而变得更加美丽。就其对共同体的贡献而言，工具价值与内在价值难分伯仲。生态系统是一个网状组织，在其中，内在价值之结与工具价值之结是相互交织在一起的。另一方面，有机体只护卫它们自己的身体或同类，但生态系统则促进新的有机体产生；物种只增加其同类，但生态系统却增加物种种类，并使新物种和老物种和睦相处。自然选择来自生态系统，而且是被强加在个体之上的。由于生态系统本身也具有价值，一种超越了工具价值和内在价值的系统价值，因而，我们既对那些被创造出来作为生态系统中的内在价值之放置点的动物个体和植物个体负有义务,也对这个设计与保护、再造与改变着生物共同体中的所有成员的生态系统负有义务。

14.3 人类内部的代际平等和代内平等

14.3.1 代际和代内平等

1. 代内平等问题

代际平等即当代人与后代人之间的平等,是可持续发展观的核心内容之一,也是其基本目标。它要求在当代人与后代人之间共同分担发展的权利与代价。这种平等保证了经济、社会、生态系统的持续性以及人类未来的发展空间。坚持代际平等是基于以下的考虑:

首先,持续生存和不断发展是人类社会的两个根本目标,符合人类的根本利益。人类是自然长期进化的产物,又是自然物质演化的最高形态。人不仅具有自然属性,而且具有社会属性,自然属性和社会属性统一体现在人类活动之中。人的自然属性是人从动物那里继承下来的生物特性;人的社会属性是人作为"有意识的存在物"所具有的属性。在这个意义上看,人不仅具有生理特点,还具有心理特点,即可以通过思想、智慧和自主行为,有意识地改造自然,从数量和质量两个方面来满足自己不断增长的需求,并维系种族的繁衍和发展。

其次,自然环境制约着人类社会的发展。自然环境是人类赖以生存的基本条件,为人类提供必需的自然资源和活动空间,在任何情况下,人都要受到自然的影响。迄今为止,地球是我们发现的唯一适合动植物生存的场所,如果离开了这个场所,人类就无法生存。另外,人类和自然属性决定了人类始终是地球生态系统的一部分。生态系统具有自我调节的功能,但其承载力、缓冲力和恢复力都是有限度的,如果超过这个限度,整个系统将会失衡、甚至崩溃。上述三个限度综合起来决定了人类社会发展的环境容量,这是自然环境给人类活动设下的不可超越的界限。

最后是人类社会发展的历史教训。在农业文明时代,由于发展不当带来生态环境恶化从而使文明衰落的例子屡见不鲜。最典型的要数发祥于幼发拉底河和底格里斯河流域的古巴比伦国,巴比伦人在创造灿烂文明的同时忽视了对生态环境的保护,大自然的报复终于降临了,2 000 年前漫漫黄沙使巴比伦国销声匿迹。

解决代际公平问题的关键在于建立"正义的储存原则"。就目前而言,这个原则不可能用精确的储存率(储存什么、储存多少、如何储存)来确定,而必须通过另一个原则即人与自然和谐相处的原则来加以落实。具体地说,就是当代人以及每一代人在满足本代人的生存和发展需要的同时,应当使资源和环境条件保持相对稳定性,从而持续供给后代。通过这一原则,我们实际上是把代与代之间的公平问题放到了每一代人内部的实践中来解决。

2. 代内平等问题

从伦理学上看,可持续发展观念的核心是平等与和谐:平等包括代际平等以及不同地域、不同人群之间的代内平等;和谐则是指全球范围的人与自然的和谐。因此,代内平等问题也是可持续发展观的重要内容,它要求在区域内部不同利益集团之间、不同区域之间、不同国家之间以及穷人富人之间,对资源利用和环境保护所带来的收益与支付的代价,进行公平的负担和分配。事实上,人与自然的和谐,当代人与后代人的之间平等,都以同代人内部的平等为前提。

首先,人与自然关系的和谐,有赖于人与人之间关系的和谐。调节人与自然的关系,首先需要调节社会关系。如果人与人的关系尚不能贯彻平等原则的话,那么人与自然之间的和谐是不可能实现的。其次,代际平等必须以代内平等的实现为前提。一方面,代内平等问题的解决将为解决代际平等问题提供财富和生态环境等物质基础,又会创造经济、政治、社会、文化等多种制度条件和方法论基础。另一方面代内平等问题又往往优先于代际平等问题。这不仅是因为代内平等问题更具现实性和紧迫性,而且因为如果人们连代内平等问题都不能解决,那么又怎能相信会通过当代人为后代人的代理来解决代际平等问题呢?无论是不同地区之间、不同种族之间,还是不同国家之间,代内平等问题都优先于代际平等问题。

在当代社会中,代内不平等的现象主要表现在:①执法方面的不平等;②使用环境资源的收益与支付的代价之间的不平等;③环境资源经济利益分配方面的不平等;④国际贸易与跨国公司的环境规则方面的不平等;⑤污染物的处置和转移方面的不平等;⑥借口环境保护干涉他国内政。

为了克服环境问题中的代内不平等现象,在国家之间处理相关问题时应遵循以下原则:①发展选择权的平等原则;②地球公共资源享用权的平等原则;③资源耗用效益的平等原则;④环境成本分摊的平等原则;⑤国际经济技术合作的平等原则;⑥国际贸易中环境规则的平等原则;⑦国际环境政治的平等原则。

14.3.2　总体评价

对西方环境伦理学各流派的观点,我们要实事求是地加以对待,吸收他们的合理之处,摒弃他们的各种偏见,在此基础上树立自己的平等观,并且把对人与人之间关系的调整当作环境伦理学的主线和解决人与自然之间关系的突破口。在相当长的历史时期内,我们仍应把对全球资源的公平分配、对不公平的国际关系的调整、对与环境有关的人际利益的重新分配等,当作自己所要解决的首要问题。

对于非人类中心主义,不管你是否认同或信奉,但它对强人类中心主义的批判;扭转人类把自然当作资源库,对自然资源进行无情疯狂的掠夺的态度;揭露对物质生活的享乐主义的追求;指出忽视精神生活质量的提高而出现的种种社会弊端;强调培养和增进热爱自然的思想感情,与自然和谐相处等,对于所有这些,它都是功不可没的。

但是,西方非人类中心主义的种种观点和主张,并不是西方环境运动的主流意识形态,不是发达国家决策集团与能够影响决策层的精英集团的思想主流,所以,它们并不能促成发达国家的政策变化。另一方面,主张这些观点的西方非政府组织,也经常指责发展中国家的环境问题,他们只从部分环境伦理学出发,而没有充分认识环境平等的重要性。不解决环境平等问题,可持续发展的模式难以建立,传统的经济发展模式难以转变。

虽然环境伦理学在发达国家发源和传播,但他们仍被人类中心主义统治着。他们以西方自己的利益为中心,而不是以全人类的利益为中心;发达国家在促使本国环境生态质量明显提高的同时,并未有效约束自己恶化全球环境质量的行为;他们不愿执行削减温室气体的京都协议书,不愿无私地对发展中国家进行环境方面的经济技术援助;不愿意削减或减免发展中国家对他们的债务;他们继续半公开地或隐蔽地向发展中国家转嫁环境污染;总之,在治理全球环境的责任和措施方面,他们与发展中国家有着全面的激烈的争论。

在发展中国家,对本国经济社会现实有深切了解的非人类中心论者与对本国环境现实有深切了解的弱人类中心论者,他们的实际主张(特别是在政策方面)并无很大差别;对于国际层面的环境主张,两者更趋一致。而发展中国家的人类中心主义者与发达国家的人类中心主义者,发展中国家的非人类中心主义者与发达国家的非人类中心主义者,他们之间在理论上、实践上都有相当大的距离。这都是国际间的环境不平等造成的。好在国际间有了一个普遍承认的共同的政策:可持续发展战略和许多国际间的协议,据此可以进行有理、有利、有节的斗争。

第15章　环境伦理与环境法制

环境伦理学是关于人与自然关系的伦理信念、道德态度和行为规范的理论体系，是一门尊重自然的价值和权利的新的伦理学。它根据现代科学所揭示的人与自然相互作用的规律性，以道德为手段从整体上协调人与自然的关系。它不是传统伦理学向自然领域的简单扩展，而是在人类反思生态环境问题的基础上产生的一门新兴学科。

在我国走向现代化的进程中，环境问题引起了人们的普遍重视。由于人口剧增、土地与人口的矛盾加剧，水资源、森林资源、野生动物和水生物种减少。城市化过程中，城市环境质量严重下降，大气污染、噪音污染、垃圾污染等，都严重阻碍了中国的经济发展。中国要避免工业国家的“先污染，后治理”的传统发展模式，必须走一条人口、经济、社会环境和资源相互协调的可持续发展道路。由于受经济、社会、公民文化素质等条件的制约，我国没有充分重视环境道德的教育理论与实践研究。国家政府、环保部门、教育部门仍未携手来落实强化环境道德建设的有关问题，民众的环保意识仍比较弱，中国的环境道德建设仍任重道远，必须加强我国的环境道德建设，唤起人们对自然的道德良知。

15.1　决策中的环境伦理与环境道德建设

15.1.1　决策中的环境伦理

生态环境是公共财富，生态环境利益是公共利益。面对经济发展与生态环境保护的大量冲突，政府和企业的决策至关重要。决策的科学与否，对环境保护影响极大。环境问题的产生有着各种各样的因素，其中一个重要的原因，就是在涉及经济和社会发展重大问题的决策过程中，由于环境意识的缺失，没能充分考虑环境的影响，忽视了环境的承受能力，最终导致了经济发展产生的环境压力与环境实际承受能力失去平衡和协调，引起了大量决策失误问题，从而导致灾难性的生态破坏。目前一些森林采伐、农业综合开发、水利工程建设和旅游开发等，由于环境管理薄弱，没有对开发可能造成的区域和流域的生态平衡破坏进行分析与评价，没有采取必要的生态保护措施，由此给生态环境造成的负面影响十分严重。

我国历史上因决策失误导致灾难性生态破坏的教训是十分惨痛的。新中国成立后在相当长的一段时期所实行的“以粮为纲”的单一农业生产方针，使全国很多地区出现了盲目、过度地“毁林垦荒”、“围湖造田”、“湿地开垦”、“草地农垦”以及在宜林、宜牧的丘陵坡地开垦种植和“乱采乱挖”、“滥捕滥猎”等行为，导致很多地方生态平衡严重失调，至今我们还在深受其生态破坏后果的危害。大量错误决策突出表现在：第一，决策急功近利。考虑的只是眼前利益，往往作出短期行为选择。第二，盲目追求“高速度”发展。决策时只求数量不求质量，盲目追求经济发展的高速度。第三，违背自然规律，忽视生态环境的承载力。第四，牺牲资源环境求发展。在决策时重资源开发，不重环境的保护，把“先破坏后整治”、“先污染后治理”作为资本原始积累的正常途径。

以上分析说明,确立环境伦理在当今社会经济发展各项决策中的地位,是实现科学化决策的必要措施,也是减少和避免决策失误导致生态破坏的一个基本环节。环境伦理应当为决策提供环境伦理方面的要求,从道德的角度规范决策行为。首先,科学认识生态环境的价值是决策的基础。其次,决策要体现人与自然协同发展的价值原则。人与自然协同发展的环境道德原则要求在人们活动与自然的活动之间,在技术圈与生物圈之间,在发展经济与保护环境之间,在社会进步与生态优化之间保持协调,不以一个方面去损坏另一个方面。人类应在追求健康而富有成果的生活的同时,不应凭借手中的技术和资金,采取耗竭资源,破坏生态、污染环境的方式求得发展,它倡导的是把生态经济效益、社会效益、经济效益的统一作为至上的道德价值目标。最后,决策者应对决策承担环境道德及其相关责任并借助经济和法律手段引导和保障绿色决策。

环境是人类社会赖以建立的最根本的资源。它影响到社会活动的各个方面,任何改变环境的行为都会产生广泛的影响。为使决策充分考虑环境因素,特别是社会经济计划对环境产生的各种各样的可能影响,政府在制订计划时,应该促使政府机构、工业界、科技界、环境保护团体和社会公众之间开展广泛的对话,促进决策的民主化、科学化。

15.1.2　目前我国环境道德危机的表现形式

第一是人与自然之间的环境道德关系堪忧。一类是由于人们不合理地开发利用自然资源所造成的环境破坏,另一类是由于城市化和工农业高速发展引起的环境污染。包括耕地迅速减少、森林面积下降、环境污染严重等问题。其中环境污染主要包括大气污染、水污染、废弃物污染及噪音污染。

第二是受人与自然环境道德关系影响的人与人之间的伦理。受人与自然环境道德关系影响的人与人之间的伦理问题的尖锐性主要表现在两个方面:1. 代内不平等。代内不平等指的是当代人在利用自然和环境、满足自身利益上的机会不平等。代内不平等主要反映在南北问题上。2. 代际不平等。代际不平等现象比比皆是,由于人类历史是一个延续的过程,而环境资源具有稀缺性,我们现在多消耗一分的非再生资源,我们的后代将要少消耗一分;我们现在对可再生资源的开发如果超过其再生速度,就破坏了其再生性,我们的后代就不能再开发利用了。

15.1.3　如何加强我国的环境道德建设

为加强我国的环境道德建设应做到:1. 构建环境伦理道德规范,包括热爱自然、保护自然、适度生产、合理利用、控制人口、文明消费、经济发展与环境保护并重,这就使人们有章可循。2. 强化环境意识,培养理性生态人。通过对全民进行正确的自然观、消费观、发展观的教育,使人人具有环境意识。3. 制订完备的法律,加强严格的环境管理。法律是硬约束,管理是硬手段,只有依靠法律和管理,环境道德建设才能取得成功。4. 运用经济手段,包括使环境成本内部化、使环境保护产业化来推进环境道德建设。

从社会系统论的角度来看,城市是社会总体系统中发育最为典型、政经资源富集、文化辐射力最强的社会区域。实现城市的可持续发展可以说既是整个人类社会可持续发展的重要内容和关键部位,同时又是实现人类其他社会领域可持续发展的重要条件和关键手段,其原因是因为每个现代城市都是一个区域性的人口聚集中心、科教文化中心、工商贸易中心和行政管理中心,通过城市的可持续发展无疑可以有力地引导和带动周边社区的可持续发展。

相对于实现城市可持续发展这一特定目的任务来说,加强环境道德建设的基本内容与对策可作如下概括。1. 更新传统的环境道德观念。在当代全球范围内所以会出现如此严重的危及城市人类生存与发展的环境问题,有着深刻的认识论根源,这主要就是人们长期以来所奉行的人类沙文主义、狭隘团体本位主义、极端个人主义的环境道德观念。要认识到地球上的一切生物都是自然意志的体现和自然力量的象征,它们源于自然运行法则,也都有按照生态学规律持续存在下去的权利。任何违抗自然意志和自然法则的对生物自然权利的侵犯、伤害乃至剿灭行为最终会遭到自然的惩罚和打击。任何生物物种都不可能长期获得超越生态学规律之上的自然生活的特权。人类作为地球生物系统中智能水平最高的物种享受到了最为巨大的自然权利,但最巨大的权利意味着最巨大的责任,人类必须自觉地意识到自己的这种自然责任、充分履行好自己的保护生物多样性、维持地球生态平衡的义务。更新环境道德观念从微观的城市人类个体的层次上说,则必须扭转长期盛行的极端个人主义环境道德观,树立起个人目标同人类目标相统一、个人利益同集体利益相协调的新的环境道德意识,使每个城市人在享用环境权利的同时尽到相应的环境道德责任和义务。2. 使广大市民充分认识环境道德价值。人类作为环境进化的产物是一个自然人因而具有生物的一般属性的结果,每个人都需要以适宜的外部环境作为其生存的基本条件,需要通过与环境进行物质和能量的交换同自然界保持平衡关系。研究表明,人体内的各种化学成分的平均含量与地壳中各种化学元素的丰度是相适应的,人体总是通过自身的内部调节去适应外部环境的变化,人类对于环境具有高度的适应关系。如果人类以牺牲自己的生存环境为代价来满足一时的消费需要,这无异于饮鸩止渴、自寻绝路。

15.2　环境立法

环境法是当代法律制度的重要组成部分,它的一个显著的特点是用法律的形式规范了人们在环境事务方面的权利和义务。在传统的法律中虽然也涉及了保护环境和资源的内容,但从来没有像今天这样突出,不但在一般法律中有所规定,而且形成了独立的环境法律体系。环境法发展到今天,它另外一个显著的特点是,环境法还要体现人与自然的关系,而这种关系还要受自然规律和生态规律的制约和支配。这正是环境法治与环境伦理的结合点。

所谓环境立法,是指立法机关通过制定法律法规规范人与环境的关系的法律行为,主要表现为保护自然资源、限制自然资源的使用。环境立法是针对环境保护制订的法律,并不是包含环境的法律都是环境立法。例如:对环保产业的税收立法,属于税法而不是环境法;要求政府增加环保产业投入的立法属于财政收支法而不是环境法;规范经济转型的立法属于经济法而不是环境法;促进环保科技进步的立法属于科技法而不是环境法。总而言之,环境立法仅限于直接的自然环境保护、限制自然资源的使用。

15.2.1　环境立法的目的

随着我国社会主义建设的发展,特别是社会主义市场经济体制的建立,20 年来我国的环境与自然资源保护工作不断面临着新的挑战和问题。就在迅速增长的经济如火如荼地开发建设活动的同时,我国有些城市已被列入了世界空气污染最严重城市的前列,淮河形成了全流域污染、长江流域连年水灾、黄河严重断流、水土在流失、森林在消失、草原在退化……，所有的一切都说明我国的环境法制还存在很多问题，正确有效地解决这些问题，是完善我国环境法治的关键所在。而解决这些问题的关键恰是修改和完善我国环境法的目的。

15.2.2 关于环境权的论述

1972 年在瑞典斯德哥尔摩召开的第一次人类环境会议发表的《人类环境宣言》提出“人类有权在一种能够过尊严和福利的生活的环境中，享有自由、平等和充足的生活条件的基本权利，并且负有保护和改善这一长期和将来的世世代代的环境的庄严责任。”

一般认为，公民环境权是基本人权的组成部分之一，它既是自然人的人权，又是法人或非法人组织的权利。

公民环境权具体包括享有自然、资源与环境的权利，参与环境事务的权利等。

国家环境权对内表现为对自然、资源、环境的国家所有权和行政管理权，对外表现为国家领土范围内对自然、资源、环境的开发、利用、保护、管理的独立自主权，以及保护本国环境及国民不受境外污染和破坏的权利、地球环境资源的共享权利以及参与国际环境事务的权利等。

可持续发展理论环境权包括代内环境权的公平问题；代际环境权的公平问题，当代人要考虑子孙后代的生存与发展，必须理智地行使自己的环境权；人类的环境权与自然具有的权利的和谐问题。

15.2.3 中国的环境法体系

从 1979 年第一部环境保护基本法《环境保护法(试行)》颁行以来，经过 20 多年的发展，中国已经形成了基本健全的环境法体系。这个体系包括有关保护和改善环境与自然资源、防治环境污染和其他公害的各种法律规范文件。中国的环境法是由宪法、法律、行政法规、地方性法规、规章及我国缔结或参加的国际环境法组成。它们之间层次分明，界定准确，相互关联，相辅相成。

我国环境保护的立法，按照法律的位阶，主要包括以下几个方面。

1. 宪法

《中华人民共和国宪法》第 9 条规定：矿藏、水流、森林、山岭、草原、荒地、滩涂等自然资源，都属于国家所有，即全民所有；由法律规定属于集体所有的森林和山岭、草原、荒地、滩涂除外。国家保障自然资源的合理利用，保护珍贵的动物和植物。禁止任何组织或者个人用任何手段侵占或者破坏自然资源。第 22 条第 2 款规定：国家保护名胜古迹、珍贵文物和其他重要历史文化遗产。第 26 条规定：国家保护和改善生活环境和生态环境，防治污染和其他公害。

2. 环境保护基本法

1989 年 12 月颁布的《中华人民共和国环境保护法》是环境保护的基本法，对环境保护的目的、任务、对象、基本原则、重要措施、管理制度、组织结构、法律责任等都作出了原则性的规定，但是还需要与之配套的环境与自然资源保护的单行法作出具体规定，所以《环境保护法》是环境保护综合性的基本法。

3. 环境保护单行法

(1)污染防治单行法是针对环境污染防治和环境要素保护的法律，针对性强，有特定的调整对象,如《大气污染防治法》、《水污染防治法》、《环境噪声污染防治法》、《固体废物污染环境防治法》、《放射性污染防治法》等。

(2)保护自然资源的单行法是指以合理开发、利用自然资源为目的而制定的法律。如《水法》、《矿产资源法》、《渔业法》、《煤炭法》、《土地管理法》等。

(3)保护生态环境的单行法是指保护生态环境,防止生物多样性破坏而制定的法律。如《森林法》、《草原法》、《野生动物保护法》、《水土保持法》、《防沙治沙法》等。

4. 环境保护行政法规

环境保护行政法规包括国务院环境与资源保护的行政法规,如《建设项目环境保护管理条例》、《城市市容和环境卫生管理条例》、《医疗废物管理条例》等;环境行政主管部门以及其他行政机关制定的环境与自然资源保护的规章;地方性环境法规或规章。

5. 政府部门规章

政府部门规章是指国务院环境保护行政主管部门单独发布或与国务院有关部门联合发布的环境保护规范性文件,以及政府其他有关行政主管部门依法制定的环境保护规范性文件。政府部门规章是以环境保护法律和行政法规为依据而制定的,或者是针对某些尚未有相应法律和行政法规调整的领域作出相应规定。

6. 环境保护地方性法规和地方性规章

环境保护地方性法规和地方性规章是享有立法权的地方权力机关和地方政府机关,依据《宪法》和相关法律制定的环境保护规范性文件。不能和法律、国务院行政规章相抵触。

7. 环境标准

环境标准是环境保护法律法规体系的一个组成部分,是环境执法和环境管理工作的技术依据。

8. 环境保护国际公约

环境保护国际公约是指我国缔结和参加的环境保护国际公约、条约和议定书。国际公约与我国环境法有不同规定时,优先适用国际公约的规定,但我国声明保留的条款除外。

15.2.4　我国环境法立法中存在的主要问题

目前我国环境立法中依然存在着很多不容忽视的问题,例如科学发展观尚未成为我国环境法立法的指导思想,环境立法规律性不强,环境立法层次低、技术低,环境立法内容偏于原则化,缺少可操作性,环境立法程序透明度不足,民主性不够,环境权尚未写入宪法等。这些问题需要日益完善和补充。

15.2.5　国际环境法

国际环境法是调整国际社会在开发、利用、保护和改善人类环境过程中而产生的国际社会关系法律规范的总和。国际环境法是融合环境法和国际法等多种法律而形成的自成体系的一个独立的法律分支。

国际环境法的主体是国际社会中为开发、利用、保护和改善人类环境而产生的权利和义务关系的参与者。国际环境法的主体可分为主权国家、国际组织、法人(企业、社团)、自然人。

国际环境法的客体是国际社会中为开发、利用、保护和改善人类环境而产生的权利和义务关系所指的共同的对象。包括全球的生态环境系统,如全球气候、土地、海洋、森林、生物多样性等,包括区域的生态环境系统,如河流、湖泊、自然保护区、珍稀濒危野生动植物物种、城市环境等。

15.3 环境法的基本原则与环境伦理的基本原则

15.3.1 环境法的基本原则

1. 协调发展的原则

协调发展原则是指经济建设和社会发展的规模和速度要充分考虑环境与资源的长期承载能力,使环境和资源既能满足经济建设和社会发展的目标,又能够使环境保持在满足当代人和后代人对环境质量的要求水平上,也是指环境保护要适合经济建设和社会发展,环境保护不能阻碍经济建设和社会发展,而是有利于经济建设和社会发展。协调发展原则是要求人与自然、经济发展与环境保护的协调发展。

2. 尊重环境权原则

尊重公民环境权和国家环境权是环境法最基本的原则。尊重公民环境权原则,是指在环境保护事务中,公民有权通过一定的程序或途径对与环境利益相关的活动以维护公民自身的环境权益。一般认为应包括知情权、监督权、举告权和赔偿权等。尊重国家的环境权原则,包括尊重主权国家依据国内法行使保护和管理管辖区内环境的权利,也包括尊重自然资源和环境的国家主权原则。

3. 可持续发展原则

可持续发展环境伦理的基本原则应当是生态与经济的可持续发展原则,它强调人类在追求生存与发展权利时应保持与自然或生态资源的和谐关系,强调当代人在创造和追求当今经济发展与消费时应承认并努力做到使自己的机会与后代机会均等。它具体表现为:经济公平、生态公平与伦理公平相结合的全面公平原则;经济效率、生态效率与伦理效率相统一的综合效率原则;经济和谐、生态和谐和社会和谐相贯通的互动和谐原则等。

4. 预防原则

预防原则是人类对待环境污染和生态破坏的基本对策,也是为了减少损失和避免付出高昂的代价而作出的理智选择。预防原则是预防为主、防治结合、综合治理原则的简称,是指在环境保护工作中,要把工作重点放在预防环境污染和破坏上,同时对已经造成的环境污染和生态破坏,要积极采取多种手段,进行综合治理,只有防治结合,才能不断改善环境质量。仅有治理,难于根治环境问题,更重要的是防止发生新的环境污染和破坏。如果只治不防,其结果是治不胜治。

5. 协同合作原则

环境问题是没有边界的,它可以形成局部环境问题、区域性环境问题或全球性环境问题。譬如河流污染是流域性的,酸雨污染是区域性的,而温室气体效应和臭氧层破坏则是全球性环境问题。因此解决环境问题必须靠不同地区、不同国家乃至全世界的通力合作。这就是环境法依据的协同合作原则。《人类环境宣言》规定:"有关保护和改善环境的国际问题应当由所有国家、不论其大小、在平等的基础上本着合作精神来加以处理,必须通过多边或双边安排或其他合适途径的合作,在正当地考虑所有国家的主权和利益的情况下,防止、消灭或减少和有效控制各方面的行动所造成的对环境的有害影响。"在实施协同合作的原则时,还要根据历史成因和现实状况,实行"共同但有区别的责任"原则,强调"发达国家应当负更大的责任"。同时也提出发达国家应支援发展中国家。

15.3.2 一般环境法体现的环境伦理原则

我们把环境法的基本原则与环境伦理的基本原则相比较就会发现,环境法吸纳了环境伦理的基本原则,环境伦理原则又以环境法为其表现形式。一般环境法所体现的环境伦理原则主要有以下几个方面。

1. 维护人、自然界和其他生命价值和权利

维护人的价值和权利,体现在环境法中关于尊重环境权的论述中。人是自然界的产物,是地球生命系统中的一个组成部分,人和其他生命形式一样,要从自然界获取物质和能量才能维系生命。因此他享有利用自然、开发自然、能够过上富有和健康的生活并且得以生息繁衍的权利。在人类传统的哲学思想中维护人的价值和权利是毋庸置疑的,在当代环境伦理中所要强调的是人类要有理智地约束自己的行为,在尊重自然界和其他生命的价值和权利的同时,自己也获得了尊重。

2. 维护地球的整体性

对地球环境与资源的保护,是为了给全人类和世界各国提供一个物质基础,创造一个公平的发展机会,体现了环境伦理学所主张的国际公正原则。许多环境伦理学家都曾呼吁,地球是唯一适合人类栖息的星球,人类的命运和地球的命运已相互交织在一起,对人类的爱和对地球的爱已密不可分。

3. 维护经济与社会的协调发展

环境法所维护的协调发展是指环境保护同经济建设、社会发展相协调,将经济建设、城乡建设、环境建设同步规划、同步实施、同步发展,达到经济效益、社会效益、环境效益的统一。

4. 维护环境与资源的永续利用

环境法立法的主要原则就是维护环境与资源的永续利用,当代人不能竭泽而渔。在这一点上,环境法原则与环境伦理原则达到了高度的一致。

15.3.3 专门法体现的环境伦理原则

1. 不同法规体现的环境伦理

(1)森林法体现的环境伦理

有关森林方面的法律,中国国内环境法中有《森林法》,国际环境法中有《关于森林问题的原则声明》等。它的立法目的在于保护森林资源的永续利用和多种生态功能。体现了如下一些重要环境伦理原则:尊重人类对森林多种需求权;维护森林系统的完整性,正确处理砍伐与养育、开发与恢复、消耗与补偿的关系;关注森林系统的其他生物;规范人类对待森林的道德行为。

(2)生物多样性公约体现的环境伦理

1992年联合国环境与发展大会开始签署的《生物多样性公约》,其目的、原则及规定全面体现了环境伦理学的价值观和基本原则。包括尊重生物、生命的价值及其内在价值;享有使用的权利和保护的责任;强调国际合作。

(3)资源法体现的环境伦理

资源法是环境法体系中非常重要的数量较多的法律,它的保护对象包括水资源、土地资源、矿产资源、生物资源等。资源法体现了环境伦理学主张的爱护和保护自然资源,公正和平等分配资源利益的基本原则。充分认识自然资源的价值,强调自然资源的永续利用,协调资源开发利用过程中的利益关系,规定生态系统恢复和重建的责任。

2. 环境法的实施

(1)环境法实施的一般情况

环境立法、环境执法和依法行政构成了环境法治的全部过程。环境法治不是孤立地存在于人类社会之中,它要受社会各种因素的影响。国际环境法治受国际大环境的影响,国内环境法治又与中国经济社会发展阶段密切相关。

各国在加强环境法实施方面的努力,主要表现在如下几个方面:许多国家将环境执法和环境立法置于同等重要的位置,一些国家开始将环境执法作为环境法制建设的重点;加强环境法的宣传教育和人员培训,普及环境法的知识;强化国家环境监督管理体制的建设;污染源单位的责任和违反环境法的责任越来越明确、具体,自觉遵守环境法的程度在提高;环境法中的确定性、强制性规范增加,禁止性、处罚性、奖励性措施增加;加强对环境纠纷的处理;对环境违法犯罪行为的打击、处罚程度增强等。

中国在环境保护方面作出的巨大努力得到了国际社会的积极评价。在经济高速发展的情况下,环境污染加剧的趋势从总体上开始得到基本控制,部分城市环境质量、局部地区大气环境质量和水环境质量有所改善,对自然资源的保护和管理得到了加强,生态环境保护也逐步积累了一些经验,公众环境意识普遍增强。如为了实施1989年《控制危险废物越境转移及其处置巴塞尔公约》,我国就前后制定了《固体废物污染环境防治法》、《废物进口环境保护管理暂行规定》等。

(2)国际环境法实施

国际环境法的实施是指国际环境法主体行使国际环境权利、履行国际环境义务的活动。实施的目的是实现国际环境法的法律规范,因为国家是国际环境法的基本主体,国际组织有时也是国际环境法的主体,所以,实施国际环境法的主要是国家,有时也包括国际组织的实施活动。

①实施国际环境法的途径包括国内实施和国际执行

a. 国内实施:环境条约一般都要求缔约国在其国内采取措施履行条约。环境条约在国内的实施包括两个方面,一是制定有关履行条约的法律、法规和其他法律文件;二是执行有关履行条约的法律、法规和其他有关的法律文件。

b. 国际执行:国际执行是指国际环境法的主体通过具有管辖权的国际司法机构或国际组织的裁判程序迫使违反国际环境义务的国家或缔约方履行其国际环境义务,或从该国或该缔约方取得赔偿的活动。国家的执行可因两种情况引起:第一类是某个国家的环境权益受到他国不当行为的侵害。在这种情况下,国际法承认受害国依照国际法对加害国提出要求停止侵害和给予赔偿的权利。第二类是国际不当行为对国家管辖范围以外的环境造成损害。关于这个问题,国际环境法和国家的实践目前处于很不发达的阶段。国际环境法尚未承认一国享有代表国际社会对损害国家管辖范围以外的环境的国家提起类似于国内法中的集体诉讼的权利。从保护全球环境的角度看,这项权利最终需要得到国际社会的承认,其前提是,它必须是一项以国家主权原则和共同但有区别的责任原则为根据的平等的权利,而不是一项可以被少数国家用来限制别国的发展和为本国谋取私利的手段。

②国际环境管制手段

国际环境管制手段是指国际社会采用的、由国际环境法规定的、调整国际环境法律关系的各种具体措施。大致分为:直接控制手段和间接管制手段。直接控制是目前国际环境法的主要实施手段,国际环境法中的直接控制手段主要有环境标准、环境影响评价、关于报告和情报交流的规定和综合污染控制。间接管制手段就是经济手段,它指的是从影响成本效益入手,引导经济当事人进行选择,以便最终有利于环境的一种手段。

③国际环境争端的解决

在国际环境法的实践中,解决国际环境争端的方式主要有谈判、协商、调解、仲裁和司法解决。人们通常将前四种方式称作外交解决方式,将后两种方式称为法律解决方式。

参考文献

[1]钱易,唐孝炎.环境保护与可持续发展[M].北京:高等教育出版社,2000.
[2]张坤民.可持续发展论[M].北京:中国环境科学出版社,1997.
[3]徐嵩龄.环境伦理学进展:评论与阐释[M].北京:社会科学文献出版社,1999.
[4]王耀先,陈剑澜.可持续发展的环境伦理观[M]//徐嵩龄.环境伦理学进展:评论与阐释.北京:社会科学文献出版社,1999.
[5]罗国杰.伦理学名词解释[M].北京:人民出版社,1984.
[6]倪跃峰.西方人口思想史纲要[M].北京:中国人民大学出版社,1995.
[7]环境伦理学大辞典[M].北京:中国环境科学出版社,1991.
[8]余谋昌.生态伦理学[M].北京:首都师范大学出版社,1999.
[9]叶平.生态伦理学[M].哈尔滨:东北林业大学出版社,1994.
[10]陆雍森.环境评价[M].2版.上海:同济大学出版社,1999.
[11]罗国杰,宋希仁.西方伦理思想史[M].北京:中国人民大学出版社,1991.
[12]李萍.东方伦理思想简史[M].北京:中国人民大学出版社,1978.
[13]姚炎祥.环境保护辩证法概论[M].北京:中国环境科学出版社,1993.
[14]施韦泽.敬畏生命[M].上海:上海社会科学院出版社,1992.
[15]辛格.动物解放[M].北京:光明日报出版社,1999.
[16]韩渊丰.中国灾害地理[M].西安:陕西师范大学出版社,1993.
[17]罗祖德,徐长乐.灾害科学[M].杭州:浙江教育出版社,1998.
[18]郑易生,钱薏红.深度忧患——当代中国可持续发展问题[M].北京:今日出版社,1998.
[19]何清涟.现代化的陷阱[M].北京:今日中国出版社,1998.
[20](日)池田大作,(英)汤因比.展望21世纪[M].荀春生,译.北京:国际文化出版公司,1999.
[21]张甲坤.中国哲学——人类精神的起源和归宿[M].北京:中国社会科学出版社,1991.
[22]马宗晋.面对大自然的报复[M].广州:暨南大学出版社,2000.
[23]蔡守秋.可持续发展对环境法的影响[N].中国环境报,1998-9-22.
[24]谭崇台.发展经济学[M].北京:人民出版社,1995.
[25]张帆.环境与自然资源经济学[M].上海:上海人民出版社,1998.
[26](德)汉斯萨克塞.生态哲学[M].北京:东方出版社,1991.
[27]高国希.走出伦理困境[M].上海:上海社会科学院出版社,1996.
[28]费勇.诊断地球[M].广州:花城出版社,1997.
[29]爱因斯坦文集(第三卷)[M].北京:商务印书馆,1979.
[30]张硕城.可持续发展与人类社会的进步[J].岭南学刊(广州),1997,3:49.
[31](德)孔汉思,库舍尔.全球伦理——世界宗教议会宣言[M].何光沪,译.成都:四川人民出版社,1997.
[32]严春友.文化信息论[M].济南:山东人民出版社,1991.
[33]朱达.可持续发展教育[J].环境教育(北京),1997,2:298.
[34]拉希里.环境教育教师培训与课程发展[M].郑军,译.北京:中国环境科学出版社,1991.
[35]王伟.生存与发展——地球伦理学[M].北京:人民出版社,1995.

[36]蔡亚娜,缪坤裕.世界环境教育一览[J].环境教育(北京),1997,4:43-45.
[37]田青.英国正规教育中的环境教育概况[J].环境教育(北京).1997,3:40-42.
[38]黄顺江.环境意识影响环境政策[N].中国环境报,1999-2-18.
[39]余谋昌.创造美好的生态环境[M].北京:中国社会科学出版社,1997.
[40]王亚编译.未来世界究竟怎样[N].经济参考报,1999-7-16.
[41]康恩.未来的探测[M].蔡伸章,译.台北:志文出版社,1984.
[42]毛志锋.适度人口与控制[M].西安:陕西人民出版社,1995.
[43]叶文振.生育权利:孩子的说法[J].人口研究(北京),1998,6:25.
[44]马克思恩格斯全集(第1卷)[M].北京:人民出版社,1956.
[45]马克思恩格斯全集(第42卷)[M].北京:人民出版社,1979.
[46]世界资源研究所.世界资源报告(1996~1997)[M].北京:中国环境科学出版社,1997.
[47](日)岩佐茂.环境的思想[M].韩立新,译.北京:中央编译出版社,1997.
[48]马克思恩格斯选集(第1卷)[M].北京:人民出版社,1972.
[49]齐振海.未竟的浪潮[M].北京:北京师范大学出版社,1996.
[50]曹风中.新观念大趋势[M].北京:中国环境科学出版社,1995.
[51]程福佑.环境经济学[M].北京:高等教育出版社,1993.
[52]马克思恩格斯选集(第2卷)[M].北京:人民出版社,1972.
[53]拉夫尔.我们的家园——地球[M].张坤民,译.北京:中国环境科学出版社,1993.
[54](美)莱奥波尔德.荒原纪事[M].邱明江,译.北京:科学出版社,1996.
[55]叶平."人类中心主义"的生态伦理[J].哲学研究(京),1995,1:68-73.
[56]马克思恩格斯选集(第4卷)[M].北京:人民出版社,1974.
[57]苏贤贵.生态危机与西方文化的价值转变[J].北京:北京大学学报,1998,1:63-70.
[58]郝宁湘.论人类中心主义不可拒斥[J].福州:福建论坛,1996,3:18-19.
[59]韩震.生成的存在[M].北京:北京师范大学出版社,1996.
[60]何克让.伦理学概论[M].北京:北京师范大学出版社,1987.
[61]李耀宗.伦理学知识手册[M].哈尔滨:黑龙江人民出版社,1984.
[62]甘葆露.伦理学概论[M].北京:高等教育出版社,1994.
[63]邓悦生,王海明.新伦理学原理[M].北京:中国广播电视出版社,1992.
[64]马克思恩格斯选集(第3卷)[M].北京:人民出版社,1972.
[65]恩格斯.自然辩证法[M].北京:人民出版社,1971.
[66]夏伟东.道德本质论[M].北京:中国人民大学出版社,1991.
[67](德)包尔生.伦理学体系[M].何怀宏,译.北京:中国社会科学出版社,1988.
[68]罗国杰.马克思主义伦理学,北京:人民出版社,1982.
[69]魏英敏.新伦理学教程[M].北京:北京大学出版社,1993.
[70]刘湘溶.生态伦理学[M].长沙:湖南师范大学出版社,1992.
[71]王海明.寻求新道德[M].北京:华夏出版社,1994.
[72]史仲之.中国人走出死胡同[M].北京:中国展望出版社,1991.
[73]何新.诸神的起源[M].北京:光明日报出版社,1996.
[74]弗洛伊德.论宗教[M].北京:国际文化出版公司,2000.
[75]杨国章.原始文化与语言[M].北京:北京语言学院出版社,1996.

[76]苏联大百科词典.北京:中国大百科全书出版社,1986.
[77]罗森塔尔,尤金.简明哲学辞典[M].北京:三联书店,1973.
[78]苗力田.西方哲学史新编[M].北京:人民出版社,1990.
[79]费尔巴哈哲学著作选集(下卷)[M].北京:商务印书馆,1984.
[80]侯文蕙.征服的挽歌[M].北京:东方出版社,1995.
[81]黄江南,朱嘉明.没有极限的增长[M].成都:四川人民出版社,1985.
[82]甘哈曼.第四次浪潮[M].林怀卿,译.北京:中国友谊出版公司,1984.
[83]托夫勒.第三次浪潮[M].朱志炎,等译.北京:三联书店,1984.
[84]罗桂环.中国环境保护史稿[M].北京:中国环境科学出版社,1995.
[85]李中华.中国文化概论[M].北京:华文出版社,1994.
[86]卡逊.寂静的春天[M].吕瑞兰,译.北京:科学出版社,1979.
[87]毛泽东选集(第3卷)[M].北京:人民出版社,1991.
[88]毛泽东选集(第1卷)[M].北京:人民出版社,1991.
[89]王雨田.控制论、信息论、系统科学与哲学[M].北京:中国人民大学出版社,1988.
[90]高平.社会主义社会学[M].北京:中共中央党校出版社,1991.
[91]郑杭生.社会学对象新探[M].北京:中国人民大学出版社,1987.
[92](德)萨克塞.生态哲学[M].文韬,译.北京:东方出版社,1991.
[93]尚玉昌.普通生态学.北京:北京大学出版社,1992.
[94]刘培桐.环境学导论[M].北京:高等教育出版社,1985.
[95]何强.环境科学导论[M].北京:清华大学出版社,1994.
[96]关柏仁.环境科学基础教程[M].北京:中国环境科学出版社,1995.
[97]孙承咏.环境学导论[M].北京:中国人民大学出版社,1994.
[98]李建华.现代系统科学与管理[M].北京:科学技术文献出版社,1996.
[99]顾德欣.地球村落的困惑[M].北京:中国青年出版社,1996.
[100]世界资源研究所.世界资源报告(1995~1996)[M].北京:中国环境科学出版社,1996.
[101]世界经济年鉴编委会.世界经济年鉴[M].北京:中国社会科学出版社,1995.
[102]宫崎犀一.近代国际经济要览[M].北京:中国财政经济出版社,1990.
[103]西蒙.没有极限的增长[M].黄江南,译.成都:四川人民出版社,1985.
[104]马克思恩格斯全集[M](第12卷).北京:人民出版社,1965.
[105]马克思恩格斯全集[M](第25卷).北京:人民出版社,1975.
[106]希吾.中国资源态势与开发方略[M].武汉:湖北科学技术出版社,1997.
[107]里夫金.熵:一种新世界观[M].上海:上海译文出版社,1987.
[108]左大康.现代地理学辞典[M].北京:商务印书馆,1990.
[109]环境科学大辞典编辑委员会.环境科学大辞典[M].北京:中国环境科学出版社,1993.